"十三五"职业教育国家规划教材

高等职业教育计算机类课程**新形态一体化**教材

# 数据结构
## （C 语言版）

主　编　李　刚　刘万辉

智慧职教学习平台 / 微课 / 动画 / 教学课件 PPT / 源程序 / 教学指导 / 实例文档 / 同步训练答案 / 在线测试

"互联网 +" 教材
"用微课学" 系列

高等教育出版社·北京

内容简介

本书是“十三五”职业教育国家规划教材。

“数据结构”是软件技术、网络技术等计算机类专业的一门重要的专业基础课程，本书是专门为该课程编写的教材，将“以学生为中心”的理念作为指导思想，内容精炼，通俗易懂，既便于教学，又适合自学。

本书内容分为两大部分：第1～10章为基础知识部分，第11章为综合应用部分。基础知识部分包括线性结构模块、非线性结构模块和简单应用模块。综合应用部分包括新生报到信息注册系统设计模块和万达停车场管理系统设计模块。本书的前10章内容首先通过实例项目描述引入问题，然后进行相应的知识介绍，最后对项目进行解析及具体实现，保证分层分类教学，并为较优秀的学生提供知识拓展部分。

本书对于各类数据结构的定义和操作原理进行了详细充分的介绍，并配有实例动画，做到理论联系实际，加强了数据结构实际应用的介绍，注重培养学生的数据结构程序设计能力和应用能力。在内容表现上，主要采用图表方式，使得知识内容更加形象、直观；针对每一部分内容进行详细的分析和逐条的程序设计，并通过代码和数据同步动画表现核心的教学内容。

本书配有104个微课视频、动画、授课用PPT、源程序、教学指导等丰富的数字化学习资源。与本书配套的数字课程“数据结构（C语言版）”在“智慧职教”平台（www.icve.com.cn）上线，学习者可以登录平台进行在线学习及资源下载，授课教师可以调用本课程构建符合自身教学特色的SPOC课程，详见“智慧职教”服务指南。教师也可发邮件至编辑邮箱1548103297@qq.com获取相关资源。

本书适合作为高等职业院校“数据结构”课程的教材，也可供计算机算法设计学习者参考。

图书在版编目（CIP）数据

数据结构（C语言版）/ 李刚，刘万辉主编．--北京：高等教育出版社，2017.1（2022.12重印）

ISBN 978-7-04-046147-3

Ⅰ．①数…　Ⅱ．①李…　②刘…　Ⅲ．①数据结构－高等职业教育－教材　Ⅳ．①TP311.12

中国版本图书馆CIP数据核字（2016）第198459号

Shuju Jiegou（C Yuyan Ban）

策划编辑　许兴瑜　　责任编辑　许兴瑜　　封面设计　赵　阳　　版式设计　于　婕
插图绘制　杜晓丹　　责任校对　刁丽丽　　责任印制　刘思涵

出版发行　高等教育出版社
社　　址　北京市西城区德外大街4号
邮政编码　100120
印　　刷　北京汇林印务有限公司
开　　本　850mm × 1168mm　1/16
印　　张　13.25
字　　数　400千字
购书热线　010-58581118
咨询电话　400-810-0598
网　　址　http://www.hep.edu.cn
　　　　　http://www.hep.com.cn
网上订购　http://www.hepmall.com.cn
　　　　　http://www.hepmall.com
　　　　　http://www.hepmall.cn
版　　次　2017年1月第1版
印　　次　2022年12月第8次印刷
定　　价　37.00元


物 料 号　46147-A0

# “智慧职教”服务指南

“智慧职教”是由高等教育出版社建设和运营的职业教育数字教学资源共建共享平台和在线课程教学服务平台，包括职业教育数字化学习中心平台（www.icve.com.cn）、职教云平台（zjy2.icve.com.cn）和云课堂智慧职教 App。用户在以下任一平台注册账号，均可登录并使用各个平台。

- 职业教育数字化学习中心平台（www.icve.com.cn）：为学习者提供本教材配套课程及资源的浏览服务。

登录中心平台，在首页搜索框中搜索“数据结构（C 语言版）”，找到对应作者主持的课程，加入课程参加学习，即可浏览课程资源。

- 职教云（zjy2.icve.com.cn）：帮助任课教师对本教材配套课程进行引用、修改，再发布为个性化课程（SPOC）。

1. 登录职教云，在首页单击“申请教材配套课程服务”按钮，在弹出的申请页面填写相关真实信息，申请开通教材配套课程的调用权限。

2. 开通权限后，单击“新增课程”按钮，根据提示设置要构建的个性化课程的基本信息。

3. 进入个性化课程编辑页面，在“课程设计”中“导入”教材配套课程，并根据教学需要进行修改，再发布为个性化课程。

- 云课堂智慧职教 App：帮助任课教师和学生基于新构建的个性化课程开展线上线下混合式、智能化教与学。

1. 在安卓或苹果应用市场，搜索“云课堂智慧职教”App，下载安装。

2. 登录 App，任课教师指导学生加入个性化课程，并利用 App 提供的各类功能，开展课前、课中、课后的教学互动，构建智慧课堂。

“智慧职教”使用帮助及常见问题解答请访问 help.icve.com.cn。

# 前　言

“数据结构”是软件技术、网络技术等计算机类专业的一门重要的专业基础课程，其理论性、实践性、综合性都比较强。它是软件开发的基础、提高学生逻辑思维能力的核心，也是各工程领域的桥梁，使读者学会如何把现实世界的问题转化为计算机内部的表示和处理。本书是为“数据结构”课程编写的教材，其内容选取符合高职高专教学大纲要求。

本书将“以学生为中心”的理念作为指导思想，内容精炼，通俗易懂，既便于教学，又适合自学。本书采用模块化的编写方法，体现“易教、易学、易练”的特色，让学生明白“是什么”→“怎么做”→“怎么用”3 个环节。第 1 步：采用实例项目介绍引入问题，掌握项目的知识需求；第 2 步：采用生活化实例讲解基础知识，用计算机描述语言讲解实例项目涉及的数据结构和基本操作；第 3 步：通过实例项目解析及具体实现，提高相关模块的结构分析能力，通过知识拓展部分提高知识应用能力。最后通过综合实践让学生有思考和扩展的空间，达到学以致用的教学目的。

## 一、本书内容

本书的每章内容首先通过实例项目描述引入问题，然后进行相应的知识介绍，最后对项目进行解析及具体实现，保证分层分类教学，并为较优秀的学生提供知识拓展部分。

全书共分 11 章。

第 1 章主要介绍绪论及 C 语言相关知识，包括数据元素、数据结构等相关概念、学习数据结构的意义、算法的描述及分析、C 语言相关知识等。

第 2 章主要介绍线性表的结构分析与应用，包括线性表的逻辑结构、线性表的顺序存储结构及顺序表的基本操作、线性表的链式存储结构及单链表的基本操作、顺序表和单链表各自的特点和适用场合等。

第 3 章主要介绍栈和队列的结构分析与应用，包括栈的顺序存储结构和基本操作、栈的链式存储结构和基本操作、循环队列的顺序存储结构和基本操作、循环队列的链式存储结构和基本操作、栈和队列各自的特点和适用场合等。

第 4 章主要介绍字符串的结构分析与应用，包括字符串的概念、字符串的顺序存储结构、字符串的链式存储结构、字符串的匹配算法设计等。

第 5 章主要介绍二维数组及广义表的结构分析，包括二维数组的行优先和列优先存储、特殊矩阵存储、广义表的概念及基本运算等。

第 6 章主要介绍树和二叉树的结构分析与应用，包括树的定义、二叉树性质及存储结构、二叉树遍历、二叉树线索化、哈夫曼树的构造方法及编码、树的各种存储结构、树和森林与二叉树之间的相互转化方法等。

第 7 章主要介绍图的结构分析与应用，包括图的定义、图的邻接矩阵存储法、图的邻接表存储法、图的深度优先遍历、图的广度优先遍历、普里姆法实现最小生成树、克鲁斯卡尔法实现最小生成树、Dijkstra 法实现单源最短路径、Floyd 法实现顶点间最短路径等。

第 8 章主要介绍查找的分析与应用，包括查找的概念、线性表的顺序查找、线性表的二分法查找、散列表的构造方法、散列表的查找过程和解决冲突方法等。

第 9 章主要介绍排序的分析与应用，包括排序的定义、插入类排序、交换类排序、选择类排序、归并排序、各种排序的比较等。

第 10 章主要介绍文件知识，包括文件的基本概念及相关术语、文件的检索操作、文件的插入操作、文件的删除操作等。

第 11 章主要介绍数据结构综合应用，包括新生报到信息注册系统设计和万达停车场管理系统设计等。

## 二、本书特点

1. 学生体验，设计精美、随扫随学，自学中享受过程

为了方便学生对相关知识的理解，本书采用生活化的实例来讲解每个知识点，生动形象，易于理解，并配有丰富的图和实例动画帮助学生轻松学习，同时针对算法设计进行详细的分析、分解，通过微课及数据代码同步动画的方式来表现各类数据结构的基本操作实现过程。读者可以通过扫描二维码的方式进行学习，随时扫描随时学习，方便快捷。

2. 教师体验，素材丰富、资源立体，备课中不断创新

本书注重立体资源建设，通过主教材、实例动画、微课、PPT、源程序及习题库等教学资源的有机结合，提高教学服务水平，为高素质技能型人才的培养创造良好的条件。同时，在本书的编写过程中，注重任务驱动式教学，先通过实例项目引入问题、然后通过生活化实例讲解知识，再通过实例项目解析与实现提高知识应用能力，使教学过程不再枯燥、乏味，充分调动学生的学习积极性。

3. 教学模式体验，线上线下、平台支撑，教学中实现翻转

针对本课程开发了在线开发课程学习平台，实现线上线下学习相结合。借助平台教师可以根据实际需要自行选择教学内容，在教学中实现翻转课堂，让学生逐渐成为学习的主角，提升学生的学习效果。

4. 对接工作岗位需求，结合认证考试要求，增加知识拓展模块

本书针对实际工作岗位需求，结合计算机技术与软件专业技术资格（水平）考试的考纲要求，并根据 1+X 认证大纲要求，增加了知识拓展模块，让职业院校的教育更加符合企业对人才的需求。

本书配有 104 个微课视频、动画、授课用 PPT、源程序、教学指导等丰富的数字化学习资源。与本书配套的数字课程“数据结构（C 语言版）”在“智慧职教”平台（www.icve.com.cn）上线，学习者可以登录平台进行在线学习及资源下载，授课教师可以调用本课程构建符合自身教学特色的 SPOC 课程，详见“智慧职教”服务指南。教师也可发邮件至编辑邮箱 1548103297@qq.com 获取相关资源。

本书于 2017 年 1 月出版后，基于广大院校师生的教学应用反馈并结合最新的课程教学改革成果，不断优化、更新教材内容，通过绘课形式增加了 13 个知识拓展模块，让职业院校的教育更加符合企业对人才的需求，同时，将综合案例精心制作成微课，满足学习者个性化的学习需求，以进一步推进习近平新时代中国特色社会主义思想进教材，将新技术、新工艺、新规范及时纳入教学内容，进一步推动现代信息技术与教育教学深度融合。

本书由李刚、刘万辉主编，程乐、章万静副主编，李仁和主审。由于编者水平有限，书中难免存在不足，恳请广大读者不吝赐教。编者邮箱：191290281@qq.com。

编者

2021 年 8 月

# 目录

# 第 1 章　绪论及 C 语言介绍

- 了解数据、数据元素、数据项等基本概念。
- 掌握数据结构的概念及所包含的内容。
- 了解学习数据结构的意义。
- 掌握算法的定义、特征及分析方法。
- 巩固和深入掌握与数据结构课程相关的 C 语言知识。

第 1 章　学习目标

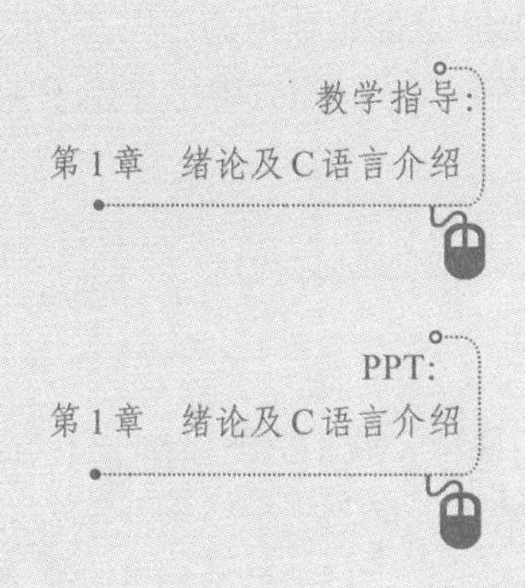

## 实例描述——学生管理系统登录模块设计

大部分应用软件都需要注册和登录才能使用，高校的学生管理系统也不例外，可以利用 C 语言实现学生管理系统登录模块设计。首先要对多个用户信息进行初始化，用户信息包括账号和密码两部分，然后输入当前用户的账号和密码进行验证，正确则显示“登录成功!”错误则显示“账号或者密码错误!”系统流程图如图 1-1 所示。

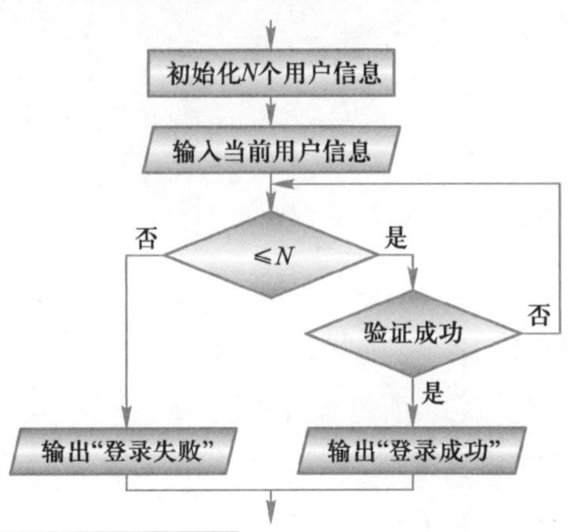


图 1-1
系统流程图

### 知识储备

拓展阅读 1
圆周率的由来

自从 1946 年美国宾夕法尼亚大学埃克特等人研制第一台计算机 ENIAC 开始，计算机的应用已经深入到国民经济的各个领域，人类已跨入信息化时代。与飞速发展的计算机硬件相比，计算机软件的发展相对缓慢。因为软件的核心是算法，所以对算法的深入研究必将促进计算机软件的发展。而算法实际上是加工数据的过程，因此，研究数据结构对设计高性能算法及高性能软件有至关重要的作用。同时软件被应用于各个领域，所以可以说数据结构是连接各个领域的桥梁。

## 1.1　基本概念与术语

微课 1-1
数据结构基本概念与术语

为了深入学习和研究数据结构这门课程，我们先来了解一下与数据结构相关的概念和术语，下面介绍一些基本概念和常用术语。

### 1. 数据

数据是指能够被计算机识别、存储和加工处理的信息载体。例如，当今计算机可以处理的图像、声音等。实例演示如图 1-2 所示。

动画 1-1
数据的实例演示

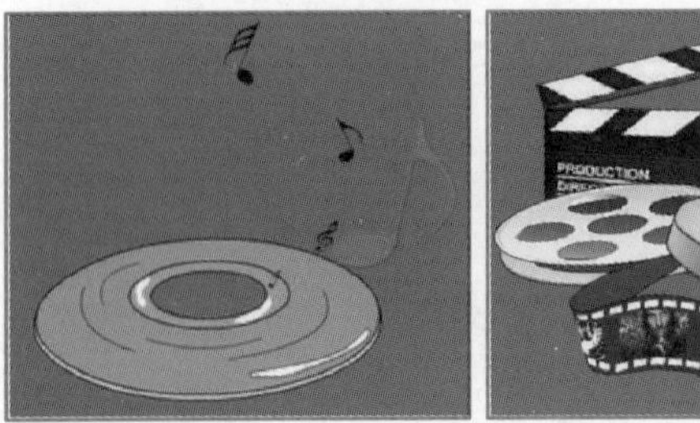

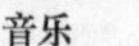

音乐

电影

Word文件

图 1-2
数据的实例演示图

数据元素是数据的基本单位，在某些情况下，数据元素也称为元素、结点、顶点、记录。数据元素要准确地描述一个对象。数据元素有时可以由若干数据项组成，数据项是具有独立含义的最小标识单位。实例演示如图 1-3 所示。电视机的数据元素（记录）是由若干数据项（品牌、型号、分辨率、尺寸、价格）组成的。

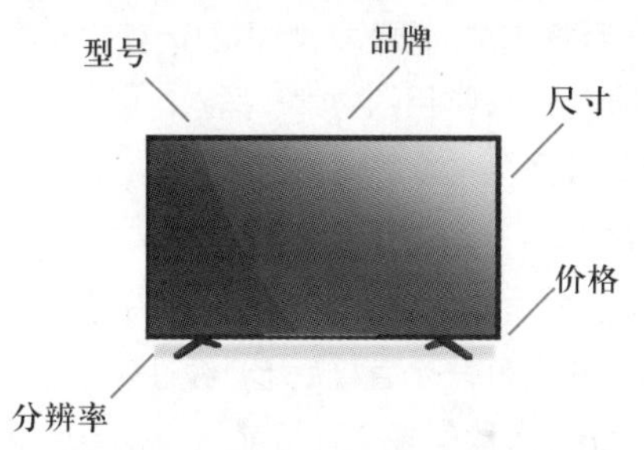


图 1-3
数据元素的实例演示图

2. 数据结构

数据结构指的是数据之间的相互关系，即数据的组织形式。为了增加对数据结构的感性认识，下面举例来说明有关数据结构的相关概念。

【例 1.1】 学生成绩表，如表 1-1 所示。

表 1-1 学生成绩表

| 学号 | 姓名 | C 语言 | 英语 | 数据库 |
|---|---|---|---|---|
| 31415101 | 朱红群 | 95 | 88 | 87 |
| 31103002 | 张荞文 | 92 | 90 | 84 |
| 31103003 | 凌星星 | 87 | 89 | 88 |
| 31103004 | 夏梦凡 | 90 | 93 | 96 |

把表 1-1 称为一个数据结构，表中的每一行是一个数据元素（或记录、结点），它由学号、姓名及各科成绩等数据项构成。

直接前趋：对表中任意一个结点，与它相邻且在它前面的结点称为该结点的直接前趋。第一条记录是第二条记录的直接前趋。

直接后继：对表中任意一个结点，与它相邻且在它后面的结点称为该结点的直接后继。第二条记录是第一条记录的直接后继。

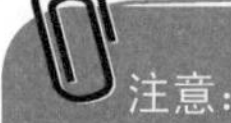

注意：

首结点没有直接前趋，尾结点没有直接后继。

（1）数据结构主要包括以下 3 方面内容（如图 1-4 所示）

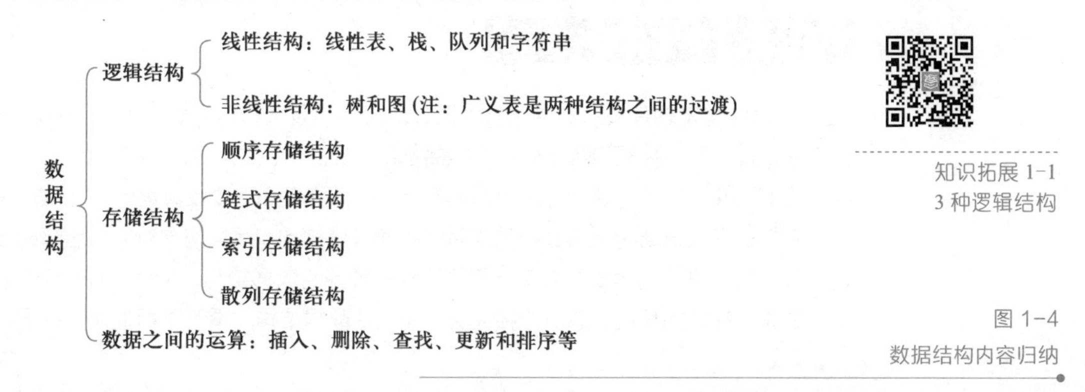


知识拓展 1-1
3 种逻辑结构

图 1-4
数据结构内容归纳

笔 记

● 数据元素之间的逻辑关系，也称数据的逻辑结构；数据的逻辑结构是从逻辑关系上描述数据的，与数据的存储结构无关，是独立于计算机的。数据的逻辑结构可以看作是从具体问题抽象出来的数学模型。

● 数据元素及其关系在计算机存储器内的表示称为数据的存储结构。

● 数据的运算，即对数据施加的操作。数据的运算定义在数据的逻辑结构上，每种逻辑结构都有一个运算的集合。最常用的检索、插入、删除、更新、排序等运算实际上只是在抽象的数据上所施加的一系列抽象的操作。

（2）数据的逻辑结构分类

● 线性结构：若结构是非空集，则有且仅有一个开始结点和一个终端结点，并且所有结点都最多只有一个直接前趋和一个直接后继。线性表、栈、队列、串等都是线性结构。

● 非线性结构：一个结点可能有多个直接前趋和直接后继。树和图等数据结构都是非线性结构。

（3）数据的 4 种基本存储方法

● 顺序存储方法：该方法把逻辑上相邻的结点存储在物理位置上相邻的存储单元里，结点间的逻辑关系由存储单元的邻接关系来体现。由此得到的存储表示称为顺序存储结构，通常借助程序语言的数组描述。该方法主要应用于线性的数据结构。非线性的数据结构也可通过某种线性化的方法实现顺序存储。

● 链式存储方法：该方法不要求逻辑上相邻的结点在物理位置上亦相邻，结点间的逻辑关系由附加的指针字段表示。由此得到的存储表示称为链式存储结构，通常借助于程序语言的指针类型描述。

● 索引存储方法：该方法通常在储存结点信息的同时，还建立附加的索引表。索引表由若干索引项组成。若每个结点在索引表中都有一个索引项，则该索引表称为稠密索引。若一组结点在索引表中只对应一个索引项，则该索引表称为稀疏索引。索引项的一般形式是：（关键字、地址）。关键字是能唯一标识一个结点的一个或者多个数据项。稠密索引中索引项的地址指示结点所在的存储位置；稀疏索引中索引项的地址指示一组结点的起始存储位置。

● 散列存储方法：根据结点关键字直接计算出该结点存储地址。

4 种存储方法可单独使用也可组合起来对数据结构进行存储映像。同一逻辑结构采用不同的存储方法，可以得到不同的存储结构。

（4）数据结构三方面的关系：数据的逻辑结构、存储结构及数据的运算这三方面是一个整体。

## 1.2　学习数据结构的意义

微课 1-2
学习数据结构的意义

数据结构是软件技术、网络技术及计算机应用技术等计算机学科各专业的一门重要的专业基础课程，数据结构是软件开发的基础、提高学生逻辑思维能力的核心、连接各工程领域的桥梁。著名的瑞士计算机科学家沃思（N. Wirth）教授曾提出："算法+数据结构=程序。"这里数据结构是指数据的逻辑结构和存储结构，而算法是对数据运算的描述。由此可见，程序设计的实质是对实际问题选择一种好的数据结构，加之设计一个好的算法，而好的算法在很大程度上取决于描述实际问题的数据结构。请看下面的两个例子。

【例 1.2】 电话号码查询问题。

假定要编写一个程序，查询某个城市的私人电话号码。在含有 100 万人的电话登记表中，若有该人的电话号码，则要迅速地找到其电话号码；否则指出该人没有电话号码。要写出好的查找算法，取决于这张登记表的结构及存储方式。分别采用表 1-2 所示的存储结构和表 1-3 所示的存储结构。第一种结构是从头开始依次查对姓名，第二种是先通过索引表找到姓氏的地址，再开始依次查对姓名，可以看出第二种结构查找效率要高很多。

表 1-2 顺序存储结构

| 姓　名 | 电 话 号 码 |
|---|---|
| 王一 | 83808231 |
| 王二 | 83808232 |
| ⋮ | ⋮ |
| 张一 | 83811231 |
| 张二 | 83811111 |
| ⋮ | ⋮ |
| 张百 | 83822222 |

表 1-3 索引存储结构

| 姓氏 | 地址 |
|---|---|
| 王 | → 王一 |
| 张 | → 张一 |
| ⋮ | ⋮ |

| 姓名 | 电话号码 |
|---|---|
| 王一 | 83808231 |
| 王二 | 83808232 |
| ⋮ | ⋮ |
| 张一 | 83811231 |
| 张二 | 83811111 |
| ⋮ | ⋮ |
| 张百 | 83822222 |

【例 1.3】 教学计划编排问题。

大学完整的课程教学计划包含多门课程，在教学计划包含的许多课程之间，有些必须按规定的先后进行，有些则没有次序要求，如表 1-4 所示。表中各门课程之间的次序关系可用一个被称为图的数据结构来表示，如图 1-5 所示，很容易看出课程之间的先后关系。

表 1-4 计算机软件专业的课程设置表

| 课程编号 | 课程名称 | 先修课程 |
|---|---|---|
| C1 | 信息基础 | 无 |
| C2 | 数据结构 | C1、C4 |
| C3 | 网页制作 | C1 |
| C4 | C 语言程序设计 | C1 |
| C5 | ASP.NET | C2、C3、C4 |
| C6 | JavaScript | C3 |
| C7 | 数据库 | C2、C9 |
| C8 | Java | C4 |
| C9 | 软件工程 | C2 |

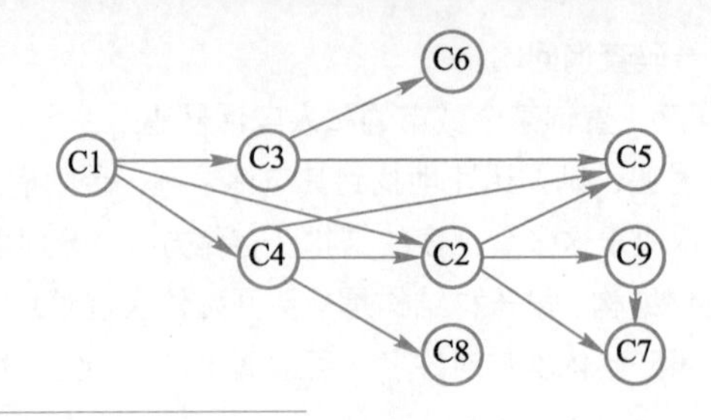


图 1-5
课程教学计划的拓扑结构图

由本小节的两个例子可见，描述这类非数值计算问题的数学模型不再是数学方程，而是诸如表、树和图之类的数据结构。因此，可以说数据结构课程主要是研究非数值计算的程序设计中数据之间的逻辑关系和对数据的操作，以及如何将具有一定逻辑关系的数据存储到计算机内。与此同时，通过算法训练来提高学生的逻辑思维能力，通过程序设计的技能训练来促进学生的综合应用能力和专业素质的提高。

微课 1-3
算法的定义及特征

## 1.3　算法的描述和分析

### 1. 算法的定义

在现实生活中解决问题时，一般都要制订一个针对具体问题的步骤和方法，以此为据去实现目标。人们将为了解决问题所制订的步骤、方法称为算法（Algorithm）。

### 2. 算法的特征

笔 记

（1）有穷性

算法中所包含的步骤必须是有限的，不能无穷无止，应该在一个人所能接受的合理时间段内产生结果。

（2）确定性

算法中的每一步所要实现的目标必须是明确无误的，不能有二义性。

（3）有效性

算法中的每一步如果被执行了，就必须被有效地执行。例如，有一步是计算 $X$ 除以 $Y$ 的结果，如果 $Y$ 为非 0 值，则这一步可有效执行，但如果 $Y$ 为 0 值，则这一步就无法得到有效执行。

（4）有零个或多个输入

根据算法的不同，有的在实现过程中需要输入一些原始数据，而有些算法可能不需要输入原始数据。

（5）有一个或多个输出

设计算法的最终目的是为了解决问题，为此，每个算法至少应有一个输出结果，来反应问题的最终结果。

### 3. 算法的描述

一个算法可以用自然语言、计算机程序语言或其他语言来说明，唯一的要求是该说明必须精确地描述计算过程。描述算法最合适的语言是介于自然语言和程序语言之间的伪语言。

**4．算法分析**

（1）评价算法好坏的标准

首先应是“正确”的。此外，主要考虑以下 3 点：① 执行算法所耗费的时间；② 执行算法所耗费的存储空间，主要考虑辅助存储空间；③ 算法应易于理解、易于编码、易于调试等。

（2）评价算法的效率

评价算法的效率包括时间复杂度和空间复杂度。一般情况下，算法的时间效率和空间效率是一对矛盾体。有时算法的时间效率高是以使用了更多的存储空间为代价的。有的时候又因减少存储空间，需要将数据压缩存储，从而会降低算法的时间效率。

微课 1-4
时间复杂度的求解方法

**5．时间复杂度的求解方法**

一段程序执行的时间是无法准确计算的，所以通常采用程序执行的次数来估算，用 $T(n)$表示。使用大写字母 O 表示算法时间的复杂度，称为算法的渐进时间复杂度。下面举例说明时间复杂度的求解方法的几种情况。

（1）时间复杂度为 O(1)的情况

```
int i=3;                    //执行 1 次
while(i<=99)                //执行 34 次
  i=i+3;                    //执行 33 次
```

程序共执行 69 次，那么只要是执行的次数是常数的，那么 $T(n)=O(1)$。

（2）时间复杂度为 $O(n)$的情况

```
int i,s=0;                  //执行 1 次
for(i=0;i<n;i++)            //执行 n+1 次
  s=s+1;                    //执行 n 次
printf("%d",s);             //执行 1 次
```

程序共执行 $2n+3$ 次，那么只取最高级别的项，去掉该项的系数，那么 $T(n)=O(n)$。

（3）时间复杂度为 $O(n^2)$的情况

```
int i,j,s=0;                //执行 1 次
for(i=0;i<n;i++)            //执行 n+1 次
    for(j=0;j<n;j++)        //执行 n(n+1)次
      s=s+1;                //执行 n^2 次
```

程序共执行 $2n^2+2n+2$ 次，那么只取最高级别的项，去掉该项的系数，那么 $T(n)=O(n^2)$。

拓展阅读 2
编程输出社会主义核心价值观

（4）常见时间复杂度按照数量级别递增排列

依次为：常数阶 O(1)、对数阶 $O(\log_2 n)$、线性阶 $O(n)$、线性对数阶 $O(n\log_2 n)$，以及平方阶 $O(n^2)$，立方阶 $O(n^3)$，…，$k$ 次方阶 $O(n^k)$和指数阶 $O(2^n)$。

## 1.4　C 语言相关知识介绍

微课 1-5
简单语句分析

**1．程序设计的 3 种结构**

（1）顺序结构

按语句在源程序中出现的次序依次执行。

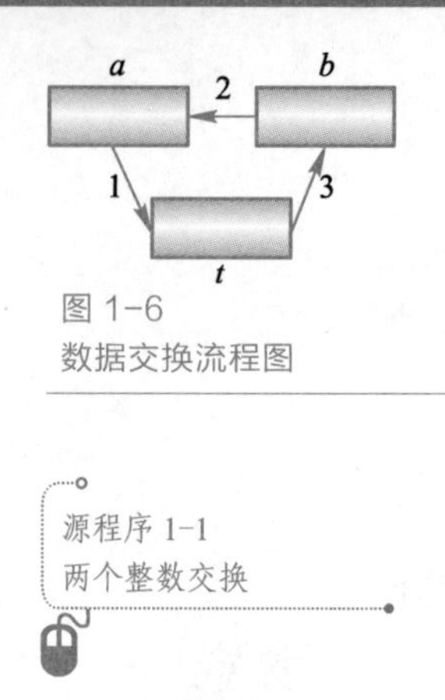

图 1-6
数据交换流程图

【例 1.4】 输入两个整数，进行交换后输出（数据交换流程图如图 1-6 所示）。

源程序 1-1
两个整数交换

```
#include "stdio.h"
main()
{ int a,b,t;
  scanf("%d,%d",&a,&b);
  t=a;
  a=b;
  b=t;
  printf("a=%d,b=%d",a,b);
}
```

（2）选择结构

根据一定的条件有选择地执行或不执行某些语句。

微课 1-6
双分支选择结构

if 语句也称为条件语句，它根据一个条件的真和假有选择地执行或不执行某个语句。if 语句有以下两种形式：

① if 格式（流程图如图 1-7 所示）。

if（表达式）语句；

② if-else 格式（流程图如图 1-8 所示）。

if（表达式）语句 1；
else 语句 2；

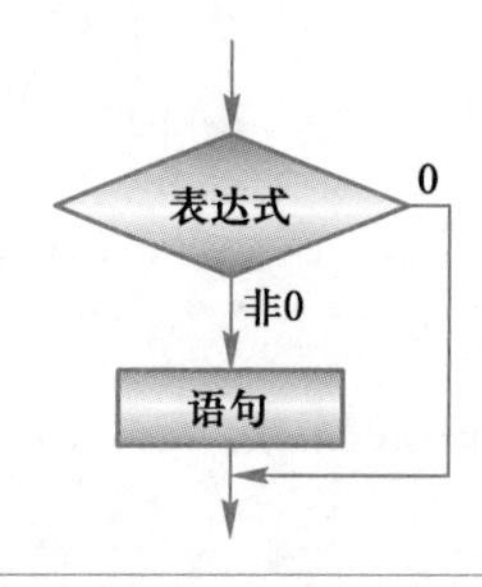

图 1-7
if 格式流程图

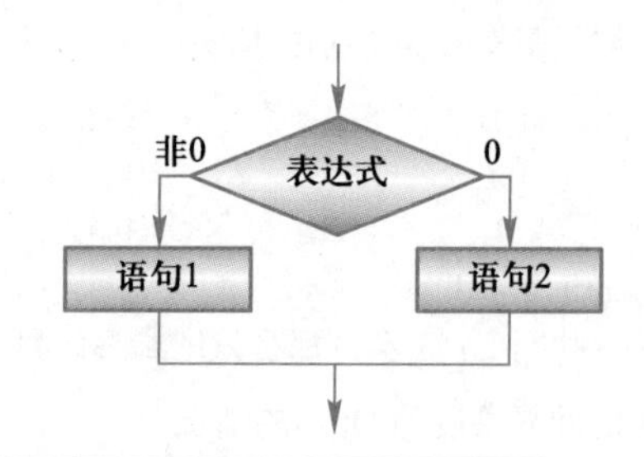

图 1-8
if-else 格式流程图

【例 1.5】 求一元二次方程 $ax^2+bx+c=0$ 的根。

源程序 1-2
求一元二次方程的根

```
#include "stdio.h"
#include "math.h"
main()
{  float a,b,c,t,x1,x2;
   scanf("%f,%f,%f",&a,&b,&c);
   t=b*b-4*a*c;
   if(t>=0)
   { x1=(-b+sqrt(t))/(2*a);
     x2=(-b-sqrt(t))/(2*a);
     printf("%f,%f",x1,x2);
   }
   else
     printf("无根");
}
```

（3）循环结构

微课 1-7
简单循环结构

在一定条件下重复执行相同的语句。

① while 语句（流程图如图 1-9 所示）的一般形式。

```
while (表达式)
    语句;
```

【例 1.6】 求 3+6+9+…+99 的和。

```
#include "stdio.h"
main()
{   int i,sum=0;
    i=3;
    while(i<=99)
    {
      sum=sum+i;
      i=i+3;
    }
    printf("sum=%d",sum);
}
```

② for 语句（流程图如图 1-10 所示）的一般形式。

```
for(表达式 1；表达式 2；表达式 3)
    语句；
```

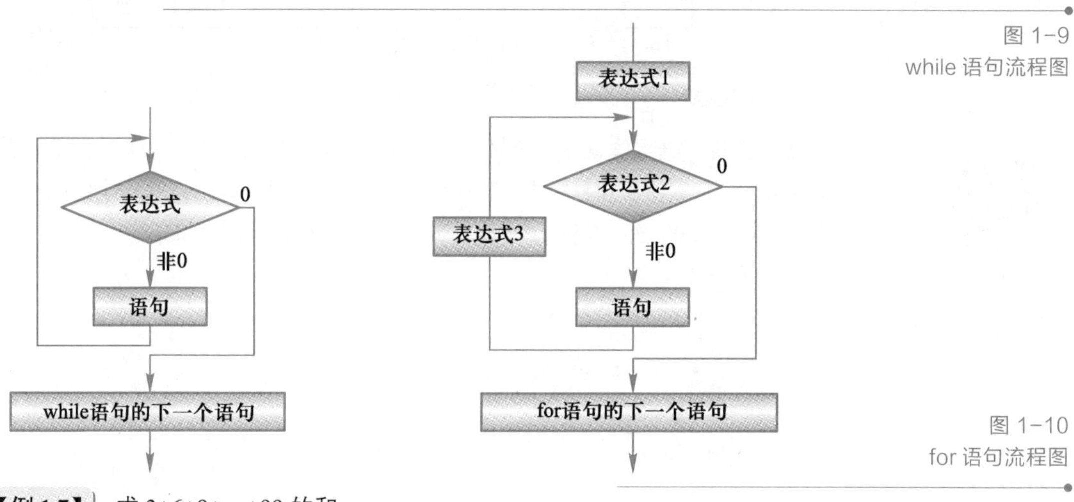


图 1-9
while 语句流程图

图 1-10
for 语句流程图

【例 1.7】 求 3+6+9+…+99 的和。

源程序 1-3
求 3+6+9+...+99 的和

```
#include "stdio.h"
main()
{   int i,sum=0;
    for(i=3;i<=99;i=i+3)
      sum=sum+i;
    printf("sum=%d",sum);
}
```

2．指针

程序中任何变量都占据一定数目的存储单元，所需存储单元的数目由变量的类型决定。变量所占据的存储单元的首地址就是变量的地址，变量的地址表示为：&变量名。存放变量的地址的变量就是指针变量。

微课 1-8
指针与指针变量

源程序 1-4
指向简单变量的指针

【例 1.8】 指向简单变量的指针（如图 1-11 所示）。

```
main()
{   int x;
    int *p;
    x=5;
    p=&x;
    printf("x=%d,*p=%d",x,*p);
}
```

程序的结果为：x=5,*p=5

源程序 1-5
指向一维数组的指针

【例 1.9】 指向一维数组的指针（如图 1-12 所示）。

```
main()
{   int a[5]={1,2,3,4,5};
    int *p;
    p=a;                    //不需要加&
    printf("a[2]=%d,*(p+2)=%d",p[2],*(p+2));
}
```

程序的结果为：a[2]=3，*(p+2)=3

x
5
p

图 1-11
指向简单变量的指针

| a[0] | a[1] | a[2] | a[3] | a[4] |
|---|---|---|---|---|
| 1 | 2 | 3 | 4 | 5 |

p

图 1-12
指向一维数组的指针

3．结构体

微课 1-9
结构体类型与结构体变量

简单来说，结构体就是一个可以包含不同数据类型的结构，它是一种可以自己定义的数据类型。它的特点和数组主要有两点不同：首先，结构体可以在一个结构中声明不同的数据类型；其次，结构体变量可以互相赋值，而数组是做不到的。

结构体格式：

```
struct[结构名]
{ 成员 1;
  成员 2;
    ⋮
  成员 n;
};
```

源程序 1-6
结构体简单应用

【例 1.10】 定义学生数据类型（如图 1-13 所示），并通过指针赋值后输出。

```
#include "stdio.h"
typedef struct student
{
    char name[10];//姓名
    char sex;//性别
    int age;//年龄
    float score;//数据结构成绩
 }stu;
main()
{
```

```
    stu t;
    stu *p;
    p=&t;
    p->sex='F';
    p->age=20;
    printf("sex=%c,age=%d",t.sex,t.age);
}
```

程序的结果为：sex=F，age=20

| | name | sex | age | score |
|---|---|---|---|---|
| p → | andy | 'F' | 20 | 90 |

图 1-13
定义学生数据类型

## 实例分析与实现

### 1. 实例分析

实例文档 1-1
学生管理系统登录模块设计

实例中某位用户的所有信息可以称为一个数据元素，由账号和密码两个数据项组成。首先，用户信息类型采用结构体类型实现，其中成员包括账号和密码两部分，并且定义一维数组存储多个用户信息，也就是用户信息的初始化。然后，输入当前用户的账号和密码，利用循环结构依次与初始化的用户信息进行比较，如果有相等的用户信息，则表示“登录成功!”不再继续比较，如果没有相等的用户信息，循环就会执行到最后，则表示“账号或者密码错误!”

源程序 1-7
学生管理系统登录模块设计

### 2. 代码清单 1.1

```
#include "stdio.h"
#include "string.h"
//用户结构体定义
typedef struct
{
    long id;
    char pwd[6];
}user;
user users[50];//数组定义，用来存储多个用户信息
void init(int n)//输入用户信息
{
    user *p;
    int i;
    p=users;//指针的应用
    printf("请管理员输入用户信息:\n");
    for(i=0;i<n;i++)
    {
        scanf("%ld,%s",&p[i].id,p[i].pwd);
    }
}
main()
{
```

```
        long stuid;
        char stupwd[6];
        int i;
        int n;
        printf("请输入用户数量：");
        scanf("%d",&n);
        init(n);//调用输入用户信息函数
        printf("请您输入账号和密码:");
        scanf("%ld,%s",&stuid,stupwd);
        for(i=0;i<n;i++)
        {
            if(stuid==users[i].id && strcmp(stupwd,users[i].pwd)==0)
            {
                printf("登录成功！");
                break;
            }
        }
        if(i==n)
            printf("账号或者密码错误！");
    }
```

### 3. 结果验证

结果验证如图 1-14 所示。

图 1-14
结果验证

第 1 章
同步训练答案

## 同步训练

### 一、填空题

1. 数据结构研究的主要内容包括________、________和________。
2. 数据的逻辑结构包括________和________两大类。
3. 数据的存储结构分为顺序存储结构________、索引存储结构和________。

### 二、选择题

1. 以下关于数据的逻辑结构的叙述正确的是（　　）。
   A. 数据的逻辑结构是数据间关系的描述
   B. 数据的逻辑结构反映了数据在计算机中的存储方式

C. 数据的逻辑结构分为顺序结构和链式结构

D. 数据的逻辑结构分为静态结构和动态结构

2. 以下（　　）术语与数据的存储结构无关？

A. 顺序表　　B. 链表　　C. 散列表　　D. 队列

3. 下列算法的时间复杂度是（　　）。

```
for(i=1;i<=n;i++)
c[i]=i;
```

A. O(1)　　B. $O(n)$　　C. $O(\log_2 n)$　　D. $O(n\log_2 n)$

## 三、应用题

1. 求下列程序段的时间复杂度。

```
for(i=1;i<=n;i++)
{k++;
 for(j=1;j<=n;j++)
    x=x+k;
}
```

2. 求下列程序段的时间复杂度。

```
int i=1;
while(i<=n)
   i=i*2;
```

## 四、算法设计题

1. 输入 3 个整数，要求从小到大排序后输出。
2. 已知序列 1，2，3，5，8，…，求第 20 项的值。
3. 利用指针作为函数的形参，实现 10 个整数从小到大排序。

# 在线测试

第 1 章

在线测试及答案

# 第 2 章　线性表的结构分析与应用

- 了解线性表的有关概念及逻辑结构。
- 熟练掌握线性表的顺序存储结构及顺序表的基本操作实现。
- 熟练掌握线性表的链式存储结构——单链表及单链表上的基本操作实现。
- 理解循环链表的存储结构及简单操作实现。
- 理解掌握顺序表和单链表各自的特点及适用场合。

第 2 章 学习目标

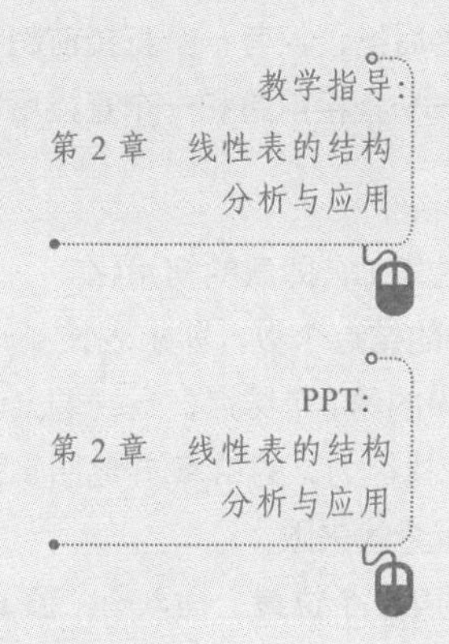

## 实例描述——约瑟夫问题方案设计

$M$ 个人围成一圈，从第一个人开始依次从 1 循环报数，每当报数为 $N$ 时此人从圈中出来，下一个人又从 1 开始报数，直到圈中只剩下一个人为止。请按退出次序输出出圈人员的编号，以及留在圈中的最后一个人原来的编号。实例描述图如图 2-1 所示。

动画 2-1
约瑟夫游戏

(a) 报数到第3个人

(b) 第3个人退出，报数到第6个人

(c) 第6个人退出

图 2-1
约瑟夫实例描述图

### 知识储备

## 2.1 线性表的逻辑结构

微课 2-1
线性表的逻辑结构

**1．线性表的逻辑定义**

线性表是由 $n$（$n \geqslant 0$）个数据元素（结点）$a_1$，$a_2$，…，$a_n$ 组成的有限序列。

线性表的逻辑结构特征（对于非空的线性表）如下：

① 仅有一个开始结点 $a_1$，没有直接前趋，仅有一个直接后继 $a_2$；

② 仅有一个终端结点 $a_n$，没有直接后继，仅有一个直接前趋 $a_{n-1}$；

③ 其余的内部结点 $a_i$ 都有且仅有一个直接前趋和一个直接后继。

**2．常见的线性表的基本运算**

① InitList（L）：构造一个空的线性表 L，即表的初始化。

② ListLength（L）：求线性表 L 中的结点个数，即求表长。

③ GetNode（L，i）：取线性表 L 中的第 $i$ 个结点，$1 \leqslant i \leqslant$ ListLength(L)。

④ LocateNode（L，x）：在 L 中查找值为 $x$ 的结点,并返回 $x$ 在 L 中的位置。若 L 中没结点的值为 $x$，则返回一个特殊值表示查找失败。

⑤ InsertList（L，x，i）：在表 L 的第 $i$ 个位置上插入一个值 $x$ 的结点。

⑥ DeleteList（L，i）：删除线性表 L 的第 $i$ 个结点。

动画 2-2
线性表的逻辑结构

## 2.2 线性表的顺序存储结构

微课 2-2
顺序表的定义

### 2.2.1 顺序表定义及地址计算

**1．顺序表的定义**

用顺序存储方法存储的线性表，即顺序表。所谓顺序存储方法就是把线性表的结点按

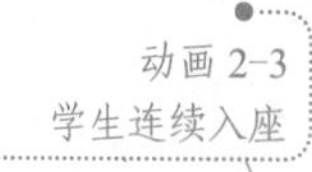

逻辑次序依次存放在一组地址连续的存储单元里的方法。实例演示如图 2-2（a）和图 2-2（b）所示，5 名逻辑上是连续的学生坐在连续的 5 个座位上，这种结构就是顺序表的结构。

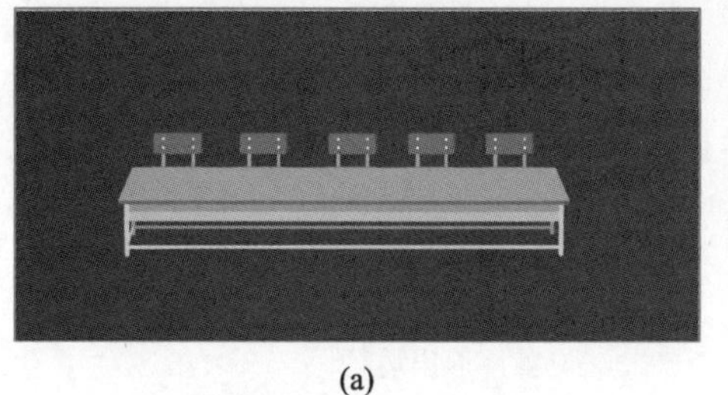

(a)

(b)

动画 2-3
学生连续入座

图 2-2
学生顺序存储结构描述图

2．地址的计算方法

假设线性表中所有结点类型相同，每个结点占用存储空间大小亦相同。假设每个结点占用 $c$ 个存储单元，其中第一个单元的存储地址则是该结点的存储地址，并设开始结点 $a_1$ 的存储地址是 LOC（$a_1$），那么结点 $a_i$ 的存储地址 LOC（$a_i$）可通过下式计算：

LOC（$a_i$）= LOC（$a_1$）+（$i$-1）*c　（$1 \leqslant i \leqslant n$）

例如：已知 LOC（$a_1$）为 100，每个结点占用 4 个存储单元，LOC（$a_4$）为 112。具体描述如图 2-3 所示。

微课 2-3
顺序表的地址计算

| 存储地址： | 100 | 104 | 108 | 112 | 116 |
|---|---|---|---|---|---|
| | $a_1$ | $a_2$ | $a_3$ | $a_4$ | $a_5$ |

图 2-3
顺序表的存储描述

3．顺序表类型定义

```
typedef struct
{
  int data[ListSize];        //数组 data 用于存放表结点，ListSize 表示数组大小
  int length;                //当前的表长度
}SeqList;                    //结构体类型
```

## 2.2.2　顺序表基本运算

在顺序表中，线性表的求表长、查找、取表中结点的运算很容易实现，所以在此主要讨论插入和删除两种运算。

微课 2-4
顺序表的插入运算

1．插入

线性表的插入运算是指在表的第 $i$（$1 \leqslant i \leqslant n+1$）个位置上，插入一个新结点 x，使长度为 $n$ 的线性表变成长度为 $n$+1 的线性表。实例演示如图 2-4（a）和图 2-4（b）所示，如果某位学生要坐在第 3 个座位上，那么第 4 个位置的学生要先让座，然后第 3 个位置的学生让座，最后该学生坐下。

(a)

(b)

动画 2-4
学生入座中间位置

图 2-4
学生入座描述图

顺序表插入操作过程：将表中位置为 $n$ 上的结点，依次后移到位置 $n+1$ 上，空出第 $i$ 个位置，然后在该位置上插入新结点 x。仅当插入位置 $i=n+1$ 时，才无须移动结点，直接将 x 插入表的末尾。

具体算法描述如下：

源程序 2-1
顺序表的插入运算

```
void InsertList(SeqList *L, DataType x, int i)
{//将新结点 x 插入 L 所指的顺序表的第 i 个结点 a_i 的位置上
  int j;
if(i<1||i>L->length+1)
  Error("position error");          //非法位置，退出运行
  if(L->length>=ListSize)
  Error("overflow");                //表空间溢出，退出运行
  for(j=L->length-1;j>=i-1;j--)
  L->data[j+1]=L->data[j];          //结点后移
  L->data[i-1]=x;                   //插入 x
  L->length++;                      //表长加 1
}
```

动画 2-5
顺序表的插入运算

假设在线性表的初始状态如下，其中 x 的值为 11,i 的值为 2：

| data[0] | data[1] | data[2] | data[3] | data[4] |
|---|---|---|---|---|
| 10 | 12 | 13 | 14 |  |

执行下面的代码后：

```
for(j=L->length-1;j>=i-1;j--)
  L->data[j+1]=L->data[j];
```

微课 2-5
顺序表的删除运算

线性表的状态如下：

| data[0] | data[1] | data[2] | data[3] | data[4] |
|---|---|---|---|---|
| 10 |  | 12 | 13 | 14 |

执行下面的代码后：

```
L->data[i-1]=x;
```

线性表的状态如下：

| data[0] | data[1] | data[2] | data[3] | data[4] |
|---|---|---|---|---|
| 10 | 11 | 12 | 13 | 14 |

动画 2-6
学生转身离开座位

2. 删除

线性表的删除运算是指将表的第 $i$（$1 \leqslant i \leqslant n$）个结点删去，使长度为 $n$ 的线性表变成长度为 $n-1$ 的线性表。实例演示如图 2-5 所示，如果第 3 个位置的学生转身离开，那么第 4 个位置的学生要坐在第 3 个座位，然后第 5 个位置的学生要坐在第 4 个座位。

(a)

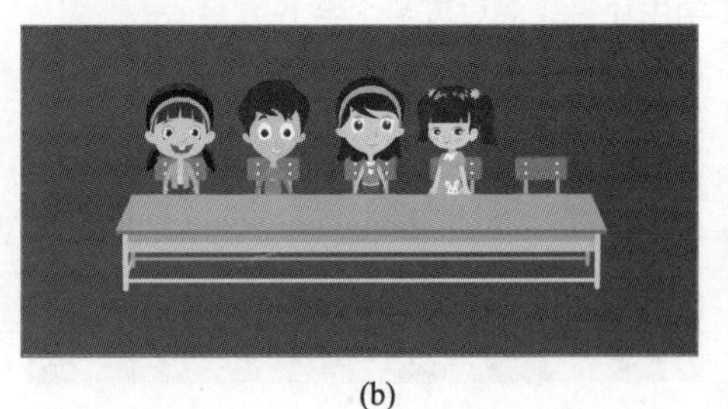

(b)

图 2-5
学生离开后描述图

顺序表删除操作过程：若 $i=n$，则只要简单地删除终端结点，无须移动结点；若 $1 \leqslant i \leqslant n-1$，则必须将表中位置 $i+1$，$i+2$，…，$n$ 的结点，依次前移到位置 $i$，$i+1$，…，$n-1$ 上，覆盖前一个结点，相当于删除第 $i$ 个结点。

具体算法描述如下：

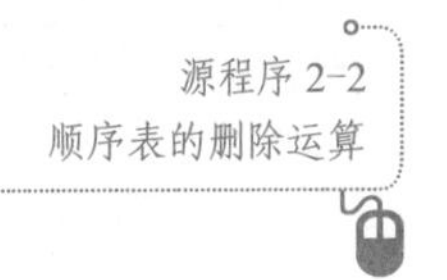

源程序 2-2
顺序表的删除运算

```
void DeleteList(SeqList *L,int i)
{//从 L 所指的顺序表中删除第 i 个结点 ai
  int j;
  if(i<1||i>L->length)
     Error("position error");          //非法位置
  for(j=i;j<=L->length-1;j++)
     L->data[j-1]=L->data[j];          //结点前移
  L->length--;                         //表长减小
}
```

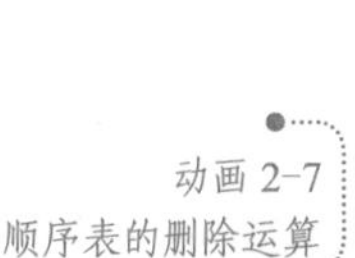

动画 2-7
顺序表的删除运算

假设在线性表的初始状态如下，其中 $i$ 的值为 2：

| data[0] | data[1] | data[2] | data[3] | data[4] |
|---|---|---|---|---|
| 10 | 11 | 12 | 13 | 14 |

执行下面的代码后：

```
for(j=i;j<=L->length-1;j++)
   L->data[j-1]=L->data[j];
```

线性表的状态如下：

| data[0] | data[1] | data[2] | data[3] | data[4] |
|---|---|---|---|---|
| 10 | 12 | 13 | 14 | |

## 2.3 线性表的链式存储结构

动画 2-8
学生任意入座

通过对顺序表的学习可知，顺序表表示的特点是用物理位置上的邻接关系来表示结点之间的逻辑关系，这一特点使我们可以随机存取表中的任一结点，但它的插入和删除操作需要移动大量的结点。为避免大量结点的移动，本节将介绍线性表的另一种存储方法——链式存储结构，并将这种用链接方式存储的线性表简称为链表。实例演示如图 2-6 所示。5 名同一宿舍的学生可以不坐在连续的 5 个座位上，但是通过第一个成员用手指向宿舍的第二个成员，第二个成员用手指向第三个成员，以此类推，直到所有人相连。

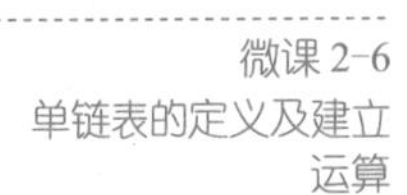

微课 2-6
单链表的定义及建立运算

图 2-6
学生链式座位描述图

### 2.3.1 单链表

单链表是用一组任意的存储单元来存放线性表的结点，这组存储单元既可以是连续的，也可以是不连续的，甚至零散地分布在内存中的任何位置上。为了能正确表示结点间的逻辑关系，在存储每个结点值的同时，还必须存储指示其后继结点的地址（或位置）信息，这个信息称为指针或链。这两部分信息组成了链表中的结点结构。

| 数据域 | 指针域 |
|---|---|
| data | next |

链表结点的定义：

```
typedef struct node
{
    DataType data;              //结点的数据域，DataType 为数据类型
    struct node *next;          //结点的指针域
}ListNode;
```

结点空间开辟：执行 ListNode *p 后，该指针变量指向的结点变量并未开辟空间，在程序执行过程中，当需要时才产生，需要执行 p=( ListNode *)malloc(sizeof(ListNode))后分配一个类型为 ListNode 的结点变量的空间。

结点空间释放：当 p 指向的结点变量不再需要的时候，可以通过执行 free(p)释放。

**1. 单链表的建立**

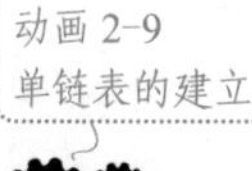

动画 2-9
单链表的建立

采用尾插法建表，该方法是将新结点插到当前链表的表尾上，为此必须增加一个尾指针 r，使其始终指向当前链表的尾结点。例如，在空链表中插入 $a_1$、$a_2$ 之后，将 $a_3$ 插入到当前链表的表尾。其指针修改情况如图 2-7 所示的①②③④等步骤。

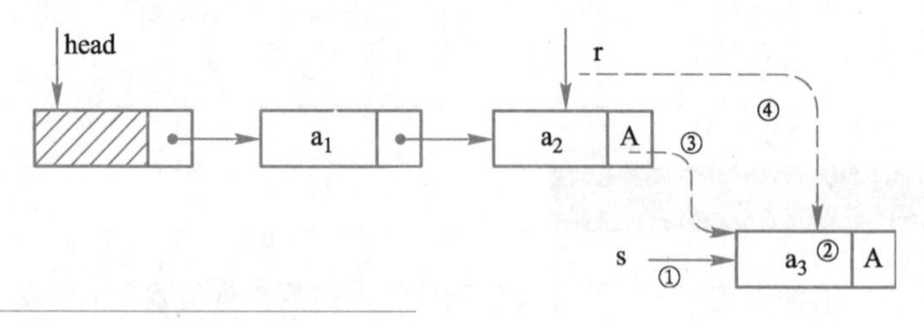

图 2-7
尾插法建立单链表的过程

用尾插法建立带头结点的单链表算法如下：

源程序 2-3
单链表的建立运算

```
LinkList CreatList()
{
    char ch;
    ListNode *head=(ListNode *)malloc(sizeof(ListNode));     //生成头结点
    ListNode *s,*r;           //工作指针
    r=head;                   //尾指针初值也指向头结点
    while((ch=getchar())!='\n'){
        s=(ListNode *)malloc(sizeof(ListNode));              //生成新结点，第①步
        s->data=ch;           //将读入的数据放入新结点的数据域中，第②步
        r->next=s;            //第③步
        r=s;                  //第④步
    }
    r->next=NULL;             //终端结点的指针域置空，或空表的头结点指针域置空
    return head;
}
```

微课 2-7
单链表的插入运算

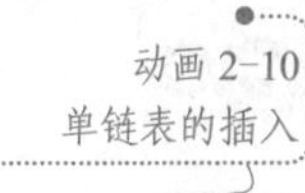

### 2．插入运算

插入运算是将值为 x 的新结点插入到表的第 $i$ 个结点的位置上，即插入到 $a_{i-1}$ 与 $a_i$ 之间。步骤：① 找到 $a_{i-1}$ 存储位置 p。② 生成一个数据域为 x 的新结点 s。③ 新结点的指针域指向结点 $a_i$。④ 令结点 p 的指针域指向新结点。插入过程如图 2-8 所示。

动画 2-10
单链表的插入

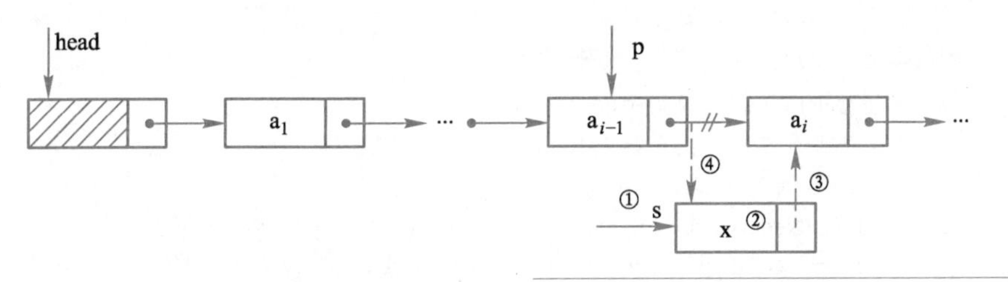


图 2-8
位置 $i$ 处插入新结点

插入算法如下：

源程序 2-4
单链表的插入运算

```
//在带头结点的单链表 head 中查找第 i 个结点
ListNode* GetNode(ListNode *head,int i)
{
    int j;
    ListNode *p;
    p=head;j=0;              //从头结点开始扫描
    while(p->next&&j<i){     //顺指针向后扫描，直到 p->next 为 NULL 或 i=j 为止
        p=p->next;
        j++;
    }
    if(i==j)
        return p;            //找到了第 i 个结点
    else
        return NULL;         //当 i<0 或 i>n 时，找不到第 i 个结点
}
//将值为 x 的新结点插入到带头结点的单链表 head 的第 i 个结点的位置上
void InsertList(ListNode *head,DataType x,int i)
{
    ListNode *p,*s;
    p=GetNode(head,i-1);     //寻找第 i-1 个结点，第①步
    if (p==NULL)             //i<1 或 i>n+1 时插入位置 i 有错
        Error("position error");
    s=(ListNode *)malloc(sizeof(ListNode));   //第②步
    s->data=x;
    s->next=p->next;         //第③步
    p->next=s;               //第④步
}
```

微课 2-8
单链表的删除运算

### 3．删除运算

删除运算是将表的第 $i$ 个结点删去。步骤：① 找到 $a_{i-1}$ 的存储位置 p。② 让 r 指向 $a_i$，方便释放。③ 令 p->next 指向 $a_i$ 的直接后继结点，跨过 $a_i$ 结点。④ 通过执行 free(r)

动画 2-11
单链表的删除

释放结点 $a_i$ 的空间，节省内存空间。删除过程如图 2-9 所示。

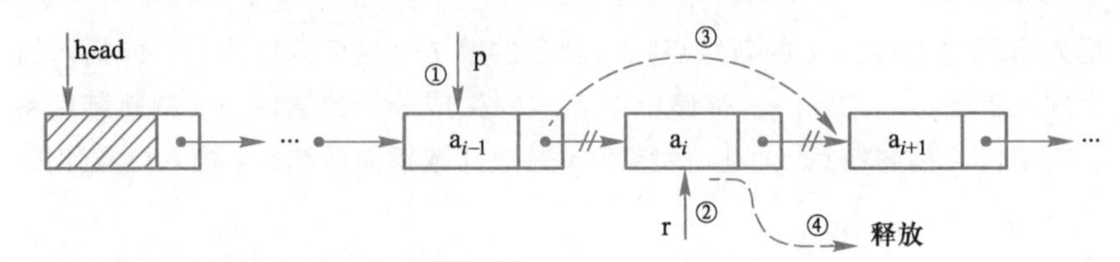


图 2-9
删除位置 i 处的结点

删除算法如下：

源程序 2-5
单链表的删除运算

```
void DeleteList(ListNode *head,int i)
{  //删除带头结点的单链表 head 上的第 i 个结点
    ListNode *p,*r;
    p=GetNode(head,i-1);                  //找到第 i-1 个结点，第①步
    if (p==NULL||p->next==NULL)           //i<1 或 i>n 时，删除位置错
      Error("position error");            //退出程序运行
    r=p->next;                            //第②步
    p->next=r->next;                      //第③步
    free(r);                              //第④步
}
```

## 2.3.2　循环链表

微课 2-9
循环链表

循环链表是一种首尾相接的链表，在实际操作过程中更加方便灵活。实例演示如图 2-10 所示。最后的宿舍成员又用手指向第一个成员，形成循环的效果。

动画 2-12
学生首尾相连

图 2-10
学生链式座位描述图

在单链表中，将终端结点的指针域 NULL 改为指向表头结点或开始结点，即可成为单循环链表。如图 2-11 所示为循环链表。

图 2-11
带头结点的循环链表示意图

**【例 2.1】** 假设某个带头结点单向循环链表的长度大于 1，s 为指向链表中某个结点的指针。要求删除并返回链表中指针 s 所指结点的前趋。具体算法如下：

源程序 2-6
删除循环链表中某结点的前趋

```
ListNode delete_pre(ListNode *s)
{
   ListNode *pre,*p;            //pre 指针指向前趋的前趋结点
   ListNode e;
   pre=s;
   p=s->next;
```

```
    while(p->next!=s)              //寻找前趋结点
    {     pre=p;
          p=p->next;
    }
    pre->next=s;                   //删除前趋结点
    e.data=p->data;
    free(p);                       //释放空间
    return e;
}
```

知识拓展 2-1
双向链表

知识拓展 2-2
双向循环链表

从上例可以看出单循环链表中，从任一结点出发都可以访问到表中其他所有结点，这一优点使得某些运算在单循环链表上更易于实现。

## 2.4 顺序表和链表的比较

微课 2-10
顺序表和链表的比较

**1．基于空间的考虑**

存储密度是指结点数据本身所占的存储量和整个结点结构所占的存储总量之比，即存储密度=（结点数据本身所占的存储量）/（整个结点结构所占的存储总量）。

一般来说，存储密度越大，存储空间的利用率就越高。显然，顺序表的存储密度为 1，而链表的存储密度小于 1。由此可知，当线性表的长度变化不大，易于事先确定其大小时，为了节约存储空间，宜采用顺序表作为存储结构。

例如：typedef struct node

```
    {
      int data;                 //int 占 4 个字节
      struct node *next;        //next 指针占 4 个字节
    }//该结构存储密度 4/(4+4)为 50%。
```

**2．基于时间考虑**

顺序表是一种随机存取结构，对表中任一结点都可在 O(1)时间内直接地存取，而链表中的结点，需要从头指针起顺着链扫描才能取得。因此，若线性表的操作主要是进行查找，很少做插入和删除操作，采用顺序表做存储结构为宜。在链表中的任何位置上进行插入和删除，都只需要修改指针，而在顺序表中进行插入和删除，需要移动大量结点，花费更多时间，因此，对于频繁进行插入和删除的线性表，宜采用链表做存储结构。

# 实例分析与实现

实例文档 2-1
约瑟夫问题方案设计

**1. 实例分析**

拓展阅读 3
实验实训安全

$M$ 个人围成一圈，就是将 $M$ 个人的信息存入到一维数组中，当下标达到最大值后重新归零，模拟为循环结构，从某个人（下标：start）开始，依次从 1 循环报数，每当报数为 $N$ 时此人从圈中出来，就是将定位到报数为 $N$（下标：start+$N$-1）的人删除并输出该人信息，下一个人又从 1 开始报数，再次将报数为 $N$ 的人删除并输出该人信息，直到圈中只剩下一个人为止，采用数组存储数据，过程如图 2-12 所示，假设有 10 个人，从第一个人开始报数，报数为 5 的人出圈。

**初始化结构：**

| 下标 | 0 | 1 | 2 | 3 | 4 | 5 | 6 | 7 | 8 | 9 |
|---|---|---|---|---|---|---|---|---|---|---|
| 编号 | ① | 2 | 3 | 4 | 5 | 6 | 7 | 8 | 9 | 10 |

**第1次出圈的人为5号，后面的人前移，从6号开始报数：**

| 下标 | 0 | 1 | 2 | 3 | 4 | 5 | 6 | 7 | 8 | 9 |
|---|---|---|---|---|---|---|---|---|---|---|
| 编号 | 1 | 2 | 3 | 4 | ⑥ | 7 | 8 | 9 | 10 | |

**第2次出圈的人为10号，从1号开始报数：**

| 下标 | 0 | 1 | 2 | 3 | 4 | 5 | 6 | 7 | 8 | 9 |
|---|---|---|---|---|---|---|---|---|---|---|
| 编号 | ① | 2 | 3 | 4 | 6 | 7 | 8 | 9 | | |

**第3次出圈的人为6号，后面的人前移，从7号开始报数：**

| 下标 | 0 | 1 | 2 | 3 | 4 | 5 | 6 | 7 | 8 | 9 |
|---|---|---|---|---|---|---|---|---|---|---|
| 编号 | 1 | 2 | 3 | 4 | ⑦ | 8 | 9 | | | |

**第4次出圈的人为2号，后面的人前移，从3号开始报数：**

| 下标 | 0 | 1 | 2 | 3 | 4 | 5 | 6 | 7 | 8 | 9 |
|---|---|---|---|---|---|---|---|---|---|---|
| 编号 | 1 | ③ | 4 | 7 | 8 | 9 | | | | |

**以此类推，直到最后只剩下一个人为止。**

图 2-12
出圈过程描述图

### 2. 代码清单 2.1

源程序 2-7
约瑟夫问题方案设计

```
#include "stdio.h"
main()
{
    int person[100];
    int i,j;
    int arrayLen;                //数组长度
    int start, N;                //开始位置及报数大小
    int deleNum;                 //出列人所在数组中的下标
    int name, M;                 //输入时，人的信息及人的总数
    printf("请输入圆桌上人的总数: ");
    scanf("%d",&arrayLen);
    printf("\n" );
    printf("请输入每个人的信息(整数): \n");
    for(i=0;i<arrayLen;i++)
    {
        scanf("%d",&name);
        person[i]=name;
    }
    printf("你输入的数据的顺序为: \n");
    for(i=0;i<arrayLen-1;i++)
        printf(" %d ==>",person[i]);
    printf("%d\n",person[arrayLen-1]);
    printf("你打算从第几个人开始报数？");
    scanf("%d",&start);
    start=start-1;
```

```
        printf("请输入报数为多少时出圈？");
        scanf("%d",&N);
        printf("\n");
        M=arrayLen;
        printf("程序运行后，出列人的顺序为:\n\n" );
        for(i=0;i<M;i++)                          //要打印 M 个人的情况，故做 M 次
        {
            if(arrayLen==1)
            printf("%d",person[0]);               //数组只剩一个元素,直接出列
        else
        {
            deleNum=(start+N-1)%arrayLen;         //此取模保证循环
            printf("%d ==> ",person[deleNum]);
            for(j=deleNum;j<arrayLen;j++)         //出列元素后面的各元素前移
                person[j]=person[j+1];
            start=deleNum;
            arrayLen=arrayLen-1;                  //移动完毕后，数组长度减 1
            }
        }
        printf("\n\n");
    }
```

**3. 结果验证**

结果验证如图 2-13 所示。

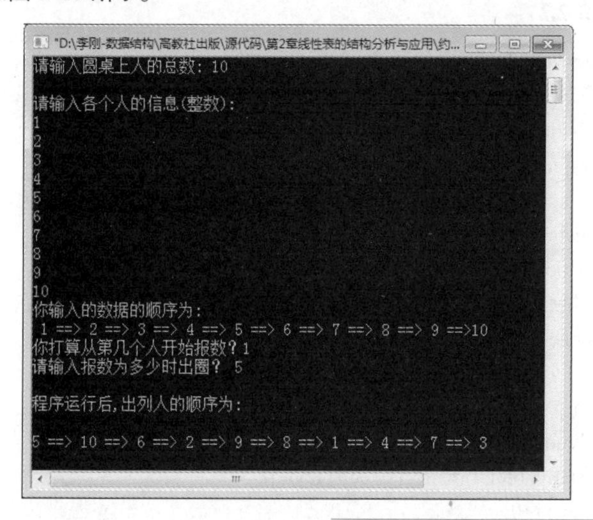


图 2-13
结果验证

## 知识拓展—— 一元多项式设计及加法运算

实例文档 2-2
一元多项式设计及加法运算

**1. 内容介绍**

利用单链表知识实现以下功能，输入两个一元多项式，实现加法运算，例如：分别输入 $3x^4+5x^2+7$ 和 $2x^3+x^2+8x^1$ 两个多项式，两个多项式进行加法运算后等于 $3x^4+2x^3+6x^2+8x^1+7$。如图 2-14 和图 2-15 所示，多项式按照指数从小到大顺序存储。

加法运算前，单链表 Pa 和 Pb 的存储结构如下：

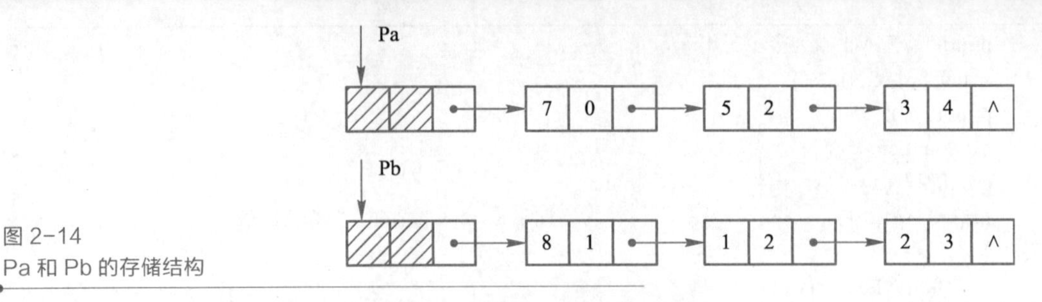


图 2-14
Pa 和 Pb 的存储结构

进行加法运算后，单链表 Pa 的存储结构如下：

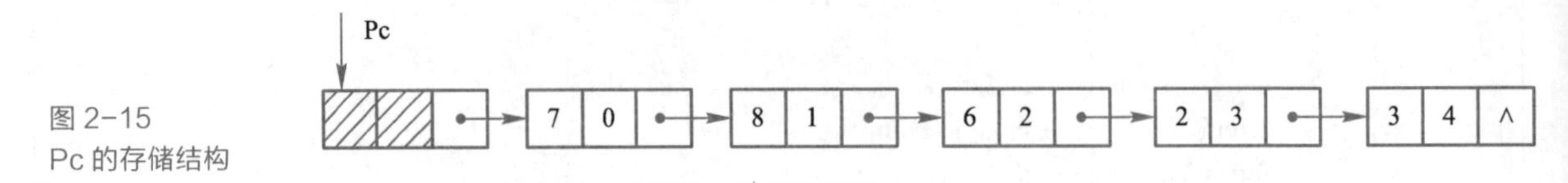


图 2-15
Pc 的存储结构

**2. 算法设计**

首先，建立两个单链表，分别存储输入的两个一元多项式，在某个单链表上直接进行加法运算，其中每个结点的结构体类型中应该包含 3 个域，分别用来存储多项式的系数、指数和后继结点的地址。然后，编写存储一元多项式的函数和打印多项式的函数。最后，编写求两个多项式加法运算的函数。如果两个多项式中有指数相同的项，将两个项的系数域求和，再存入到结果链表中相应结点系数域；如果两个多项式中有指数不相同的项，通过与结果链表中结点指数域比较大小，选择合适的位置插入该项。

**3. 代码清单 2.2**

源程序 2-8
一元多项式设计及加法运算

```
#include<stdio.h>
//一元多项式定义
typedef struct node{
    float coef;                                          //系数
    int expn;                                            //指数
    struct node *next;                                   //后继
}pnode,*polynomial;
//一元多项式的创建
polynomial createpolyn(polynomial p,int m)
{
    int i;
    polynomial q,pre,s;                                  //结点 q,pre,s
    p=(polynomial)malloc(sizeof(pnode));                 //生成新结点
    p->next=0;                                           //先建立一个带头结点的单链表
    p->expn=-1;                                          //头结点指数值设为-1
    for(i=0;i<m;i++)                                     //依次输入 m 个非零值
    {
        s=(polynomial)malloc(sizeof(pnode));             //生成新结点
        printf("输入系数和指数:");
        scanf("%f%d",&s->coef,&s->expn)                  //输入系数和指数
        pre=p;                                           //pre 用于保存 q 的前驱
        q=p->next; //q 初值为首结点
        while(q&&q->expn<=s->expn){                  //找到第一个大于输入项指数的项 q
```

```
            pre=q;
            q=q->next;
        }
        s->next=q;pre->next=s;              //将输入项 s，插入到 q 和 pre 之间
    }
    printf("--创建成功--\n");
    return p;
}
//一元多项式打印
void pri(polynomial p)
{
    polynomial q;
    int id=1;
    q=p->next;                              //第一项（首结点）
    printf("加法运算后结果为:\n");
    while(q)
    {
        printf("第%d 个结点:系数%f,指数%d\n",id,q->coef,q->expn);
        q=q->next;                          //结点后移
        id++;
    }
}
//一元多项式相加
polynomial addpolyn(polynomial pa,polynomial pb)
{
    polynomial p1,p2,p3,q;
    int sum;                                //系数和 sum
    p1=pa->next;p2=pb->next;
    p3=pa;                                  //p3 指向和多项式的当前结点
    while(p1&&p2){                          //p1 和 p2 均非空
        if(p1->expn==p2->expn){             //指数相同
            sum=p1->coef+p2->coef;          //sum 保存两项的系数和
            if(sum){                        //系数和不为 0
                p1->coef=sum;               //修改结点 p1 的系数值
                p3->next=p1;
                p3=p1;                      //将修改后的结点 p1 链在 p3 之后
                p1=p1->next;                //p1 指向后一项
                q=p2;p2=p2->next;free(q);   //删除 pb 当前结点 q
            }else{                          //系数和为 0
                q=p1;p1=p1->next;free(q);   //删除 pa 当前结点 p1
                q=p2;p2=p2->next;free(q);   //删除 pb 当前结点 p2
            }
        }else{
            if(p1->expn<=p2->expn){         //pa 当前结点 p1 的指数值小
                p3->next=p1;                //将 p1 链在 p3 之后
                p3=p1;                      //p3 指向 p1
                p1=p1->next;                //p1 指向后一项
            }else{
```

```
                p3->next=p2;                    //pb 当前结点 p2 的指数值小
                p3=p2;                          //将 p2 链接在 p3 之后
                p2=p2->next;                    //p2 指向后一项
                }
            }
        }
        p3->next=p1?p1:p2;                      //插入非空多项式的剩余段
        free(pb);                               //释放 pb 的头结点
        return pa;                              //返回和多项式
    }
    main()
    {
        int m;
        polynomial pa,pb,pc;                    //声明一元多项式 pa,pb,pc
        printf("==================创建一元多项式==========================");
        printf("创建 A 项数:");scanf("%d",&m);   //创建 pa 项数
        pa=createpolyn(pa,m);                   //创建一元多项式 pa
        printf("创建 B 项数:");scanf("%d",&m);   //创建 pb 项数
        pb=createpolyn(pb,m);                   //创建一元多项式 pb
        printf("==================一元多项式相加==========================");
        pc=addpolyn(pa,pb);                     //一元多项式相加
        pri(pc);                                //打印一元多项式 pc
        printf("=========================END=============================");
    }
```

第 2 章
同步训练答案

## 同步训练

### 一、填空题

1. 在一个长度为 $n$ 的顺序表中第 $i$ 个元素（$1 \leqslant i \leqslant n+1$）之前插入一个元素时，需向后移动________个元素。

2. 线性表 a 的数据元素的长度为 2，在顺序存储结构下 LOC(a0) =100，则 LOC(a5) =________。

3. 线性表由（$a_1$，$a_2$，$a_3$，…，$a_n$）组成，$a_1$ 称为________结点，$a_n$ 称为________结点，$a_3$ 称为 $a_2$ 的直接________，$a_2$ 称为 $a_3$ 的直接________。

### 二、选择题

1. 在表长为 $n$ 的顺序表上做插入运算，平均要移动的结点数为（　　）。

   A. $n$　　B. $n/2$　　C. $n/3$　　D. $n/4$

2. 在单链表中，若 p 所指结点不是最后结点，在 p 之后插入 s 所指结点，则执行(　　)。

   A. s->next=p->next; p->next=s;　　B. p->next=s->next; s->next=p;

   C. p->next=p; p->next=s;　　D. p->next=s; s->next=p;

3. 线性表采用链式存储时，结点的地址（　　）。

   A. 必须是连续的　　B. 必须是不连续的

   C. 连续与否均可　　D. 必须有相等的间隔

4. 下列有关线性表的叙述中，正确的是（　　）。

A. 线性表中的元素之间是线性关系

B. 线性表中至少有一个元素

C. 线性表中任何一个元素有且仅有一个直接前趋

D. 线性表中任何一个元素有且仅有一个直接后继

三、应用题

1. 指针变量指向的结点变量并未开辟空间，结点空间开辟需要执行的语句是什么？

2. 删除图 2-16 所示单链表中的 q 结点，执行的两条语句是什么？

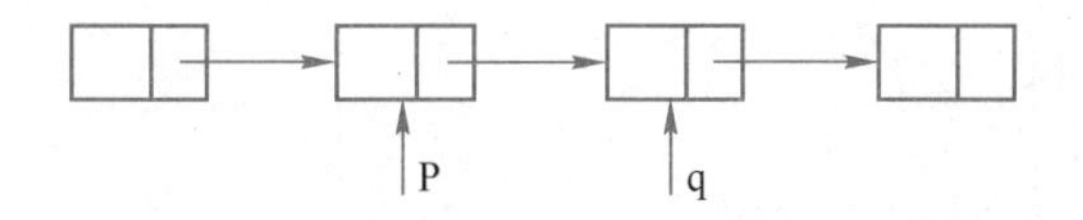

图 2-16 单链表

3. 已知线性表的存储结构为顺序表，阅读下列算法，并回答问题：

（1）设线性表 L=（21，-7，-8，19，0，-11，34，30，-10），写出执行 f30(&L)后的 L 状态。

（2）简述算法 f30 的功能。

```
void f30 (SeqList *L)
{
  int   i,j;
  for (i=j=0;i<L->length; i++)
    if(L->data[i]>=0)
    {
      if(i!=j)L->data[j]=L->data[i];
      j++;
    }
  L->length=j;
}
```

4. 假设以带头结点的单链表表示线性表，单链表的类型定义如下：

```
typedef   int   DataType;
typedef struct node {
     DataType data;
     struct node * next;
} LinkNode, * LinkList;
```

阅读下列算法，并回答问题：

（1）已知初始链表如图 2-17 所示，画出执行 f30(head)之后的链表。

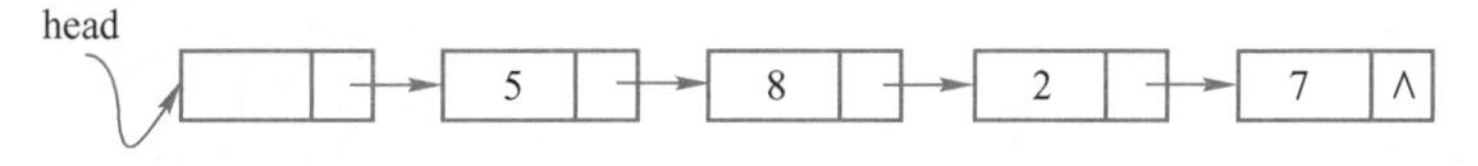

图 2-17 初始链表

（2）简述算法 f30 的功能。

```
void f30( LinkList head)
{  LinkList   p,r, s;
   if (head->next)
   {
     r = head->next;
```

```
            p = r->next;
            r->next = NULL;
            while (p)
            {
                s =p;
                p = p->next;
                if ( s->data% 2 = = 0)
                {
                    s->next = head->next;
                    head->next = s;
                }
                else
                {
                    s->next = r->next;
                    r->next = s;
                    r =s;
                }
            }
        }
    }
```

## 四、算法设计题

1. 设计算法实现将顺序表中数据逆置的操作。
2. 设计算法实现将单链表中数据逆置的操作。

第 2 章
在线测试及答案

## 在线测试

# 第 3 章　栈和队列的结构分析与应用

- 熟练掌握栈的顺序存储结构和基本操作的实现。
- 理解掌握栈的链式存储结构和基本操作的实现。
- 熟练掌握循环队列的顺序存储结构和基本操作的实现。
- 理解掌握循环队列的链式存储结构和基本操作的实现。
- 理解栈和队列的各自特点和适用场合。

第 3 章 学习目标

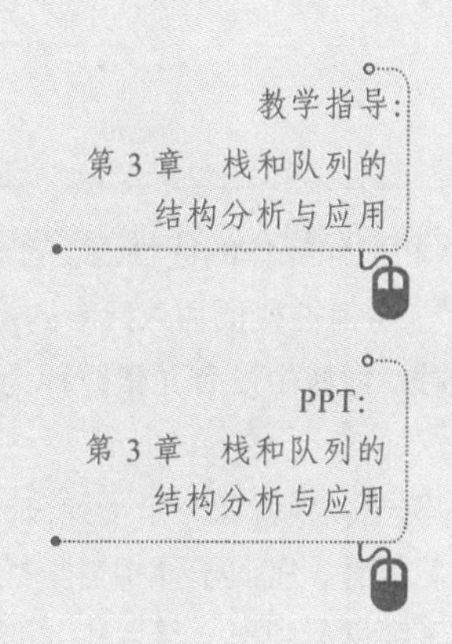

# 实例描述——计算器中进制转换功能设计

计算机中的计算器可以将十进制数转换为二进制数，具体操作过程如图 3-1 所示，例如在图 3-1（a）中输入十进制数 8，然后选择“二进制”单选按钮，如图 3-1（b）所示，界面中显示转换为二进制后的结果 1000，要如何实现进制转换的算法设计呢？

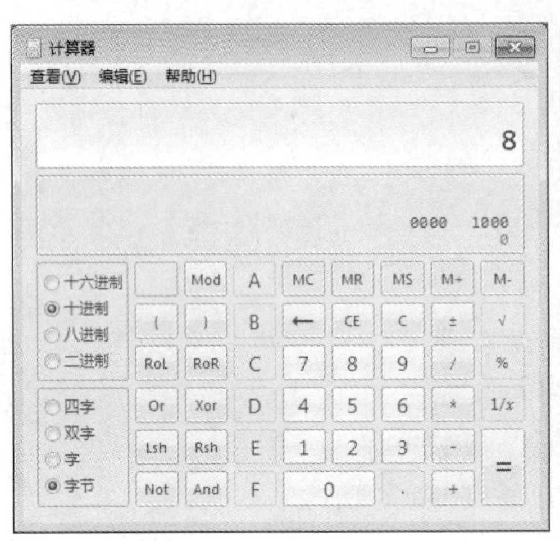


(a)

(b)

图 3-1
进制转换实例描述图

知识储备

## 3.1　栈

微课 3-1
栈的定义及操作原则

### 3.1.1　栈的定义及基本运算

栈是限制只能在表的一端进行插入和删除操作的线性表，在表中允许插入和删除的这一端称为“栈顶”，另一端称为“栈底”。通常往栈顶插入元素的操作称为入栈或者进栈，删除栈顶的元素的操作称为出栈或者退栈。当栈中没有元素时称为空栈。如图 3-2 所示为 $a_1$，$a_2$，…，$a_n$ 进栈后的状态。

为了说明栈的概念，举一个简单的例子。栈就像一个子弹夹一样，如图 3-3 所示，压入和弹出子弹都要从子弹夹的上端进行操作，压入子弹相当于栈的进栈操作，弹出子弹相当于栈的出栈操作，而且最先压入的子弹最后弹出，最后压入的子弹最先弹出。

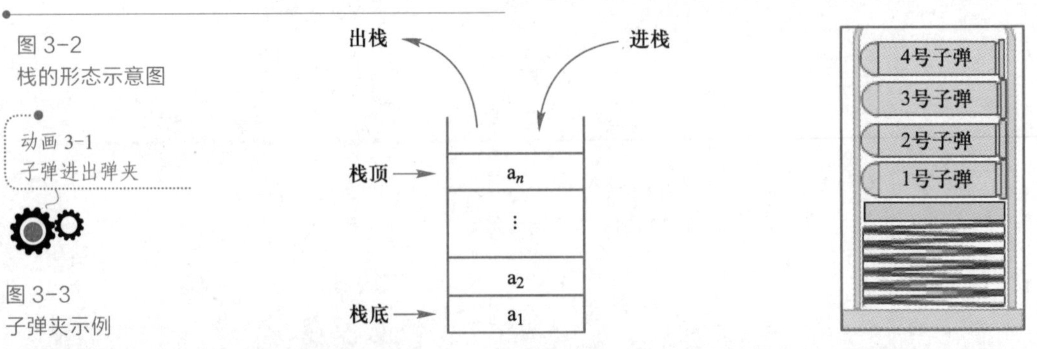


图 3-2
栈的形态示意图

动画 3-1
子弹进出弹夹

图 3-3
子弹夹示例

注意：

栈的操作原则是：先进后出（First In Last Out，FILO）或者后进先出（Last In First Out，LIFO）。

栈的 6 种基本运算如下：

① InitStack（S）：初始化操作，构造一个空栈。

② StackEmpty（S）：判断栈是否为空。若栈为空，函数返回值为 1；否则，返回值为 0。

③ StackFull（S）：判断栈是否为满。若栈已满，函数返回值为 1；否则，返回值为 0。

④ Push（S，x）：进栈操作。在栈的顶部插入一个新元素 x。

⑤ Pop（S）：出栈操作。删除栈顶端元素，并返回该元素。

⑥ StackTop（S）：取栈顶元素。返回栈顶元素，但不删除。

### 3.1.2 顺序栈及操作实现

微课 3-2
顺序栈的定义

栈的顺序存储结构简称为顺序栈，由于栈是运算受限的线性表，因此线性表的存储结构对栈也适用，栈顶位置是随着进栈和退栈操作而变化的，故需用一个整型量 top 来记录当前栈顶位置（下标），因此，顺序栈的类型定义只需将顺序表的类型定义中长度域改为 top 域即可。顺序栈的类型定义如下：

```
typedef struct
{
    DataType data[StackSize]; // DataType 为 int、char 等数据类型
    int top; //记录栈顶位置
}SeqStack;
```

设 S 是 SeqStack 类型的指针变量，S->data[0]是栈底元素。

进栈操作：进栈时，需要将 S->top 加 1。

注意：

① S->top==StackSize-1 表示栈满。② 当栈满时，再做进栈运算产生空间上溢的现象。

退栈操作：退栈时，需要将 S->top 减 1。

注意：

① S->top==-1 表示空栈。

② 当栈空时，做退栈运算产生的下溢现象。

如图 3-4 所示为进栈和出栈运算时，栈中元素和记录栈顶位置的 top 变量之间的关系。

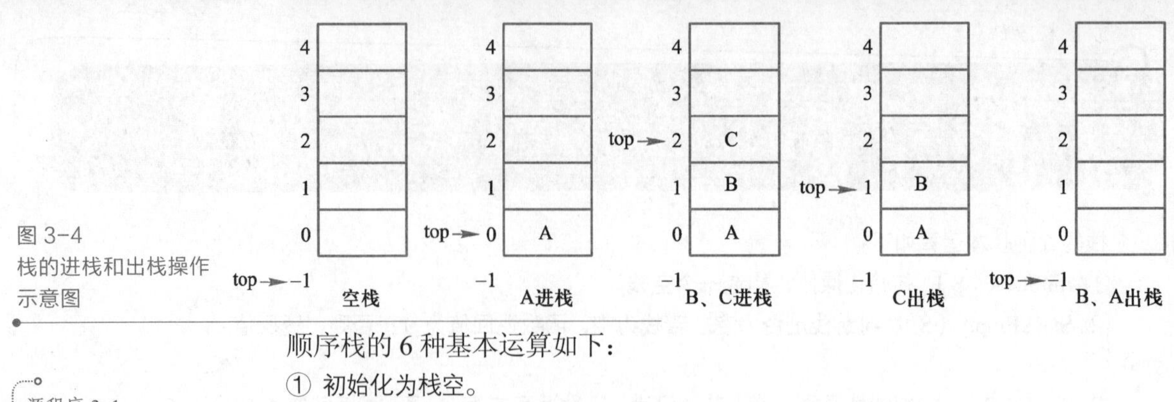

图 3-4
栈的进栈和出栈操作示意图

顺序栈的 6 种基本运算如下：

源程序 3-1
顺序栈的基本运算

① 初始化为栈空。

```
void InitStack（SeqStack *S）
{
  S->top=-1;
}
```

微课 3-3
顺序栈初始化、判栈空和栈满运算

② 判断栈是否为空。

```
int StackEmpty（SeqStack *S）
{
  return S->top==-1;
}
```

③ 判断栈是否为满。

```
int StackFull（SeqStack *S）
{
  return S->top==StackSize-1;     //StackSize 为栈的空间大小
}
```

微课 3-4
顺序栈的进栈运算

④ 进栈操作。

```
void Push（SeqStack *S，DataType x）
{
   if (StackFull(S))
     printf("Stack overflow");       //上溢，退出运行
   S->top++;                    //栈顶位置变量加 1
   S->data[S->top]=x;          //将 x 入栈
}
```

动画 3-2
顺序栈的进栈

假设顺序栈的初始状态如图 3-5 所示，其中 top 的值为 0，x 的值为 B。执行下面的代码后：

```
S->top++;
S->data[S->top]=x;
```

顺序栈的状态如图 3-6 所示，top 的值为 1。

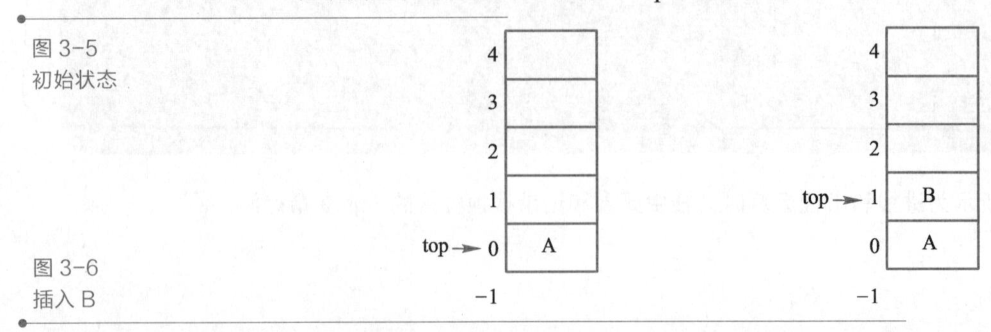

图 3-5
初始状态

图 3-6
插入 B

⑤ 出栈操作。

```
DataType Pop（SeqStack *S）
{
    DataType x;
    if(StackEmpty(S))
    printf("Stack underflow");      //下溢，退出运行
    x=S->data[S->top];              //获取栈顶元素
    S->top--;                       //栈顶位置减 1
    return x;                       //栈顶元素返回
}
```

微课 3-5
顺序栈的出栈及取栈顶元素运算

动画 3-3
顺序栈的出栈

假设顺序栈的初始状态如图 3-7 所示，其中 top 的值为 1。

执行下面的代码后：

```
x=S->data[S->top];
S->top--;
```

顺序栈的状态如图 3-8 所示，出栈后 top 值为 0，x 的值为 B。

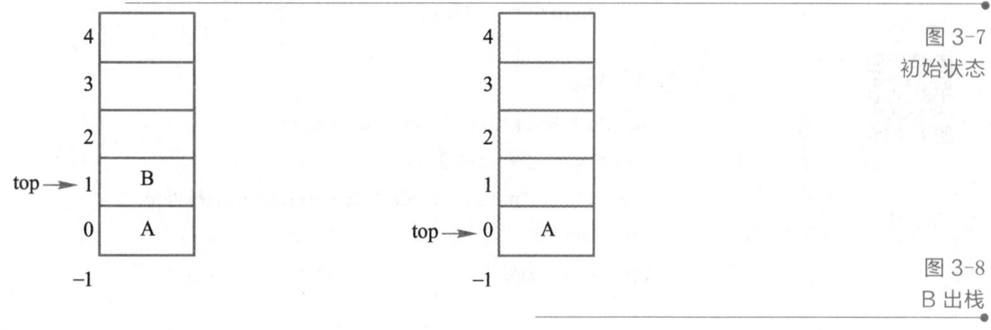


图 3-7
初始状态

图 3-8
B 出栈

⑥ 取栈顶元素。

```
DataType StackTop（SeqStack *S）
{
    if(StackEmpty(S))
        printf("Stack is empty");
    return S->data[S->top];
}
```

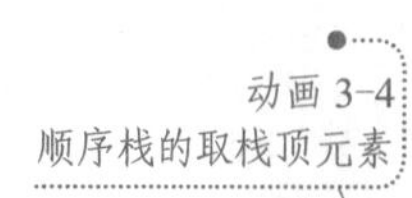

动画 3-4
顺序栈的取栈顶元素

### 3.1.3 链栈及操作实现

栈的链式存储结构称为链栈，它是运算受限的单链表，其插入和删除操作仅限制在表头位置上进行，所以需要增加一个指向栈顶的 top 指针。如图 3-9 所示为链栈的示意图，将它水平伸直就是前面介绍过的单链表。

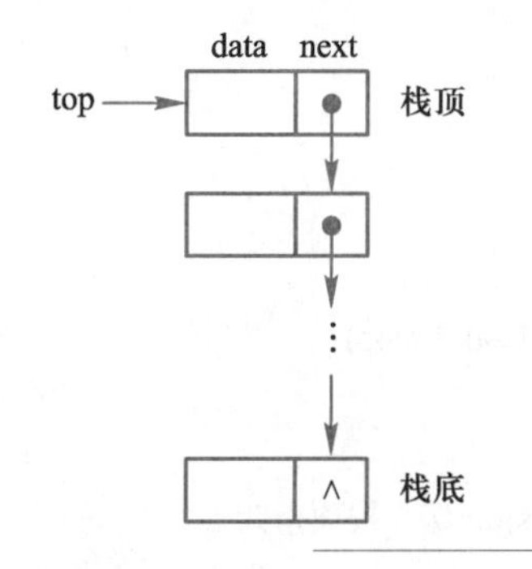


图 3-9
链栈示意图

微课 3-6
链栈初始化、判栈空运算

链栈的类型定义如下：

```
typedef struct stacknode
{
  DataType data;
  struct stacknode *next;
}StackNode;
```

链栈的 5 种基本运算如下（不存在栈满现象）。

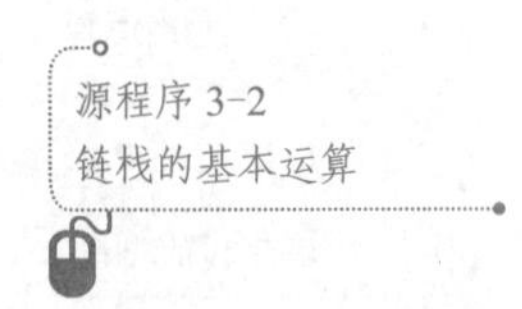

源程序 3-2
链栈的基本运算

① 初始化为栈空。

```
void InitStack(StackNode **top)
{
    *top=NULL;
}
```

② 判断栈是否为空。

```
int StackEmpty(StackNode *top)
{
      return top= =NULL;
}
```

微课 3-7
链栈的进栈运算

③ 进栈操作。

```
void Push(StackNode **top, DataType x)
{//将元素 x 插入链栈头部
  StackNode *p=(StackNode *)malloc(sizeof(StackNode));
  p->data=x;
  p->next=*top;
  *top=p;
}
```

动画 3-5
链栈的进栈

假设链栈的初始状态如图 3-10 所示，其中 x 的值为 D。执行下面的代码后：

```
p->data=x;
p->next=*top;
*top=p;
```

链栈的状态如图 3-11 所示。

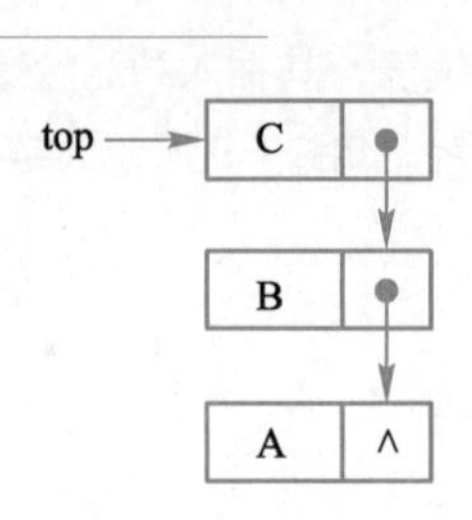


图 3-10
初始状态

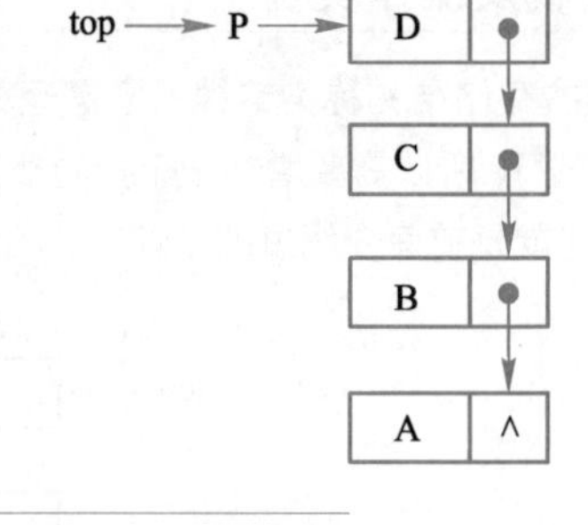


图 3-11
进栈后

微课 3-8
链栈的出栈及取栈顶元素运算

④ 出栈操作。

```
DataType Pop(StackNode **top)
{
   DataType x;
   StackNode *p=*top;//保存栈顶指针
```

```
    if(StackEmpty(*top))
      printf("Stack underflow."); //下溢
    x=(*top) ->data; //保存栈顶结点数据
    *top=p->next; //将栈顶结点从链上摘下
    free(p);
    return x;
}
```

动画 3-6
链栈的出栈

执行 StackNode *p=*top 后，链栈的初始状态如图 3-12 所示。

执行下面的代码后：

```
x=(*top) ->data;
*top=p->next;
free(p);
```

链栈的状态如图 3-13 所示，出栈后 x 的值为 D。

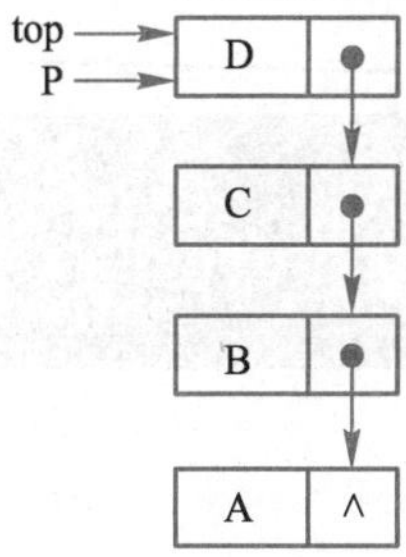

图 3-12
初始状态

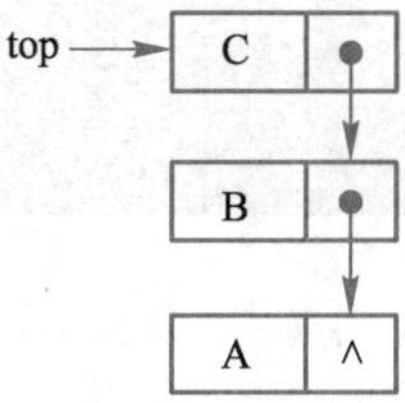

图 3-13
出栈后

⑤ 取栈顶元素。

动画 3-7
链栈的取栈顶元素

```
DataType StackTop(StackNode *top)
{
    if(StackEmpty(top))
      printf("Stack is empty.");
    return top->data;
}
```

## 3.2 队列

微课 3-9
队列的定义及操作原则

### 3.2.1 队列的定义及基本运算

队列是只允许在一端进行插入，而在另一端进行删除的运算受限的线性表。允许删除的一端称为队头，允许插入的一端称为队尾。当队列中没有元素时称为空队列。在空队列中依次加入元素 $a_1$，$a_2$，…，$a_n$ 之后，$a_1$ 是队头元素，$a_n$ 是队尾元素。如图 3-14 所示为队列的操作示意图。

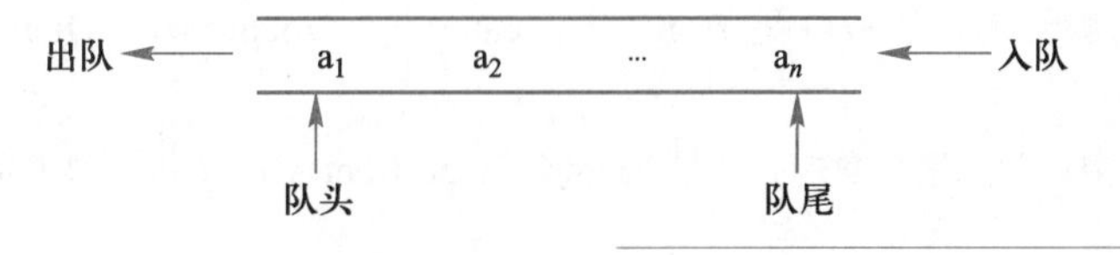


图 3-14
队列操作示意图

为了说明队列的概念，实例演示如图 3-15 所示。队列就像学生在食堂排队打饭的过程一样，先来的人排在前面，后来的人依次排在后面，第一个人打饭离开后，才能轮到第二个人打饭。

动画 3-8
食堂排队打饭

图 3-15
队列示意图

注意：

队列的操作原则是先进先出（FIFO）或者后进后出（LILO）。

队列的 6 种基本运算如下：

① InitQueue(Q)：初始化操作。构造一个空队列。

② QueueEmpty(Q)：判断队列是否为空。若队列为空，函数返回值为 1；否则，返回值为 0。

③ QueueFull(Q)：判断队列是否为满。若队列已满，函数返回值为 1；否则，返回值为 0。

④ EnQueue(Q，x)：入队操作。在队尾插入一个新元素 x。

⑤ DeQueue(Q)：出队操作。删除队头元素，并返回该元素。

⑥ QueueFront(Q)：取队头元素。返回队头元素，但不删除。

### 3.2.2　顺序队列及操作实现

微课 3-10
顺序队列的定义

队列的顺序存储结构称为顺序队列，顺序队列实际上是运算受限的顺序表。由于向量空间无论多大，均会产生队尾没有空闲空间，队头有空闲空间，但不能进行入队操作的现象，所以为了充分利用向量空间，将向量空间想象为一个首尾相接的圆环，并称这种向量为循环向量，存储在其中的队列称为循环队列。具体操作过程如图 3-16 所示，特别强调，front 指向头元素，rear 指向尾元素下一个空闲的空间。

知识拓展 3-1
顺序队列-假溢出

下面分析几种队列的状态：

① 队列空要满足的条件是 front==rear。

② 队列满要满足的条件是 front==（rear+1）%QueueSize（QueueSize 为队列大小）。

③ 队列中计算元素个数的公式是 length=（rear-front+QueueSize）%QueueSize。

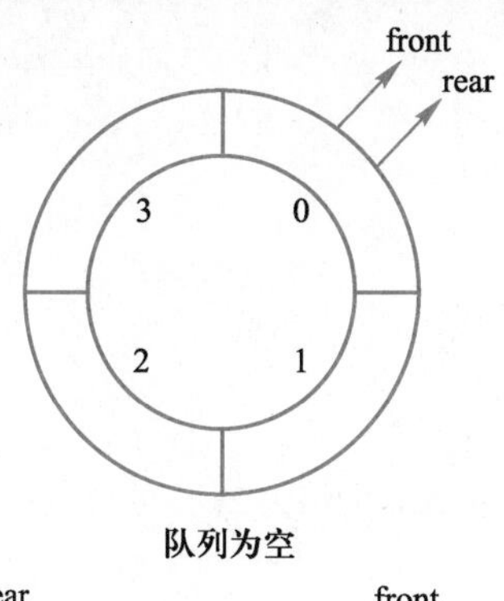


队列为空

A、B入队

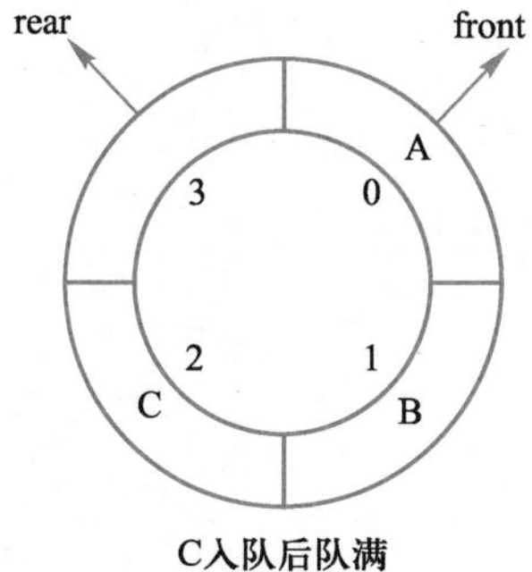


C入队后队满

A、B、C出队后队空

图 3-16
循环队列的入队和出队操作示意图

顺序队列的类型定义：

```
typedef struct
{
    DataType data[QueueSize];//DataType 为数据类型，QueueSize 为队列大小
    int front,rear;
}CirQueue;
```

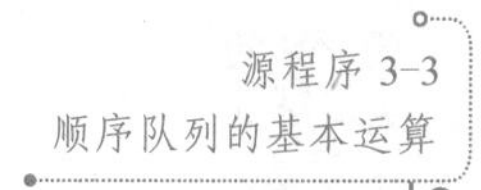
源程序 3-3
顺序队列的基本运算

顺序队列的 6 种基本运算如下：

① 初始化为空队列。

```
void InitQueue(CirQueue *q)
{
   q->front=0;
   q->rear=0;
}
```

微课 3-11
顺序队列初始化、判队空和队满运算

② 判断队列是否满。

```
int QueueFull(CirQueue *q)
{
   if(q->front= = (q->rear+1)%QueueSize)
      return 1;
   else
      return 0;
}
```

③ 判断队列是否空。

```
int QueueEmpty(CirQueue *q)
{
   if(q->front= =q->rear)
      return 1;
   else
      return 0;
}
```

微课 3-12
顺序队列的进队运算

动画 3-9
顺序队列的进队

④ 进队操作。

```
void EnQueue(CirQueue *q,DataType x)
{
    if(QueueFull(q))
        printf("overflow!"); //队满上溢
    q->data[q->rear]=x;
    q->rear=(q->rear+1)%QueueSize;
}
```

假设队列的初始状态如图 3-17 所示，其中 rear 的值为 2，x 的值为 C。

执行下面的代码后：

```
q->data[q->rear]=x;
q->rear=(q->rear+1)%QueueSize;
```

队列的状态如图 3-18 所示。

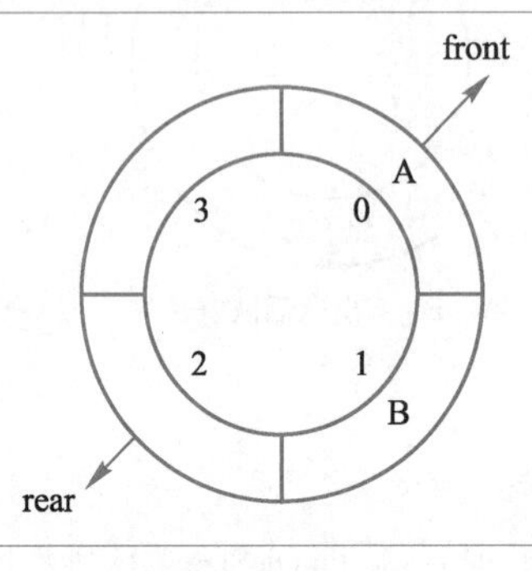


图 3-17
初始状态

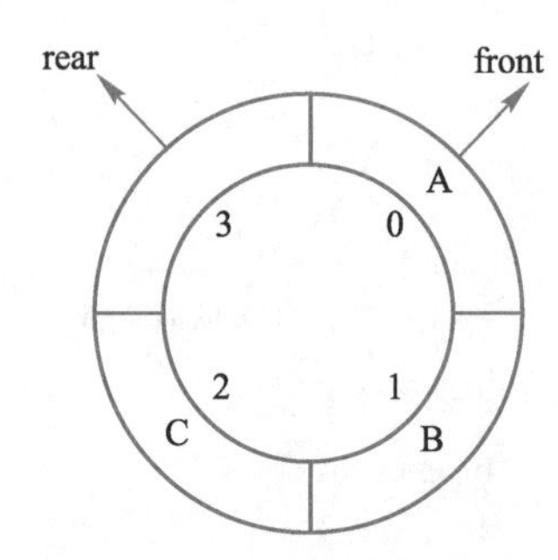


图 3-18
入队后

微课 3-13
顺序队列的出队及取队头元素运算

动画 3-10
顺序队列的出队

⑤ 出队操作。

```
DataType DeQueue(CirQueue *q)
{
    DataType x;
    if(QueueEmpty(q))
        printf("underflow!");//队空下溢
    x=q->data[q->front];
    q->front=(q->front +1)%QueueSize;
    return x;
}
```

假设队列的初始状态如图 3-19 所示，其中 rear 的值为 3。

执行下面的代码后：

```
x=q->data[q->front];
q->front=(q->front +1) %QueueSize
```

队列的状态如图 3-20 所示，出队后 x 的值为 A。

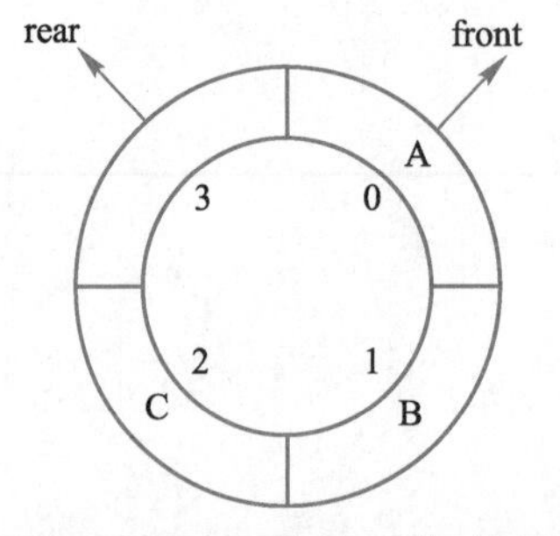


图 3-19
初始状态

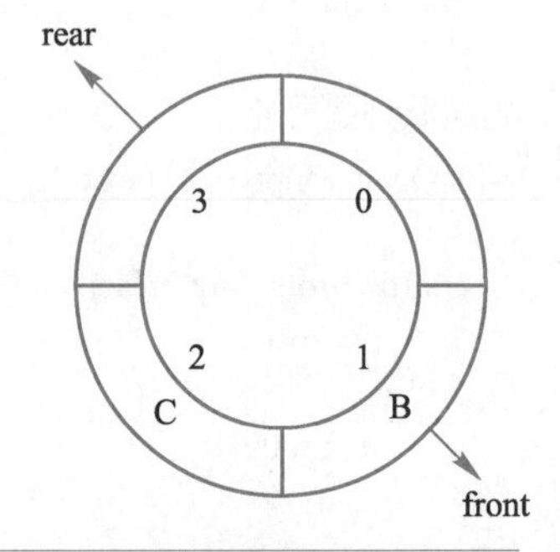


图 3-20
出队后

⑥ 取队头元素操作。

```
DataType QueueFront(CirQueue *q)
{
    DataType x;
    if(QueueEmpty(q))
        printf("underflow!");//队空下溢
    x=q->data[q->front];
    return x;
}
```

动画 3-11
顺序队列的取队头元素

### 3.2.3　链队列及操作实现

队列的链式存储结构简称为链队列。它是限制仅在表头删除和表尾插入的单链表。增加指向链表上的最后一个结点的尾指针，便于在表尾做插入操作。如图 3-21 所示为链队列示意图。

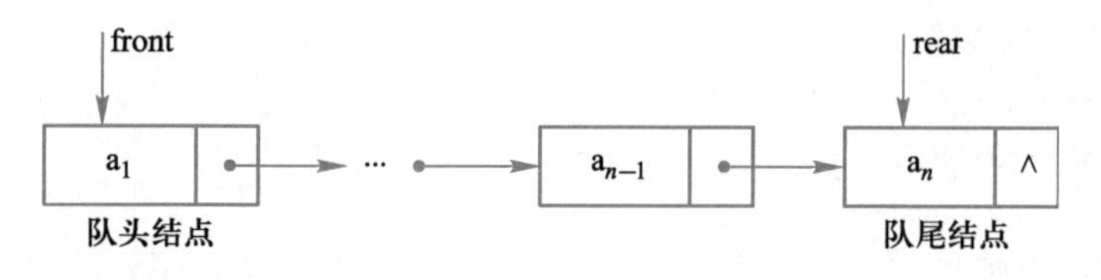


图 3-21
链队列的示意图

链队列的类型定义如下：

```
typedef struct Queuenode      //链队列结点的类型
{
    DataType data;
    struct  Queuenode *next;
}Linknode;
typedef struct                //将头尾指针封装在一起的链队列
{
    Linknode *front,*rear;
}LinkQueue;
```

链队列的 5 种基本运算如下（不存在队满现象）：

源程序 3-4
链队列的基本运算

① 初始化为空队列。

```
void InitQueue(LinkQueue *Q)
{
    Q->front=Q->rear=NULL;
}
```

微课 3-14
链队列初始化、
判队空运算

② 判断队列是否空。

```
int QueueEmpty(LinkQueue *Q)
{
    return Q->front==NULL&&Q->rear==NULL;
}
```

③ 进队操作。

```
void EnQueue(LinkQueue *Q,DataType x)
{  //将元素 x 插入链队列尾部
    QueueNode *p=(QueueNode *)malloc(sizeof(QueueNode));//开辟新结点
    p->data=x;
```

微课 3-15
链队列的进队运算

动画 3-12
链队列的进队

```
    p->next=NULL;
    if(QueueEmpty(Q))
      Q->front=Q->rear=p;        //将 x 插入空队列
    else
    { //将 x 插入非空队列的尾
      Q->rear->next=p;     //p 链到队尾
      Q->rear=p;                 //队尾指针指向 p
    }
}
```

假设链队列的初始状态如图 3-22 所示，其中 x 的值为 D。

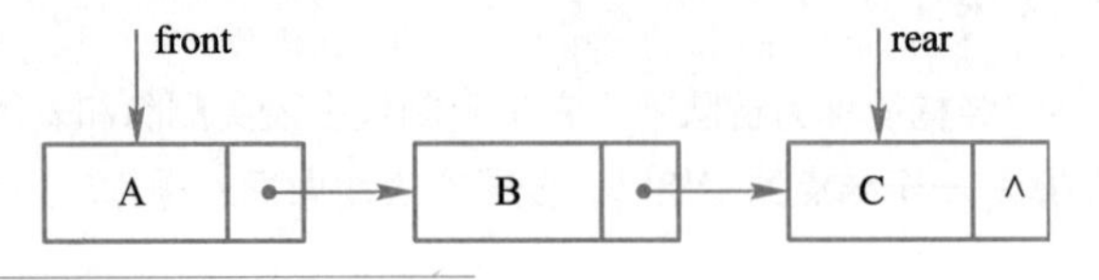


图 3-22
初始状态

执行下面的代码后：

```
p->data=x;
p->next=NULL;
Q->rear->next=p;
Q->rear=p;
```

链队列的状态如图 3-23 所示。

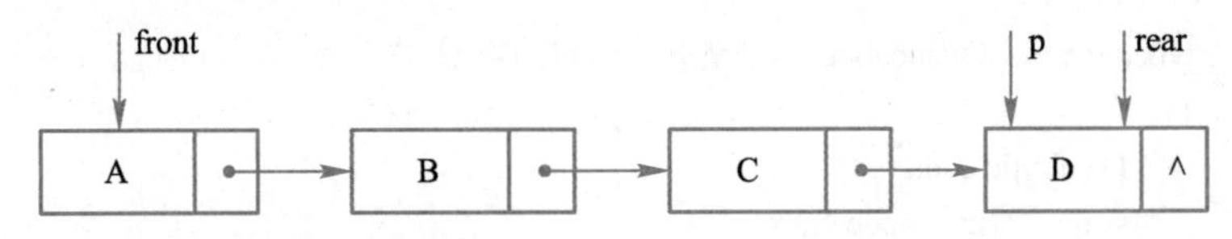


图 3-23
进队后

④ 出队操作。

微课 3-16
链队列的出队及取队头元素运算

动画 3-13
链队列的出队

```
DataType DeQueue(LinkQueue *Q)
{
    DataType x;
    QueueNode *p;
    if(QueueEmpty(Q))
        printf("Queue underflow");//下溢
    p=Q->front;          //指向队头结点
    x=p->data;           //保存队头结点的数据
    Q->front=p->next;         //将队头结点从链上摘下
    if(Q->rear==p)       //原队中只有一个结点，删去后队列变空，此时队头指针已为空
        Q->rear=NULL;
    free(p);             //释放被删队头结点
    return x;            //返回原队头数据
}
```

执行 p=Q->front 和 x=p->data 后，链队列的初始状态如图 3-24 所示，其中 x 的值为 A。

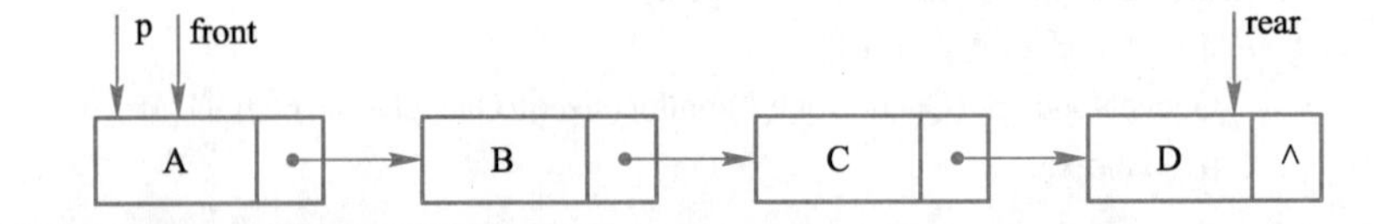


图 3-24
初始状态

执行下面的代码后：

```
Q->front=p->next;
free(p);
```

链队列的状态如图 3-25 所示，出队后 x 的值为 A。

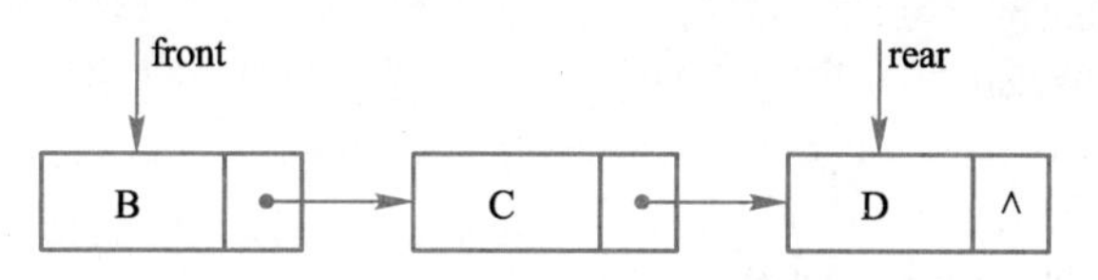


图 3-25
出队后

⑤ 取队头元素操作。

```
DataType QueueFront(LinkQueue *Q)
{
    if(QueueEmpty(Q))
        printf("Queue if empty.");
    return Q->front->data;
}
```

动画 3-14
链队列的取队头元素

## 实例分析与实现

实例文档 3-1
进制转换功能设计

### 1. 实例分析

十进制数转换为二进制数的方法是循环除以 2 取余数后依次进栈，直到商等于 0 为止，然后将栈中数据再依次出栈得到的序列就是二进制数结果，如图 3-26 所示。

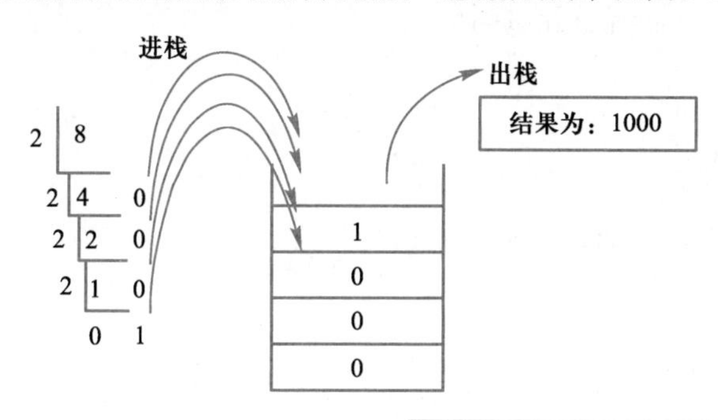


图 3-26
二进制转化的示意图

### 2. 代码清单 3.1

源程序 3-5
进制转换功能设计

```
#include "stdio.h"
typedef struct
{
    int data[50];//将进制设为整型
    int top;
}seqstack;
//栈的初始化
void initstack(seqstack *s)
{
    s->top=-1;
}
//判断栈是否为空
```

```
int empty(seqstack *s)
{
    if(s->top==-1)
        return 1;
    else
        return 0;
}
//进栈操作
void push(seqstack *s,int x)
{
    if(s->top==49)//栈的下标为 0～49
        printf("overflow!\n");
    else
    {
        s->top++;
        s->data[s->top]=x;
    }
}
//出栈操作
char pop(seqstack *s)
{
    int x;
    if(empty(s))
    {
        printf("underflow!\n");
        x='\0';
    }
    else
    {
        x=s->data[s->top];
        s->top--;
    }
    return x;
}
void multibase(int n,int b)
{
    int i;
    seqstack s;
    initstack(&s);
    while(n!=0)
    {
        push(&s,n%b);//进栈
        n=n/b;
    }
    printf("转换后的结果:");
    while(!empty(&s))
    {
        i=pop(&s);//出栈
```

```
            printf("%d",i);
        }
        printf("\n");
    }
    main()
    {
        int n,b;
        printf("请输入十进制数:");
        scanf("%d",&n);
        printf("请输入要转换的进制:");
        scanf("%d",&b);
        multibase(n,b);//调用转换函数
    }
```

3. 结果验证

结果验证如图 3-27 所示。

图 3-27
结构验证

## 知识拓展——中缀表达式转换为后缀表达式设计

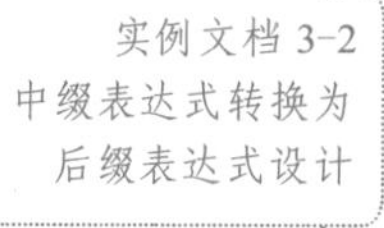


1. 内容介绍

将中缀表达式转换为后缀表达式是程序设计语言编译中的一个最基本问题。它的实现是栈和队列应用的一个典型例子。假定在中缀表达式中只含有 4 种基本运算符，操作数是 10 以内的整数，括号由小括号构成。例如：有一个中缀表达式 5+6*8，它的后缀表达式为 568*+。那么，如何将中缀表达式转换为后缀表达式呢？过程如下：当从左至右扫描中缀表达式时，首先遇到的是数字 5，直接输出，当遇到运算符+号时先保存至栈中，不能立即输出，是因为紧跟其后的运算符有可能具有较高的优先级，必须先运算；紧接着扫描遇到数字 6，也直接输出；再接着扫描遇到运算符*号，新扫描到的运算符优先级必须与前一个运算符的优先级进行比较，如果新的运算符优先级高，就要像前一个运算符那样保存它，直到扫描到第二个操作数 8，输出 8 后再将该运算符从栈中取出后输出，即输出*，然后再输出+，最后得到后缀表达式 568*+。因此，在转化中必须保存两个运算符，后保存的运算符先输出。

拓展阅读 4
劳模精神

如果在中缀表达式中含有小括号，那么由于括号隔离了优先级规则，它在整个表达式的内部产生了完全独立的子表达式，因此就需要修改前面的算法，当扫描到一个左括号时，需要将其压入栈中，使其在栈中产生一个“伪栈底”，这样算法就可以像前面一样进行。但当扫描到一个右括号时，就需要将从栈顶到这个“伪栈底”中所有运算符全部弹出，然后再将这个“伪栈底”删除。

**2. 算法设计**

顺序扫描中缀表达式，当读到数字时，直接将其送至输出队列中；当读到运算符时，将栈中所有优先级高于或等于该运算符的运算符弹出，送至输出队列中，再将当前运算符入栈；当读入左括号时，即入栈；当读到右括号时，将靠近栈顶的第一个左括号上面的运算符全部依次弹出，送至输出队列中，再删除栈中的左括号。为了简化算法，把括号也作为运算符看待，并规定它的优先级为最低，也可以根据需要对算法的功能加以扩充。

源程序 3-6
中缀表达式转换为后缀表达式

**3. 代码清单 3.2**

```
#include "stdio.h"
//栈的类型定义
typedef struct
{
    char data[100];
    int top;
}SeqStack;
//初始化栈
void InitStack(SeqStack *S)
{
   S->top=-1;
}
//判断栈是否为空
int StackEmpty(SeqStack *S)
{
   return S->top==-1;
}
//判断栈是否为满
int StackFull(SeqStack *S)
{
   return S->top==99; //StackSize 为栈的空间大小
}
//进栈操作
void Push(SeqStack *S,char x)
{
    if (StackFull(S))
        printf("Stack overflow");
    S->top++;
    S->data[S->top]=x;
}
//出栈操作
char Pop(SeqStack *S)
{
    char x;
    if(StackEmpty(S))
        printf("Stack underflow");
    x=S->data[S->top];
    S->top--;
    return x;
```

```
    }
    char StackTop(SeqStack *S)
    {
        if(StackEmpty(S))
            printf("Stack is empty");
        return S->data[S->top];
    }
    //队列的类型定义
    typedef struct
    {
        char data[100];
        int front,rear;
    }CirQueue;
    //初始化为空队列
    void InitQueue(CirQueue *q)
    {
        q->front=0;
        q->rear=0;
    }
    //判断队列是否满
    int QueueFull(CirQueue *q)
    {
        if(q->front== (q->rear+1)%100)
            return 1;
        else
            return 0;
    }
    //判断队列是否空
    int QueueEmpty(CirQueue *q)
    {
        if(q->front==q->rear)
            return 1;
        else
            return 0;
    }
    //进队操作
    void EnQueue(CirQueue *q,char x)
    {
        if(QueueFull(q))
            printf("overflow!");
        q->data[q->rear]=x;
        q->rear=(q->rear+1)%100;
    }
    //出队操作
    char DeQueue(CirQueue *q)
    {
        char x;
        if(QueueEmpty(q))
```

```
            printf("underflow!");
        x=q->data[q->front];
        q->front=(q->front +1)%100;
        return x;
}
//运算符优先级判断函数
int Priority(char op)
{
    switch(op)
    {
      case '(':
        case '#':return 0;
        case '-':
      case '+':return 1;
      case '*':
      case '/':return 2;
    }
    return -1;
}
//表达式转换函数
void Ctexp(CirQueue *Q)
{
     SeqStack S;
     char c,t;
     InitStack(&S);
     Push(&S,'#');
     printf("请输入中缀表达式:");
     do
     {
         c=getchar();
         switch(c)
         {
               case ' ':break;
               case '0':case '1':
               case '2':case '3':
               case '4':case '5':
               case '6':case '7':
               case '8':case '9':EnQueue(Q,c);break;
               case '(':Push(&S,c);break;
               case ')':
               case '#':
                     do
                     {
                        t=Pop(&S);
                        if(t!='('&&t!='#') EnQueue(Q,t);
                     }while(t!='('&&S.top!=-1);break;
               case '+':
               case '-':
```

```
            case '*':
            case '/':
                while(Priority(c)<=Priority(StackTop(&S)))
                {
                    t=Pop(&S);EnQueue(Q,t);
                }
                Push(&S,c);break;
        }
    }while(c!='#');
}
main()
{
    CirQueue Q;
    char c;
    InitQueue(&Q);
    Ctexp(&Q);
    printf("转换后的后缀表达式:");
    while(QueueEmpty(&Q)!=1)
    {
        c=DeQueue(&Q);
        printf("%c",c);
    }
    printf("\n");
}
```

## 同步训练

第 3 章
同步训练答案

### 一、填空题

1. 栈的操作原则是先进后出队列的操作原则是先出先出

2. 循环队列用数组 data[max]存放其元素值，已知其头、尾指针分别是 front 和 rear，则当前队列中元素的个数是________。

3. 假设以 S 和 X 分别表示进栈和出栈操作，则对输入序列 a，b，c，d，e 进行一系列栈操作 SSXSXSSXXX 之后，得到的输出序列为dceba

### 二、选择题

1. 循环队列是空队列的条件是（A）。

A. Q->rear= =Q->front　　B. （Q->rear+1）%maxsize= =Q->front

C. Q->rear= =0　　D. Q->front= =0

2. 链栈与顺序栈相比，比较明显的优点是（　　）。

A. 插入操作更加方便　　B. 删除操作更加方便

C. 不会出现下溢的情况　　D. 不会出现上溢的情况

3. 设数组 Data[n]作为循环队列 Q 的存储空间，front 为队头指针，rear 为队尾指针，则执行入队操作的语句为（　　）。

A. Q->rear=(Q->rear+1)%(n+1)　　B. Q->front=(Q->front+1)% n

C. Q->rear=(Q->rear+1)% n　　　　D. Q->front=(Q->front+1)%(n+1)

三、应用题

1. 数据元素进栈次序为 1，2，3，进栈过程中允许出栈，请写出各种可能的出栈元素序列。

2. 循环队列的优点是什么？

3. 分析下面程序段的功能，程序段中所调用的函数为顺序栈的基本操作。

```
void fun(SeqStack *s)
{
    int i,arr[max],n=0;
    while(!StackEmpty(s))
    {
        arr[n++]=Pop(s);
    }
    for(i=0;i<n;i++)
        Push(s,arr[i]);
}
```

4. 分析下面程序段的功能，程序段中所调用的函数为顺序队列的基本操作。

```
void fun(CirQueue *Q, CirQueue *Q1, CirQueue *Q2)
{
    int  e;
    InitQueue(Q1);
    InitQueue(Q2);
    while (!QueueEmpty(Q))
    {
        e=DeQueue(Q);
        if (e>=0) EnQueue(Q1,e);
        else EnQueue(Q2,e);
    }
}
```

四、算法设计题

1. 回文就是正读和反读都一样的序列，如“abdba”是回文，而“hello”不是回文，请编写一个算法，判断一个字符串是不是回文，要求利用栈的知识来实现。

2. 编写一个算法，计算返回链栈中结点的个数。

第 3 章
在线测试及答案

## 在线测试

# 第 4 章　字符串的结构分析与应用

- 了解串的基本概念和基本运算。
- 熟练掌握串的顺序存储结构。
- 理解掌握串的链式存储结构。
- 熟练掌握串的匹配算法设计与实现。

第 4 章　学习目标

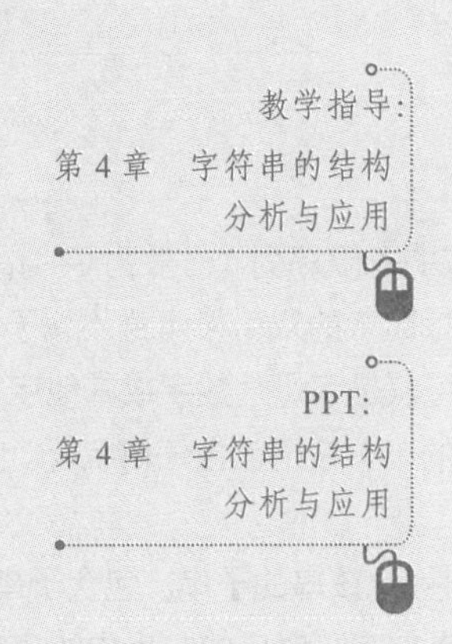

## 实例描述——统计一篇英文短文中单词的个数

在阅读英文文章时，为了辨别出每一个单词，会发现英文短文中每个单词都是用空格分开的，现在假设有一篇英文短文，每个单词之间是用空格分开的，试编写一个算法，按照空格数统计短文中单词的个数。例如：如图 4-1 所示的一篇英文短文，应该含有 49 个单词。

To a large degree, the measure of our peace of mind is determined by how much we are able to live on the present moment. Irrespective of what happened yesterday or last year, and what may or may not happen tomorrow, the present moment is where you are always!

图 4-1
英文短文示例

**知识储备**

串即字符串，计算机处理的对象分为数值数据和非数值数据，字符串是最基本的非数值数据。字符串的应用非常广泛，它是许多软件系统（如字符编辑、情报检索、词法分析、符号处理等系统）的操作对象。在事务处理程序中，顾客的姓名和地址，以及货物的名称、产地和规格等，一般也是作为字符串处理的。字符串是一种特定的线性表，其特殊性在于组成线性表的每个元素都是一个单字符。

## 4.1　串的定义及其运算

微课 4-1
串的概念

### 4.1.1　串的基本概念

串（string）是零个或多个字符组成的有限序列。一般为 S="$a_1a_2\cdots a_n$" 其中 S 是串名；双引号括起的字符序列是串值；将串值括起来的双引号本身不属于串，它的作用是避免串与常数或与标识符混淆；$a_i$（$1\leqslant i\leqslant n$）可以是字母、数字或其他字符；串中所包含的字符个数称为该串的长度。空串是长度为零的串，它不包含任何字符。空白串是仅由一个或多个空格组成的串。

串中任意个连续字符组成的子序列称为该串的子串。包含子串的串相应地称为主串。通常将子串在主串中首次出现时，该子串首字符对应的主串中的序号定义为子串在主串中的序号（或位置）。

**【例 4.1】** 设 A 和 B 分别为 A="This is a string"，B="is"。

则 B 是 A 的子串，B 在 A 中出现了两次。其中首次出现对应的主串位置是 3。因此称 B 在 A 中的序号（或位置）是 3。

微课 4-2
串的基本运算

### 4.1.2　串的基本运算

对于串的基本运算，很多高级语言提供了相应的运算符或标准的库函数来实现。下面仅介绍几种在 VC++6.0 开发环境中 C 语言中常用的串运算，其他的串操作见 C 的 string.h 文件。为方便叙述，先定义几个相关的变量：

```
char s1[20]="www",s2[20]="hcit.edu.cn",s3[30];
```

① 求串长。

```
    int strlen(char *s)                   //求串 s 的长度
例如：printf("%d",strlen(s1));            //输出 3
```

源程序 4-1
串的基本运算

② 串复制。

```
    char *strcpy(char *to,char *from)     //将 from 串复制到 to 串中
例如：strcpy(s3,s1);                      //s3="www",s1 串不变
```

③ 串联接。

```
  char *strcat(char *to,char *from)       //将 from 联接到 to 末尾
例如：strcat(s1,s2);                      //s1=www.hcit.edu.cn
```

④ 串比较。

```
    int strcmp(char *s1,char *s2)         //比较 s1 和 s2 的大小， 当 s1<s2、s1>s2 和
                                          //s1=s2 时，分别返回<0、大于 0 和等于 0 的值。
例如：result=strcmp("that","this");       //result<0
  result=strcmp("311030","311030");       //result=0
  result=strcmp("sony","lenovo");         //result>0
```

## 4.2　串的存储结构

微课 4-3
串的存储结构

### 4.2.1　串的顺序存储结构

串的顺序存储就是把串所包含的字符序列依次存入连续的存储单元中去，也就是用向量来存储串。串的顺序存储结构如图 4-2 所示，C 语言中以字符'\0'表示字符串的结束。

| D | A | T | A | \0 |
|---|---|---|---|---|

图 4-2
串的顺序存储结构示意图

顺序串的存储结构类型定义如下：

```
typedef struct
{   char ch[MAXLEN];        //MAXLEN 为向量大小
    int len;                //len 为已存储字符的数量
}SeqString;
```

动画 4-1
串的顺序存储结构

### 4.2.2　串的链式存储结构

和顺序表一样，顺序串的插入和删除操作也不方便，需要移动大量的字符。因此，可用单链表方式来存储串值，串的这种链式存储结构简称为链串。链串与单链表的差异仅在于其结点数据域为单个字符。串的链式存储结构如图 4-3 所示。

动画 4-2
串的链式存储结构

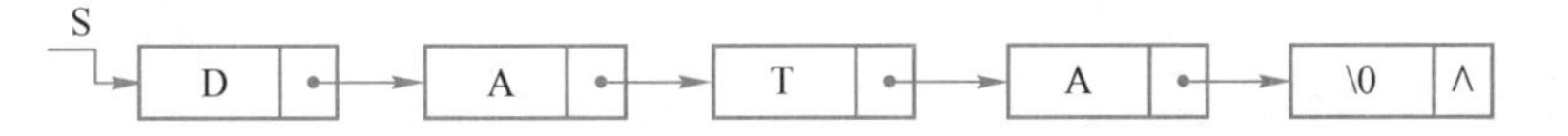


图 4-3
串的链式存储结构示意图

链串的存储结构类型定义如下：

```
typedef struct node
{
  char data;
```

```
    struct node *next;
}LinkStrNode;  //结点类型
```

微课 4-4
子串的定位运算

### 4.2.3　子串的定位运算

子串定位运算类似于串的基本运算中的字符定位运算。只不过是找子串而不是找字符在主串中首次出现的位置。子串定位运算又称串的模式匹配或串匹配。

动画 4-3
顺序串匹配过程

在串匹配中，一般将主串称为目标串，子串称为模式串。假设 T 为目标串，P 为模式串，且不妨设：

$T=t_0t_1t_2\cdots t_{n-1}$　　$P=p_0p_1p_2\cdots p_{m-1}(0<m\leqslant n)$

串匹配就是对于合法的位置（又称合法的位移）$0\leqslant i\leqslant n-m$，依次将目标串中的子串 $t_it_{i+1}\cdots t_{i+m-1}$ 和模式串 $p_0p_1p_2\cdots p_{m-1}$ 进行比较。

① 若 $t_it_{i+1}\cdots t_{i+m-1}=p_0p_1p_2\cdots p_{m-1}$，则称从位置 $i$ 开始的匹配成功，或称 $i$ 为有效位移。

② 若 $t_it_{i+1}\cdots t_{i+m-1}\neq p_0p_1p_2\cdots p_{m-1}$，则称从位置 $i$ 开始的匹配失败，或称 $i$ 为无效位移。

因此，串匹配问题可简化为找出某给定模式串 P 在给定目标串 T 中首次出现的有效位移。顺序串匹配算法过程示意图如图 4-4 所示，顺序串匹配具体算法如下：

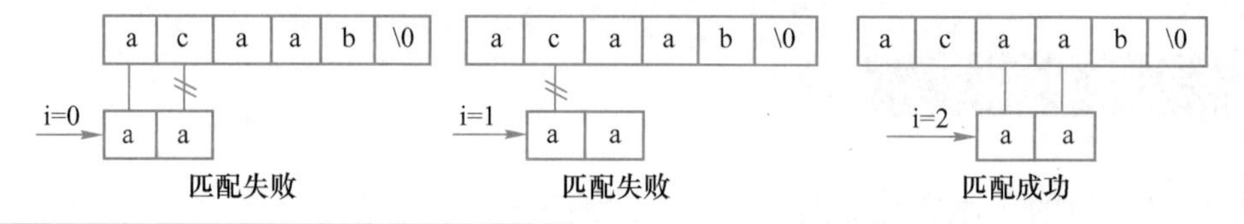


图 4-4
顺序串匹配算法过程示意图

源程序 4-2
子串的定位运算

```
int StrMatch(SeqString T,SeqString P)
{//找模式 P 在目标 T 中首次出现的位置，成功返回第 1 个有效位移，否则返回-1
int i,j,k;
  int m=P.length;                    //模式串长度
    int n=T.length;                  //目标串长度
for(i=0;i<=n-m;i++)                  //0<=i<=n-m 是合法的位移
    {
    j=0;k=i;
while(j<m&&T.ch[k] ==P.ch[j])        //用 while 循环判定 i 是否为有效位移
       {
         k++;j++;
       }
       if(j==m)                      //既 T[i..i+m-1]=P[0..m-1]
    return i;                        //i 为有效位移，否则查找下一个位移
    }
    return -1;                       //找不到有效位移，匹配失败
}
```

实例文档 4-1
统计一篇英文短文中单词的个数

## 实例分析与实现

### 1. 实例分析

要统计单词的个数先要解决如何判别一个单词，应该从输入行的开头，一个字符一个字符地去判别。假定把一篇英文短文放在数组 s 中，那么就相当于从 s[0]开始逐个检查

数组元素，经过一个空格或者若干个空格符之后找到的第一个字母就是一个单词的开头，此时利用一个计数器 num 进行累加 1 运算，在此之后若连续读到的是非空格字符，则这些字符属于刚统计到的那个单词，因此不应该将计数器 num 进行累加 1，下一次计数应该是在读到一个空格或者若干个空格符之后再遇到非空格字符开始。因此，统计一个单词时不仅要满足当前所检查的这个字符是非空格，而且要满足所检查的前一个字符是空格。

源程序 4-3 统计一篇英文短文中单词的个数

**2. 代码清单 4.1**

```
#include "stdio.h"
#include "string.h"
typedef struct  //字符串结构体定义
{
    char ch[1000];
    int len;
}SeqString;
int numwords(SeqString s)
{
    char prec=' ';
    char nowc;
    int num=0,i;
    for(i=0;i<s.len;i++)
    {
        nowc=s.ch[i];
        if((nowc!=' ')&&(prec==' ')) //判断当前为非空格，前一个为空格
            num++;
        prec=nowc;
    }
    return num;
}
main()
{
    SeqString s;
    int num;
    char st[1000]={"To a large degree, the measure of our peace of mind
        is determined by how much we are able to live on the present
        moment. Irrespective of what happened yesterday or last year,
        and what may or may not happen tomorrow, the present moment is
        where you are always!"};
    strcpy(s.ch,st);            //将 st 复制给 s
    s.len=strlen(st);           //字符串 st 的长度赋给 s 的 len
    puts(st);                   //输出字符串
    num=numwords(s);
    printf("英文短文中单词个数为:%d\n",num);
}
```

**3. 结果验证**

结果验证如图 4-5 所示。

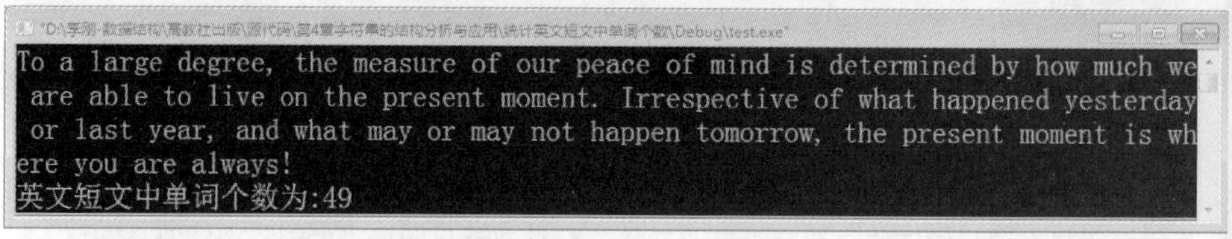
"D:\李刚-数据结构\高教社出版\源代码\第4章字符串的结构分析与应用\统计英文短文中单词个数\Debug\test.exe"
To a large degree, the measure of our peace of mind is determined by how much we
are able to live on the present moment. Irrespective of what happened yesterday
or last year, and what may or may not happen tomorrow, the present moment is wh
ere you are always!
英文短文中单词个数为:49

图 4-5
结果验证

## 知识拓展——程序的文本编辑

实例文档 4-2
程序的文本编辑

### 1. 内容介绍

文本编辑程序用于源程序的输入和修改，公文书信、报刊和书籍的编辑排版等。常用的文本编辑程序有 Edit、WPS、Word 等。文本编辑实质是修改字符数据的形式和格式，虽然各个文本编辑程序的功能不同，但基本操作是一样的，都包括串的查找、插入和删除等。

为了编辑方便，可以用分页符和换行符将文本分为若干页，每页有若干行。把文本当作一个字符串，称为文本串，页是文本串的子串，行是页的子串。例如，有下列一段程序：

```
main()
{
    float a,b,max;
    scanf("%f,%f",&a,&b);
    if(a>b) max=a;
    else max=b;
}
```

### 2. 算法设计

可以将以上程序看成是一个文本串。输入到内存后如图 4-6 所示。图中“↙”为换行符。

| | | | | | | | | | | | | | | |
|---|---|---|---|---|---|---|---|---|---|---|---|---|---|---|
| m | a | i | n | ( | ) | { | ↙ | f | l | o | a | t | | a |
| b | , | m | a | x | ; | ↙ | s | c | a | n | f | ( | “ | % |
| , | % | f | ” | , | & | a | , | & | b | ) | ; | ↙ | i | f |
| a | > | b | ) | | m | a | x | = | a | ; | ↙ | e | l | s |
| | m | a | x | = | b | ; | ↙ | } | ↙ | | | | | |

图 4-6
内存中的文本串结构

为了管理文本串的页和行，在进行文本编辑的时候，编辑程序先为文本串建立相应的页表和行表，即建立各子串的存储映像。页表的每一项给出了页号和该页的起始行号。而行表的每一项则指示每一行的行号、起始地址和该行子串的长度。假设图 4-6 所示的文本串只占一页，且起始行号为 1，起始地址为 1000，则该文本串的行表如图 4-7 所示。

| 行号 | 起始地址 | 长度 |
|---|---|---|
| 1 | 1000 | 8 |
| 2 | 1008 | 15 |
| 3 | 1023 | 22 |
| 4 | 1045 | 15 |
| 5 | 1060 | 12 |
| 6 | 1072 | 2 |

图 4-7
文本串的行表

在文本编辑程序中，设立页指针、行指针和字符指针，分别指示当前操作的页、行和字符。如果在某行内插入或删除若干字符，则要修改行表中该行的长度。若该行的长度超出了分配给它的存储空间，则要为该行重新分配存储空间，同时还要修改该行的起始位置。如果要插入或删除一行，就会涉及行表的插入或删除。若被删除的行是所在页的起始行，则还要修改页表中相应页的起始行号。为了查找方便，行表是按行号递增顺序存储的，因此，对行表进行的插入或删除运算需移动操作位置以后的全部表项。页表的维护与行表类似，在此不再赘述。由于访问是以页表和行表作为索引的，所以在进行行和页的删除操作时，可以只对行表和页表进行相应的修改，不必删除所涉及的字符，这样可以节省时间。

## 同步训练

第 4 章
同步训练答案

### 一、填空题

1. 空串是________，长度为________。
2. 两个串相等的充分必要条件是________。
3. 串的两种最基本的存储方式是________和________。

### 二、选择题

1. 空串与空白串（　　）。

   A. 相同　　B. 不相同　　C. 可能相同　　D. 无法确定

2. 若串 s1="hello"，s2="world"，那么执行 strlen(strcat(s1,s2))后的结果是（　　）。

   A. 0　　B. 10　　C. 11　　D. 无法确定

### 三、算法设计题

已知一个字符串 s，设计一个算法来统计串 s 中某个字符出现的次数。

## 在线测试

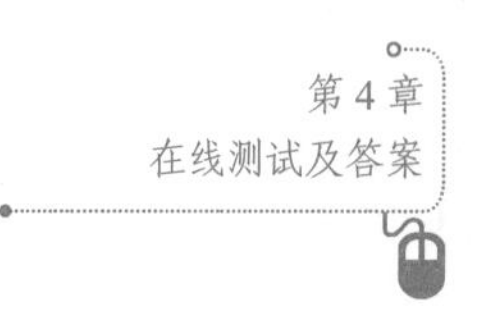

# 第 5 章　二维数组及广义表的结构分析与应用

## 学习目标

- 熟练掌握二维数组的行优先和列优先两种存储结构及求址方法。
- 了解特殊矩阵的特点，并掌握特殊矩阵存储形式及基本运算。
- 了解广义表的概念及相关术语。
- 理解掌握广义表的取表头和取表尾的基本运算。

第 5 章 学习目标

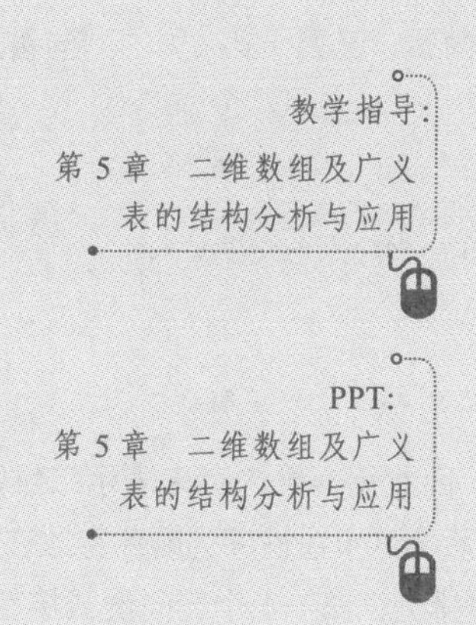

# 实例描述——数据的压缩存储

已知二维数组 A[5][5]中存放如图 5-1 所示的数据，该二维数组中元素沿着主对角线完全对称，如何能够将数组中的元素进行压缩存储，即只存储下半三角的元素，并且输入数组的行号和列号，可以输出压缩存储后对应元素的值?

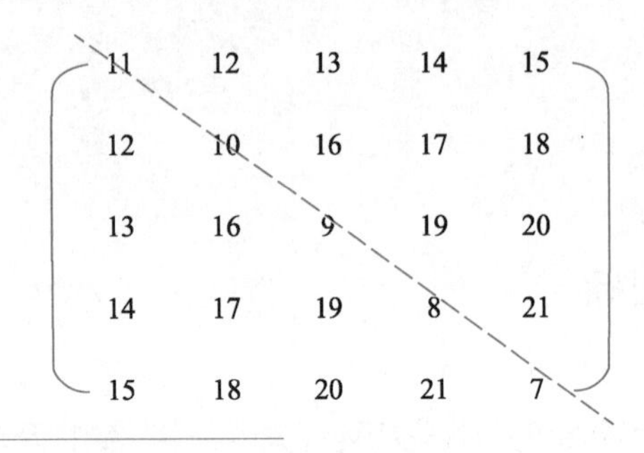


图 5-1
二维数组的存储示意图

知识储备

## 5.1　二维数组的存储结构及求址方法

微课 5-1
二维数组的存储结构及求址方法

### 1. 二维数组的存储结构

二维数组 $A_{mn}$ 可视为由 $m$ 个行向量组成的向量，或由 $n$ 个列向量组成的向量。二维数组中的每个元素 $a_{ij}$ 既属于第 $i$ 行的行向量，又属于第 $j$ 列的列向量。二维数组的存储示意图如图 5-2 所示。

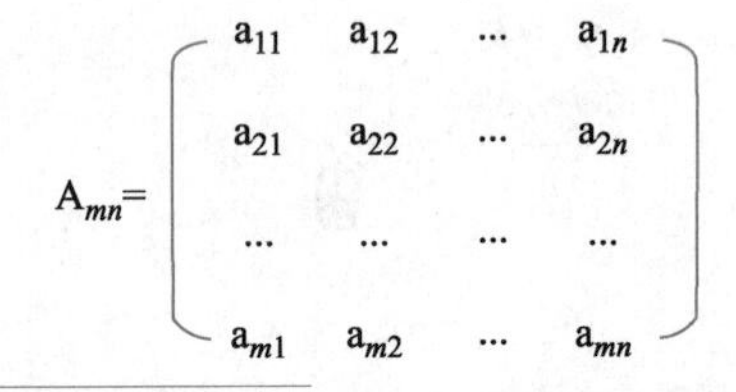


图 5-2
二维数组的存储示意图

由于计算机的内存结构是一维的，因此用一维内存来表示二维数组，就必须按某种次序将数组元素排成一个线性序列，然后将这个线性序列顺序存放在存储器中。

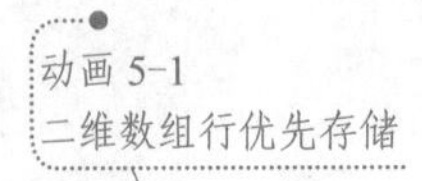

动画 5-1
二维数组行优先存储

- 行优先存储：数组元素按行向量排列，第 $i$+1 个行向量紧接在第 $i$ 个行向量后面，二维数组 $A_{mn}$ 的按行优先存储的线性序列为：$a_{11},a_{12},\cdots,a_{1n},a_{21},a_{22},\cdots,a_{2n},\cdots,a_{m1},a_{m2},\cdots,a_{mn}$
- 列优先存储：数组元素按列向量排列，第 $i$+1 个列向量紧接在第 $i$ 个列向量后面，二维数组 $A_{mn}$ 的按列优先存储的线性序列为：$a_{11},a_{21},\cdots,a_{m1},a_{12},a_{22},\cdots,a_{m2},\cdots,a_{1n},a_{2n},\cdots,a_{mn}$

### 2. 二维数组的求址方法

动画 5-2
二维数组列优先存储

在如下公式中：

① $LOC(a_{11})$是开始结点的存放地址。

② d 为每个元素所占的存储单元数。

（1）按照行优先求址公式

$$LOC(a_{ij})=LOC(a_{11})+[(i-1)\times n+j-1]\times d$$

（2）按照列优先求址公式

$$LOC(a_{ij})=LOC(a_{11})+[(j-1)\times m+i-1]\times d$$

## 5.2 矩阵的压缩存储

在数值分析中经常出现一些高阶矩阵，在这些高阶矩阵中有许多值相同的元素或者是零元素，为了节省存储空间，对这类矩阵采用多个值相同的元素只分配一个存储空间，有时零元素不存储的存储策略，称为矩阵的压缩存储。

### 5.2.1 特殊矩阵

微课 5-2
特殊矩阵及求址方法

所谓特殊矩阵，是指非零元素或零元素的分布有一定规律的矩阵。常见的有对称矩阵和三角矩阵等。

**1. 对称矩阵**

在一个 $n$ 阶方阵 A 中，若元素满足下述性质：$a_{ij}=a_{ji}$（$0\leqslant i,j\leqslant n-1$）则称 A 为对称矩阵。如图 5-3 所示是一个 4 阶的对称矩阵。对称矩阵沿着主对角线对称，所以我们只需要存储下半三角（包括对角线）的元素，其存储形式如图 5-4 所示。即按 $a_{00},a_{10},a_{11},\cdots,a_{n-1,0},a_{n-1,1}\cdots,a_{n-1,n-1}$ 次序存放在一个向量 sa[0.. $n(n+1)/2-1$]中（下三角矩阵中，元素总数为 $n(n+1)/2$）。其中：$sa[0]=a_{00}$，$sa[1]=a_{10},\cdots,sa[n(n+1)/2-1]=a_{n-1,n-1}$

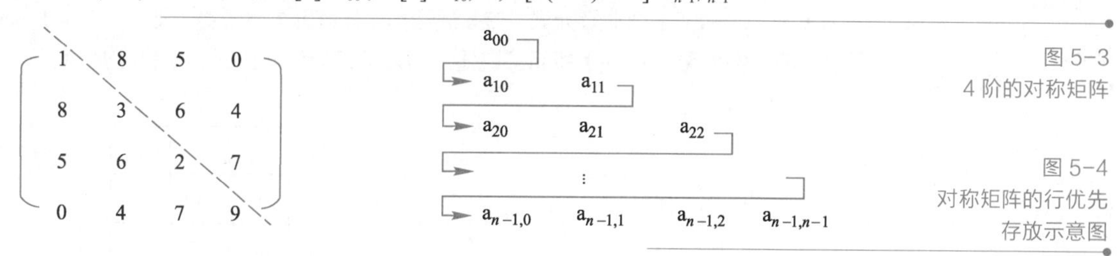


图 5-3
4 阶的对称矩阵

图 5-4
对称矩阵的行优先存放示意图

按照行优先存储 $a_{ij}$ 和 $sa[k]$之间的对应关系：$k=i\times(i+1)/2+j \quad 0\leqslant k<n(n+1)/2$

**2. 三角矩阵**

以主对角线划分，三角矩阵有上三角矩阵和下三角矩阵两种。

① 上三角矩阵：如图 5-5（a）所示，它的下三角（不包括主角线）中的元素均为常数 C。

② 下三角矩阵：与上三角矩阵相反，它的主对角线上方均为常数 C，如图 5-5（b）所示。

注意：

在多数情况下，三角矩阵的常数 C 为零。

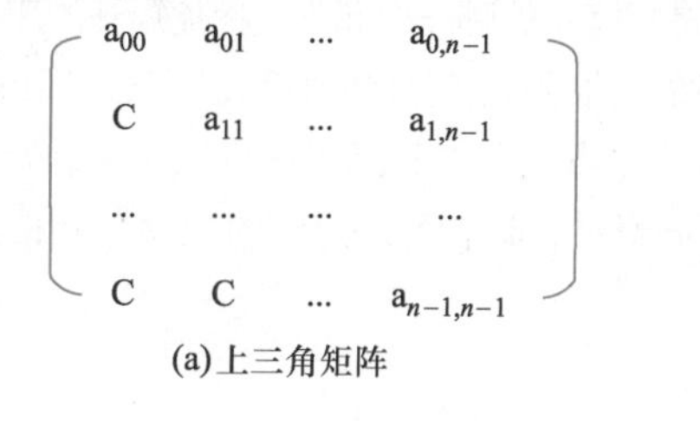


(a) 上三角矩阵

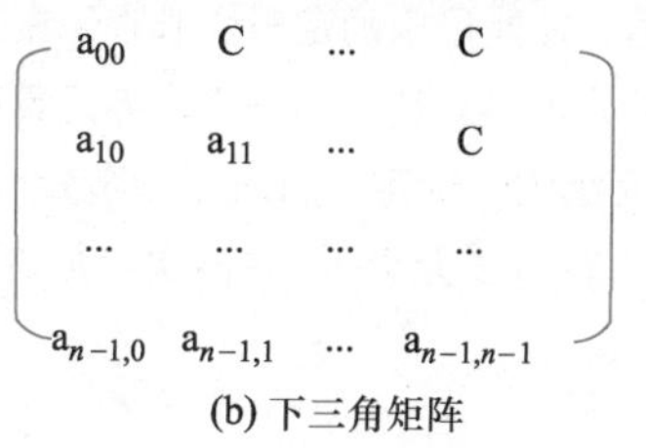


(b) 下三角矩阵

图 5-5
三角矩阵示意图

三角矩阵中的重复元素 C 可共享一个存储空间，其余的元素正好有 $n\times(n+1)/2$ 个，因此，三角矩阵可压缩存储到向量 sa[0.. $n(n+1)/2$]中，其中 C 存放在向量的最后一个分量中。

① 上三角矩阵中 $a_{ij}$ 和 sa[$k$]之间的对应关系。

上三角矩阵中，主对角线之上的第 $p$ 行($0\leqslant p<n$)恰有 $n-p$ 个元素，按行优先顺序存放上三角矩阵中的元素 $a_{ij}$ 时，$a_{ij}$ 元素前有 $i$ 行(从第 0 行到第 $i-1$ 行)，一共有：$(n-0)+(n-1)+(n-2)+\cdots+(n-i)=i\times(2n-i+1)/2$ 个元素；在第 $i$ 行上，$a_{ij}$ 之前恰有 $j-i$ 个元素（即 $a_{ij},a_{i,j+1},\cdots,a_{i,j-1}$），因此有 sa[$i\times(2n-i+1)/2+j-i$]= $a_{ij}$，所以：

$$k=\begin{cases} i\times(2n-i+1)/2+j-i & \text{当 } i\leqslant j \\ n\times(n+1)/2 & \text{当 } i>j \quad \text{//常数 C 的存储位置} \end{cases}$$

② 下三角矩阵中 $a_{ij}$ 和 sa[$k$]之间的对应关系。

$$k=\begin{cases} i\times(i+1)/2+j & \text{当 } i\geqslant j \\ n\times(n+1)/2 & \text{当 } i<j \quad \text{//常数 C 的存储位置} \end{cases}$$

### 5.2.2　稀疏矩阵

微课 5-3
稀疏矩阵的存储结构

#### 1. 稀疏矩阵定义

设矩阵 $A_{mn}$ 中有 $s$ 个非零元素，若 $s$ 远远小于矩阵元素的总数（即 $s<<m\times n$），则称 A 为稀疏矩阵。例如图 5-6（a）所示稀疏矩阵对应的三元组表如图 5-6（b）所示。

动画 5-3
稀疏矩阵存储

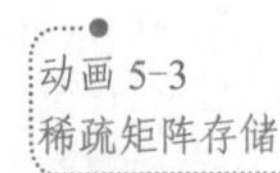

$$A_{4\times5}=\begin{pmatrix} 0 & 0 & 5 & 0 \\ 0 & 3 & 0 & 0 \\ 0 & 6 & 0 & 7 \\ 0 & 0 & 0 & 9 \end{pmatrix}$$

(a) 稀疏矩阵

| | $i$ | $j$ | $v$ |
|---|---|---|---|
| 0 | 0 | 2 | 5 |
| 1 | 1 | 1 | 3 |
| 2 | 2 | 1 | 6 |
| 3 | 2 | 3 | 7 |
| 4 | 3 | 3 | 9 |
| ⋮ | | | |

(b) 三元组表示意图

图 5-6
稀疏矩阵和它对应的三元组表

#### 2. 三元组表

为了节省存储单元，采用稀疏矩阵的压缩存储方式，可只存储非零元素。由于非零元素的分布一般是没有规律的，因此在存储非零元素的同时，还必须存储非零元素所在的行号、列号，才能迅速确定一个非零元素是矩阵中的哪一个元素。稀疏矩阵的压缩存储会失去随机存取功能。其中每一个非零元素所在的行号、列号和值组成一个三元组($i$，$j$，$a_{ij}$)，并由此三元组唯一确定。将表示稀疏矩阵的非零元素的三元组按行优先（或列优先）的顺序排列（跳过零元素），并依次存放在向量中，这种稀疏矩阵的顺序存储结构称为三元组表。

## 5.3 广义表的概念

广义表（Lists，又称列表）是线性表的推广，也可以说是线性和非线性之间的一种过渡结构。即广义表中放松对表元素的原子限制，容许它们具有其自身结构。

微课 5-4
广义表的概念及运算

### 1. 广义表定义

广义表是 $n$（$n \geqslant 0$）个元素 $a_1$，$a_2$，…，$a_i$，…，$a_n$ 组成的有限序列。

其中：

① $a_i$ 或者是原子或者是一个广义表。

② 广义表通常记作：Ls=( $a_1$，$a_2$，…，$a_i$，…，$a_n$)。

③ Ls 是广义表的名字，$n$ 为它的长度。

④ 若 $a_i$ 是广义表，则称它为 Ls 的子表。

注意：

① 广义表通常用圆括号括起来，用逗号分隔其中的元素。

② 为了区分原子和广义表，书写时用大写字母表示广义表，用小写字母表示原子。

③ 若广义表 Ls 非空（$n \geqslant 1$），则 $a_1$ 是 Ls 的表头，其余元素组成的表（$a_2,\cdots,a_i,\cdots,a_n$）称为 Ls 的表尾。

### 2. 广义表表示

（1）广义表常用表示

① E=() //E 是一个空表，其长度为 0。

② L=(a, b) //L 是长度为 2 的广义表，它的两个元素都是原子，因此它是一个线性表。

③ A=(x，L)=(x，(a，b)) //A 是长度为 2 的广义表，第一个元素是原子 x，第二个元素是子表 L。

④ B=(A，y)=((x，(a，b))，y) //B 是长度为 2 的广义表，第一个元素是子表 A，第二个元素是原子 y。

⑤ C=(A，B)=((x，(a，b))，((x，(a，b))，y)) //C 的长度为 2，两个元素都是子表。

⑥ D=(a，D)=(a，(a，(a，(…)))) //D 的长度为 2，第一个元素是原子，第二个元素是 D 自身，展开后它是一个无限的广义表。

（2）广义表的深度

一个表的“深度”是指表展开后所含括号的层数。

**【例 5.1】** 表 L、A、B、C 的深度分别为 1、2、3、4，表 D 的深度为∞。

（3）广义表的图形表示

图中的分支结点对应广义表，非分支结点一般是原子。

**【例 5.2】** 图 5-7 所示给出了几个广义表的图形表示。

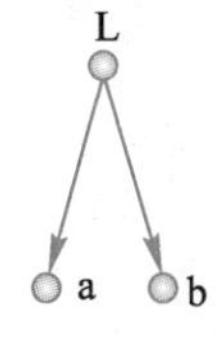


(a) L=(a,b)

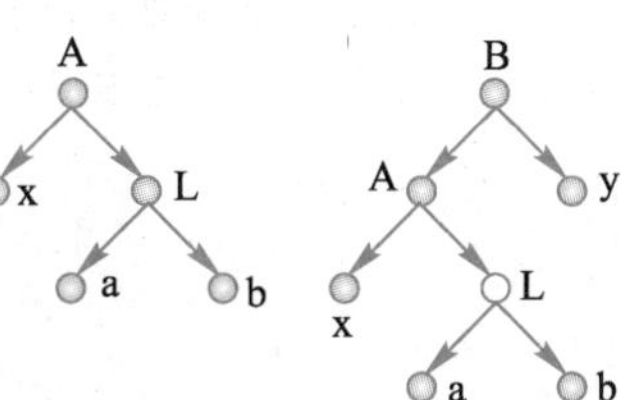


(b) A=(x,L) (c) B=(A,y)

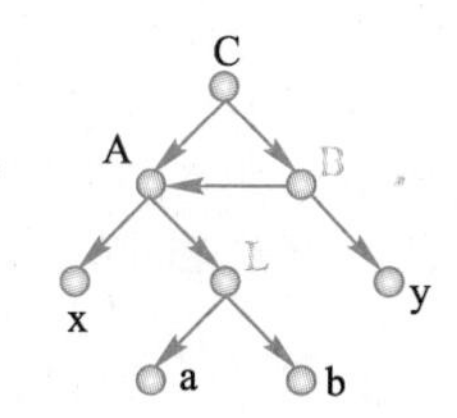


(d) C=(A,B)

(e) D=(a,D)

图 5-7 广义表的图形表示

 图子.

**3. 广义表运算**

广义表的两个基本运算：取表头 head(Ls)和取表尾 tail(Ls)。根据表头、表尾的定义可知：任何一个非空广义表的表头是表中第一个元素，它可以是原子，也可以是子表，而其表尾必定是子表（除了第一个元素以外其他元素的集合）。

【例 5.3】 head(L)=a，tail(L)=(b)；head(B)=A，tail(B)=(y)。

由于 tail(L)是非空表，可继续分解得到：head(tail(L))=b， tail(tail(L))=()

## 实例分析与实现

实例文档 5-1
数据的压缩存储

**1. 实例分析**

实例描述中图 5-1 所示的二维数组属于对称矩阵，对称矩阵只需要存储下半三角（包括对角线）的元素，在此我们按照行优先存储。具体实现步骤如下：

① 定义两个数组，一个二维数组用于存储压缩前对称矩阵中的所有元素，另一个一维数组用于存储压缩后对称矩阵中的下半三角元素（包括对角线）。

② 输入二维数组中的所有元素，同时根据行优先存储的对应关系，将下半三角元素存储到一维数组中。

③ 打印压缩后的一维数组中所有元素和对应位置（下标）。

源程序 5-1
数据的压缩存储

④ 输入原对称矩阵中的行号和列号，根据行优先存储的对应关系，输出该元素在压缩后一维数组中的位置（下标）。

**2. 代码清单 5.1**

```
#include "stdio.h"
void duichen()
{
    int i,j,k,n;
    int L[100][100],SA[100];
    printf("请输入您要压缩矩阵的行列数：");
    scanf("%d",&n);
    printf("请输入矩阵内元素：\n");
    for(i=1;i<n+1;i++)
      for(j=1;j<n+1;j++)
      {
        scanf("%d",&L[i][j]);
        if(i>=j)
          k=i*(i-1)/2+j-1;
        else
          k=j*(j-1)/2+i-1;
        SA[k]=L[i][j];
      }
    printf("您输入的矩阵为：\n");
    for(i=1;i<n+1;i++)
    {
```

```
        for(j=1;j<n+1;j++)
            printf("%d ",L[i][j]);
        printf("\n");
    }
    printf("压缩存储后：\n");
    for(k=0;k<n*(n+1)/2;k++)
        printf("%d %d\n",k,SA[k]);
    printf("请输入未压缩时所在行数:\n");
    scanf("%d",&i);
    printf("请输入未压缩时所在列数:\n");
    scanf("%d",&j);
    if(i>=j)
        k=i*(i-1)/2+j-1;
    else
        k=j*(j-1)/2+i-1;
    printf("该地址的值为：%d\n",SA[k]);
}
main()
{
    duichen();
}
```

**3. 结果验证**

结果验证如图 5-8 所示。

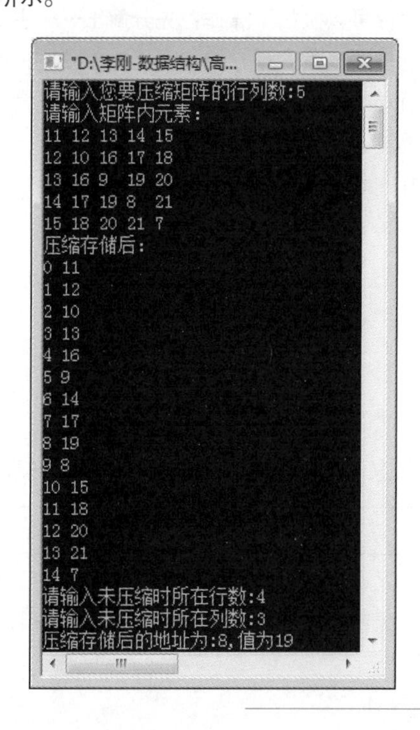


图 5-8
结果验证

# 知识拓展——m元多项式设计

实例文档 5-2
m 元多项式设计

### 1. 内容介绍

在第 2 章中，已经介绍过一元多项式的应用实例，与一元多项式相比，一个 $m$ 元多项式的每一项，最多有 $m$ 个变元。如果用线性表来表示，则每个数据元素需要 $m+1$ 个数据项，用以存储一个系数值和 $m$ 个指数值。这将产生两个问题：一是无论多项式中各项的变元是多是少，若都按 $m$ 个变元分配存储空间，则将造成浪费；反之，若按各项实际的变元数分配存储空间，就会造成结点的大小不均匀，给操作带来不便。二是对 $m$ 值不同的多项式，线性表中的结点大小也不同，这同样会引起存储管理的不便。因此，由于 $m$ 元多项式中每一项的变化数目的不均匀性和变元信息的重要性，故不适合用线性表表示。例如，三元多项式如下：

$$P(x,y,z)=x^{10}y^3z^2+2x^6y^3z^2+3x^5y^2z^2+x^4y^4z+6x^3y^4z+2yz+15$$

笔 记

其中各项的变元数目不尽相同，而 $y^3$、$z^2$ 等因子又多次出现，如改写为：

$$P(x,y,z)=((x^{10}+2x^6)y^3+3x^5y^2)z^2+((x^4+6x^3)y^4+2y)z+15$$

情况就不同了。现在，再来看这个多项式 P，它是变元 $z$ 的多项式，即 $Az^2+Bz+15z^0$，只是其中 A 和 B 本身又是一个$(x,y)$的二元多项式，15 是 $z$ 的零次项的系数。进一步细化 $A(x,y)$，又可把它看成是 $y$ 的多项式，$Cy^3+Dy^2$，而其中 C 和 D 为 $x$ 的一元多项式。以此类推，每个多项式都可看作是由一个变量加上若干个系数指数偶对组成。

### 2. 算法设计

任何一个 $m$ 元多项式都可以做如下操作：先分解出一个主变元，再分解出第二个变元等，由此，一个 $m$ 元的多项式首先是它的主变元的多项式，而其系数又是第二变元的多项式，由此可用广义表来表示 $m$ 元多项式。例如，上述三元多项式可用广义表表示，广义表的深度即为变元个数。

P=$z$((A,2),(B,1),(15,0))

其中，A=$y$((C,3),(D,2))

C=$x$((1,10),(2,6))

D=$x$((3,5))

B=$y$((E,4),(F,1))

E=$x$((1,4),(6,3))

F=$x$((2,0))

可用广义表的链式结构来定义表示 $m$ 元多项式的存储结构。链表的结点结构为：

| tag=1 | exp | hp | tp |
|---|---|---|---|

表结点

| tag=0 | exp | coef | tp |
|---|---|---|---|

原子结点

其中，exp 为指数域，coef 为系数域，hp 指向其系数子表，tp 指向同一层的下一个结点。其结构体类型定义如下：

```
typedef struct MpNode
{
    ElemTag tag;
```

```
        int exp;
        union{
                float coef;
                struct MpNode *hp;
        };
        struct MpNode *tp;
    }*MpList;
```

广义表的存储结构如图 5-9 所示，在每一层上增设一个表头结点并利用 exp 指示该层的变元，可用一维数组存储多项式中的所有变元。故 exp 域存储的是该变元在一维数组中的下标。头指针 p 所指表结点中 exp 的值 3 为多项式中变元的个数。可见，这种存储结构可表示任何元的多项式。

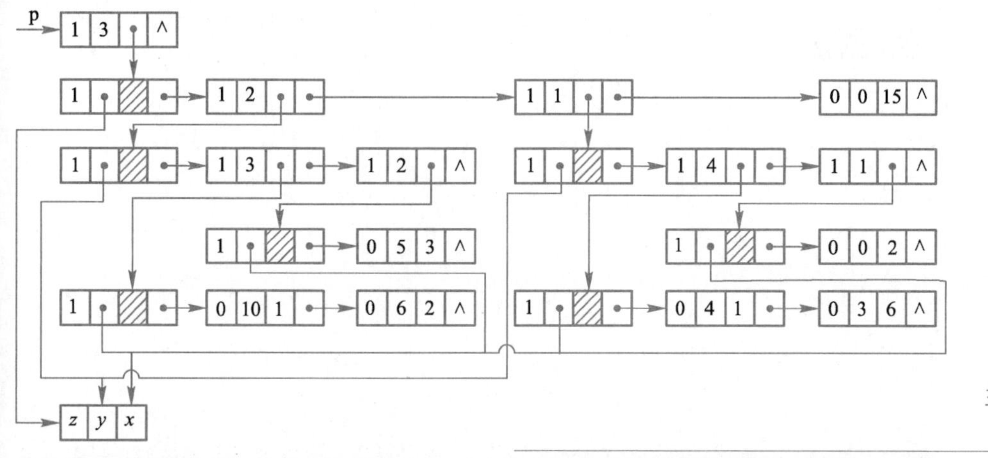

图 5-9
三元多项式的存储结构示意图

## 同 步 训 练

第 5 章
同步训练答案

### 一、填空题

1. 假设以列优先顺序存储二维数组 A[5][8]，其中元素 A[0][0]的存储地址为 LOC( $a_{00}$ )，且每个元素占 4 个存储单元，则数组元素 A[$i$][$j$]的存储地址为________________。

2. 已知广义表 Ls=（(a,x,y,z),(b,c)）,运用 head 和 tail 函数取出原子 c 的运算是______________。

3. 设广义表 L((),())，则 Head(L)是____________；Tail(L)是_____________；L 的长度是___________。

4. 设对称矩阵 A 压缩存储在一维数组 B 中，其中矩阵的第一个元素 $a_{11}$ 存储在 B[0]，元素 $a_{52}$ 存储在 B[11]，则矩阵元素 $a_{36}$ 存储在____________ 。

### 二、选择题

1. 二维数组 A[20][10]采用列优先的存储方法，若每个元素占两个存储单元，且第一个元素的首地址为 200，则元素 A[8][9]的存储地址为（　　）。

A. 574　　B. 576　　C. 578　　D. 580

2. 稀疏矩阵的压缩存储方法通常采用（　　）。

A. 二元组　　B. 三元组　　C. 散列　　D. 都可以

三、算法设计题

1. 设计一个算法，求二维数组 Ann 两条对角线上元素之和。

2. 设计一个算法，实现在 $n \times n$ 方阵里填入 1，2，3，…，$n \times n$，要求填成蛇形。例如 $n$=4 时，方阵如图 5-10 所示。

| 10 | 11 | 12 | 1 |
|---|---|---|---|
| 9 | 16 | 13 | 2 |
| 8 | 15 | 14 | 3 |
| 7 | 6 | 5 | 4 |

图 5-10
4×4 方阵

第 5 章
在线测试及答案

## 在线测试

# 第 6 章　树和二叉树的结构分析与应用

- 了解树的定义及基本术语。
- 熟练掌握二叉树的性质、存储结构及二叉树的各种遍历算法。
- 理解掌握二叉树线索化的过程。
- 熟练掌握哈夫曼树的构造方法及哈夫曼树的编码。
- 掌握树的各种存储结构及特点，以及树、森林与二叉树之间的转换方法。

第 6 章 学习目标

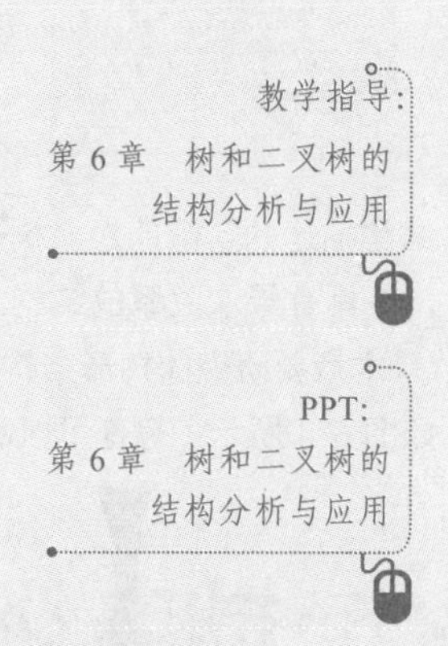

# 实例描述——家族中家谱的设计

在日常生活当中，家族中经常都有家谱，如图 6-1 所示，该家谱共有 4 代人，其中李丙方属于最高辈分，李长春、李博宇和李泽宇属于最低辈分，那么我们如何存储家谱中的人员信息和人员之间的关系呢？例如：若输入李泽宇，则输出父亲是李刚，若输入李树林，则输出孩子是李丁香、李贵和李军。

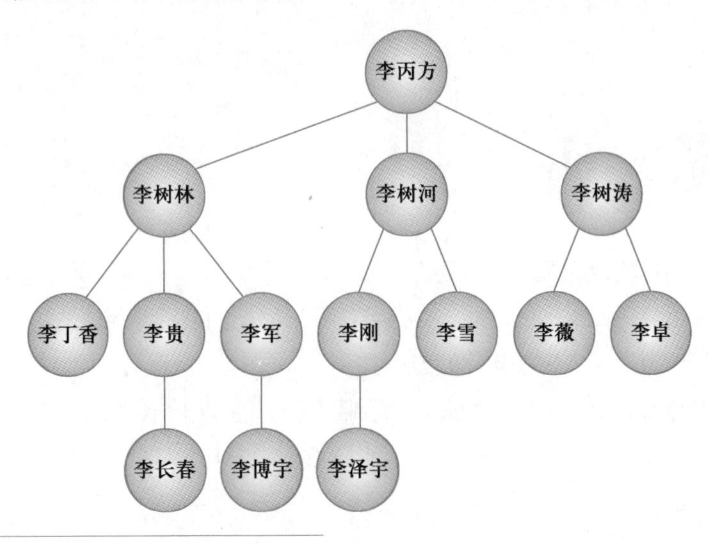


图 6-1
家族家谱图

知识储备

## 6.1　树的概念

微课 6-1
树的概念及基本术语

在现实生活中，存在很多可用树形结构描述的实际问题。树形结构是一类重要的非线性结构。树形结构是结点之间有分支，并具有层次关系的结构。树形结构描述图如图 6-2 所示，图 6-2(b)所示的倒着的大树就是本章要研究的树形结构。常见的家族的家谱结构（如图 6-3 所示）、单位的部门结构（如图 6-4 所示）等都可以利用树形结构来描述。

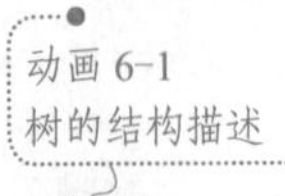

动画 6-1
树的结构描述

(a)

(b)

图 6-2
树形结构描述图

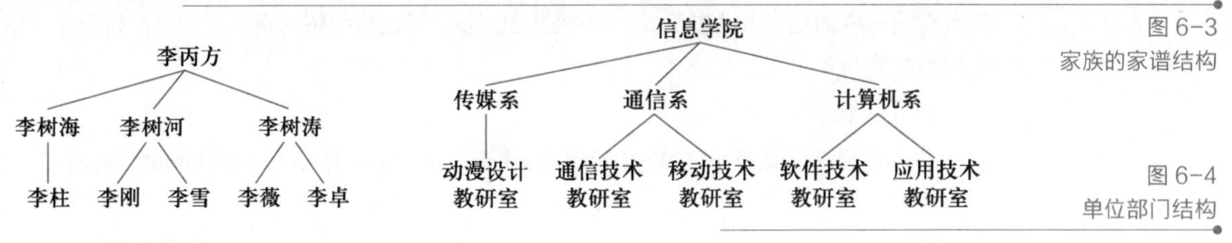


图 6-3
家族的家谱结构

图 6-4
单位部门结构

**1. 树的定义**

树是 $n$（$n \geqslant 0$）个结点的有限集 T，T 为空时称为空树，否则它满足如下两个条件：① 有且仅有一个特定的称为根（Root）的结点；② 其余的结点可分为 $m$（$m \geqslant 0$）个互不相交的子集 Tl，T2，…，T$m$，其中每个子集本身又是一棵树，并称其为根的子树（Subtree）。树一般采用树形图来表示，如图 6–5 所示。

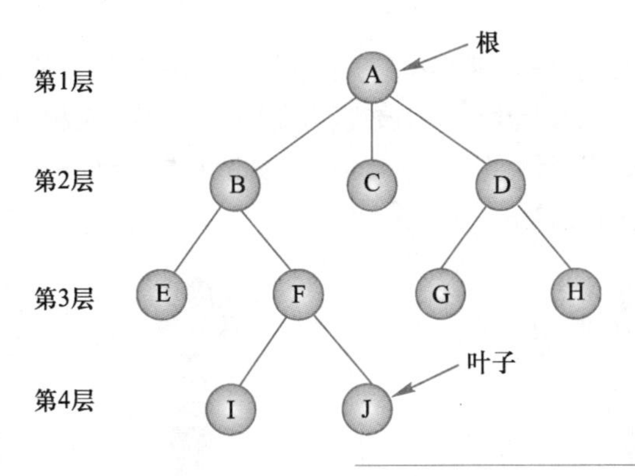


图 6–5
树的示例

**2. 树结构的基本术语**

（1）结点的度

树中的一个结点拥有的子树（孩子）数称为该结点的度。如图 6–5 所示结点 A 的度为 3。一棵树的度是指该树中结点的最大度数。度为零的结点称为叶子（Leaf）或终端结点。如图 6–5 所示 I、J、H 等都为叶子。度不为零的结点称分支结点或非终端结点。如图 6–5 所示 B、D、F 等都为分支结点。树或者子树最上面那个结点称为该树或者该子树的根。如图 6–5 所示结点 A 为树的根。

（2）孩子和双亲

树中某个结点的子树之根称为该结点的孩子，相应地，该结点称为孩子的双亲或父亲。同一个双亲的孩子称为兄弟。如图 6–5 所示结点 B 为结点 A 的孩子，结点 A 为结点 B 的父亲，结点 B 和结点 D 互为兄弟。

（3）祖先和子孙

① 路径（path）：若树中存在一个结点序列 $k_1, k_2, \cdots, k_j$，使得 $k_i$ 是 $k_{i+1}$ 的双亲（$1 \leqslant i < j$），则称该结点序列是从 $k_1$ 到 $k_j$ 的一条路径或道路。路径的长度指路径所经过的边的数目，等于 $j$-1。

② 祖先和子孙：若树中结点 k 到 s 存在一条路径，则称 k 是 s 的祖先，s 是 k 的子孙。如图 6–5 所示结点 A 为结点 F 的祖先，结点 F 为结点 A 的子孙。

（4）结点的层数和树的高度

结点的层数从根起算：根的层数为 1。其余结点的层数等于其双亲结点的层数加 1。

双亲在同一层的结点互为堂兄弟。树中结点的最大层数称为树的高度或深度。如图 6-5 所示树的高度为 4。

（5）森林

森林是 $m$（$m\geqslant 0$）棵互不相交的树的集合。如图 6-6 所示为 3 棵树组成的森林。

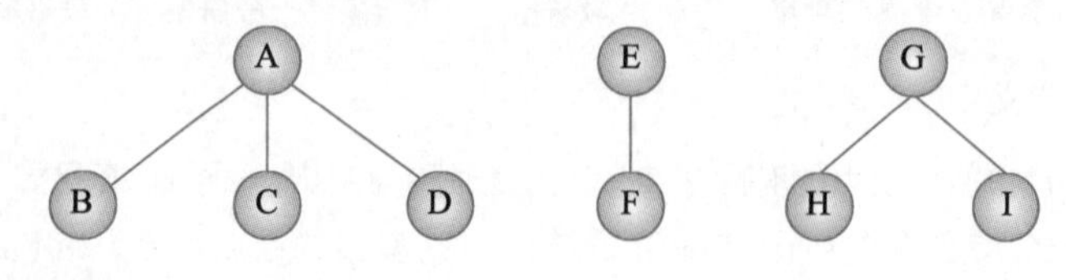


图 6-6
森林的示例

## 6.2　二叉树

微课 6-2
二叉树的定义及形态

二叉树是树形结构的一个重要类型，许多实际问题抽象出来的数据结构往往是二叉树的形式，即使是一般的树也能简单地转换为二叉树，而且二叉树的存储结构及其算法都较为简单，因此二叉树显得特别重要。实例演示如图 6-7 所示，一个父亲最多只能有两个孩子，而且分左孩子和右孩子。

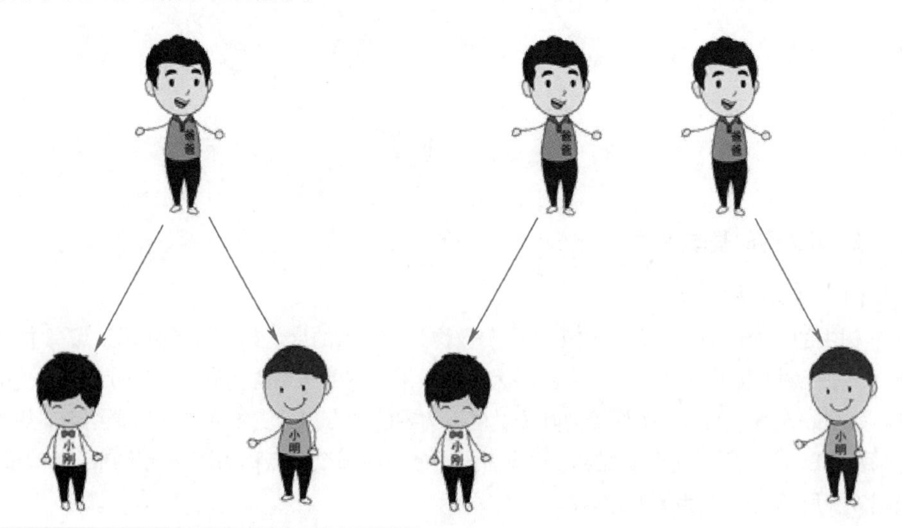

图 6-7
爸爸和孩子描述图

### 6.2.1　二叉树的定义

二叉树是 $n$（$n\geqslant 0$）个结点的有限集，它可以由空集（$n$=0）或由一个根结点及两棵互不相交的左子树和右子树的组成，左右子树分别又是一棵二叉树。在二叉树中，每个结点最多只能有两棵子树，并且有左右之分。

二叉树的 5 种基本形态如图 6-8 所示。

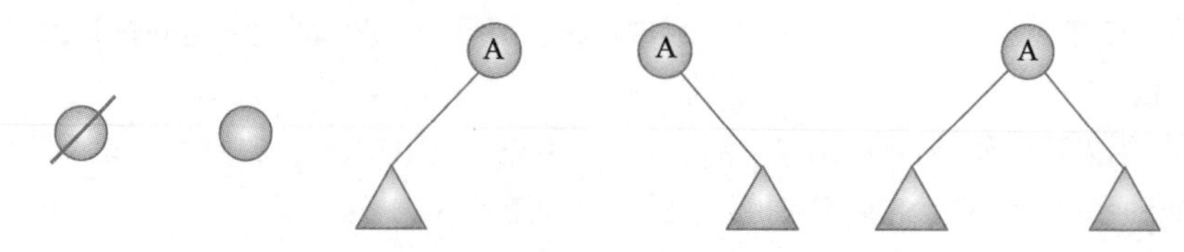


图 6-8
二叉树的 5 种形态表示

## 6.2.2　二叉树的性质

微课 6-3

满二叉树和完全二叉树

在讲解二叉树性质之前，先介绍一下满二叉树和完全二叉树的概念，满二叉树和完全二叉树是二叉树的两种特殊形态。

- 满二叉树定义：一棵深度为 $k$ 有且仅有 $2^k-1$ 个结点的二叉树。特点是二叉树的每一层上结点的个数都达到最大值。如图 6-9 所示。

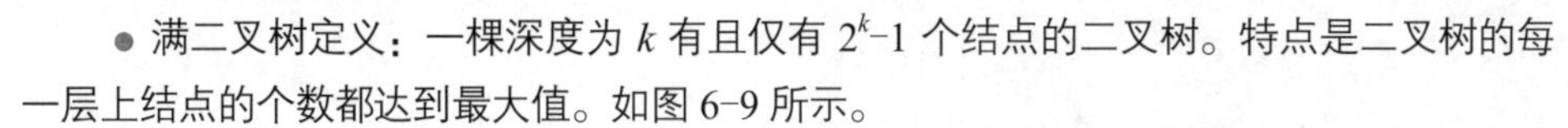

- 完全二叉树定义：相对于满二叉树来说，不同之处是允许最下一层上的结点都集中在该层最左边的若干位置上，右侧可以缺少结点。特点是在满二叉树的最下一层上，从最右边开始连续删去若干（$n\geqslant0$）个结点后得到的二叉树是一棵完全二叉树，如图 6-10 所示。

注意：

满二叉树一定是完全二叉树，完全二叉树不一定是满二叉树。

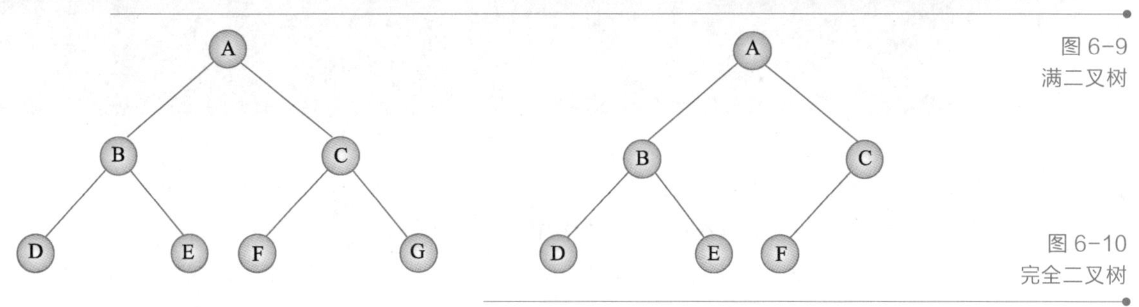


图 6-9
满二叉树

图 6-10
完全二叉树

二叉树的性质如下：

① 二叉树第 $i$ 层上的结点数目最多为 $2^{i-1}$（$i\geqslant1$）。例如：二叉树的第三层上最多有 4 个结点。

② 深度为 $k$ 的二叉树最多有 $2^k-1$ 个结点（$k\geqslant1$）。例如：深度为 4 的二叉树最多有 15 个结点。

微课 6-4

二叉树的性质

③ 在任意一棵二叉树中，若叶子结点的个数为 $n_0$，度为 2 的结点的个数为 $n_2$，则有 $n_0=n_2+1$ 这样的关系成立。例如：二叉树共有 100 个结点，叶子结点为 30 个，求度为 1 的结点个数是多少？通过性质 3，可以得出度为 2 的结点为 29 个，所以度为 1 的结点为 100-30-29=41 个。

④ 具有 $n$ 个结点的完全二叉树的深度为「$\log_2 n$」+1（「」符号的作用是截去小数部分后取整）。例如，9 个结点的完全二叉树的深度为「$\log_2 9$」+1=4。

## 6.2.3　二叉树的存储结构

### 1．顺序存储结构

微课 6-5

二叉树的顺序存储结构

该方法是把二叉树的所有结点按照一定的线性次序存储到连续的存储单元中。结点在这个序列中的相互位置还能反映出结点之间的逻辑关系。实例演示如图 6-11 所示，爷爷坐在 1 号座位，大伯坐在 2 号座位，爸爸坐在 3 号座位，以此类推小花坐在 7 号座位，其中小明和小丽是大伯的孩子，小刚和小花是爸爸的孩子。

图 6-11
爷爷、爸爸和儿子描述图

(a) 家谱结构图　　(b) 家谱座位图

（1）完全二叉树的顺序存储结构

在一棵 $n$ 个结点的完全二叉树中，从树根起，自上层到下层，每层从左至右，给所有结点编号，能得到一个反映整个二叉树结构的线性序列。如图 6-12 所示。

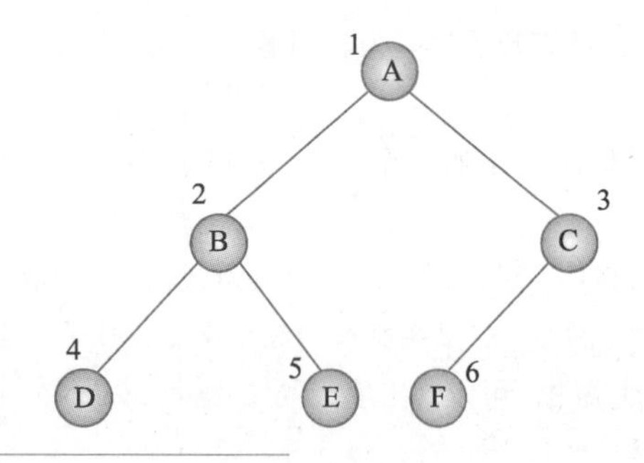


图 6-12
结点编号的完全二叉树示意图

假设编号为 $i$ 的结点是 $k_i(1\leqslant i\leqslant n)$，则有：

① 若 $i>1$，则 $k_i$ 的双亲编号为 $\lfloor i/2 \rfloor$；若 $i=1$，则 $k_i$ 是根结点，无双亲。

② 若 $2i\leqslant n$，则 $k_i$ 的左孩子的编号是 $2i$；否则，$k_i$ 无左孩子，即 $k_i$ 必定是叶子。

③ 若 $2i+1\leqslant n$，则 $k_i$ 的右孩子的编号是 $2i+1$；否则，$k_i$ 无右孩子。

④ 若 $i$ 为奇数且不为 1，则 $k_i$ 的左兄弟的编号是 $i-1$，否则，$k_i$ 无左兄弟。

⑤ 若 $i$ 为偶数且小于 $n$，则 $k_i$ 的右兄弟的编号是 $i+1$，否则，$k_i$ 无右兄弟。

动画 6-2
完全二叉树的顺序存储结构

完全二叉树顺序存储结构如图 6-13 所示。a[0]中存放的是结点的个数。从 a[1]开始顺序存储结点信息。

| 下标 | 0 | 1 | 2 | 3 | 4 | 5 | 6 |
|---|---|---|---|---|---|---|---|
| 数组a | 6 | A | B | C | D | E | F |

图 6-13
完全二叉树的顺序存储结构示意图

(2)一般二叉树的顺序存储结构

① 在一般二叉树添上一些“虚结点”，其中“虚结点”用“∅”表示，成为完全二叉树。

② 为了用结点在向量中的相对位置来表示结点之间的逻辑关系，按完全二叉树形式给结点编号。

如图 6-14 所示的二叉树的顺序存储结构如图 6-15 所示。

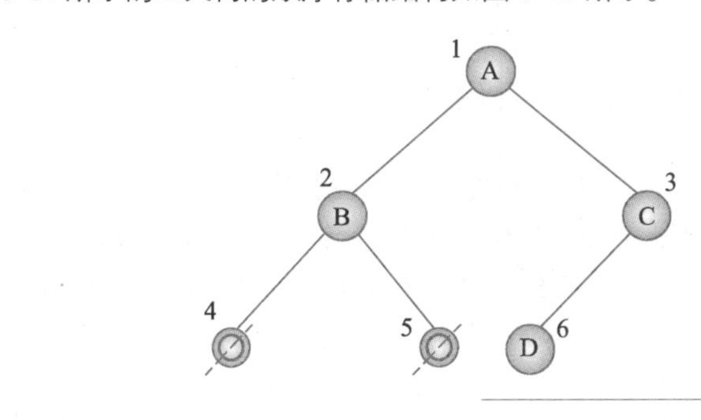


动画 6-3
一般二叉树的顺序存储结构

图 6-14
带有虚结点的完全二叉树

| 下标 | 0 | 1 | 2 | 3 | 4 | 5 | 6 |
|---|---|---|---|---|---|---|---|
| 数组a | 4 | A | B | C | ∅ | ∅ | D |

图 6-15
一般二叉树的顺序存储结构示意图

2. 链式存储结构

如图 6-15 所示的二叉树中有 4 个结点，但占用了 7 个存储单元，所以树的这种形态不适合采用顺序存储结构，而且进行结点的插入和删除需要移动大量的结点，顺序存储方式更不可取，因此我们来介绍一下链式存储结构。二叉树的每个结点最多有两个孩子，用链接方式存储二叉树时，每个结点除了存储结点本身的数据外，还应设置两个指针域 lchild 和 rchild，分别指向该结点的左孩子和右孩子。实例演示如图 6-16 所示，爸爸和孩子随机坐在任意座位，爸爸用两只眼睛关注两个孩子。

微课 6-6
二叉树的链式存储结构

动画 6-4
一个爸爸照看两个孩子

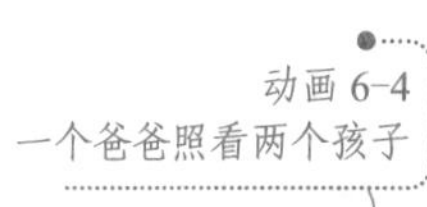

图 6-16
爸爸和孩子描述图

如图 6-17 所示为二叉树的链式存储结构，结点的结构如下：

| lchild | data | rchild |
|---|---|---|

类型定义如下：

```
typedef struct node
{
   char data;
   struct node *lchild, *rchild; //左右孩子指针
 }BTreeNode;   //结点类型
```

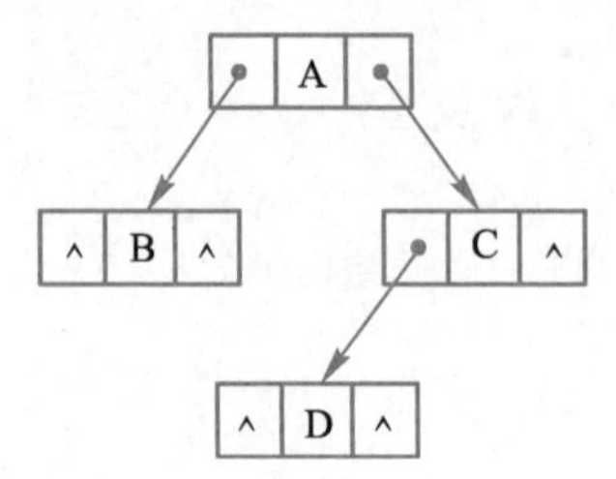


图 6-17
二叉树的链式存储结构示意图

下面给出以二叉链表作为存储结构构造二叉树的算法，该算法采用完全二叉树编号的方法，存储每个结点的地址，每个结点信息又采用链式结构存储。算法设置一个一维数组 q，用来存储每个结点的地址值，q[*i*]中存放对应编号为 *i* 的结点的地址值。

源程序 6-1
二叉树的建立

```
BTreeNode *create()
{
   BTreeNode *s;
   BTreeNode *q[MaxSize];// MaxSize 根据需要设定大小
   int i,j;
   char x;
   printf("i,x=");
   scanf("%d,%c",&i,&x);
   if(i==0)//空二叉树
         q[1]=NULL;
   while(i!=0&&x!='$')
   {
         s=(BTreeNode *)malloc(sizeof(BTreeNode));
         s->data=x;
         s->lchild=NULL;
         s->rchild=NULL;
         q[i]=s;
         if(i!=1)                    //非根结点，寻找双亲结点的地址
         {
              j=i/2;                 //j 为双亲结点的地址
              if(i%2==0)             //左孩子
                   q[j]->lchild=s;
              else                   //右孩子
                   q[j]->rchild=s;
         }
        printf("i,x=");
        scanf("%d,%c",&i,&x);
    }
    return q[1];
 }
```

动画 6-5
二叉链表构造二叉树

程序运行后，输入 1，A 时，数组和链式存储结构的形态如下：

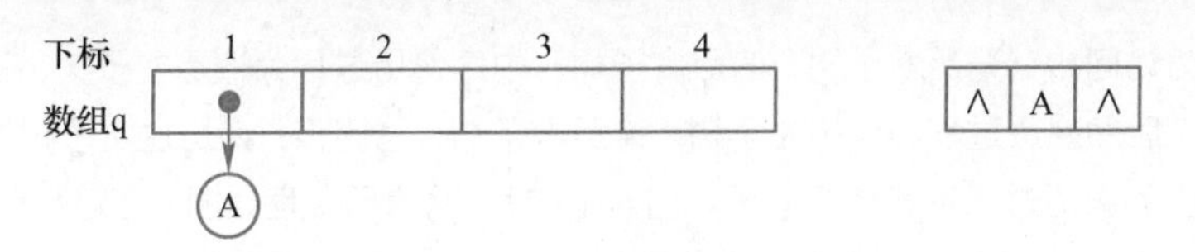


输入 2，B 时，数组和链式存储结构的形态如下：

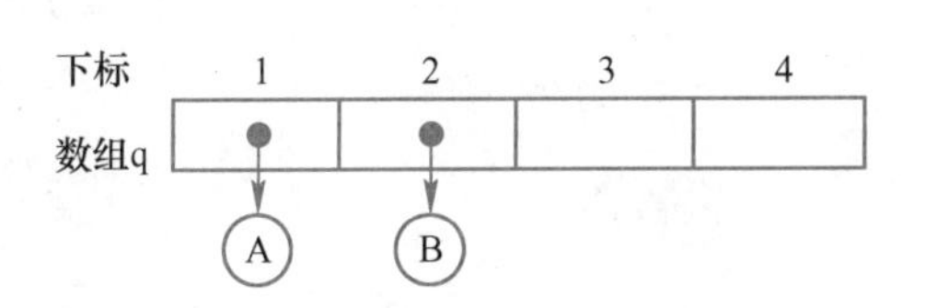


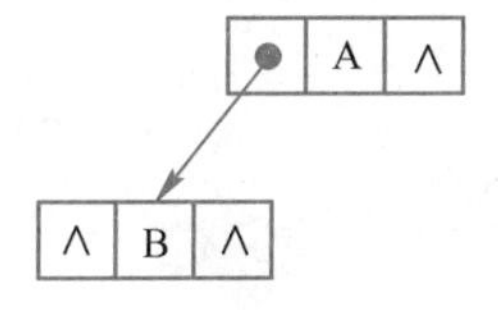


输入 3，C 时，数组和链式存储结构的形态如下：

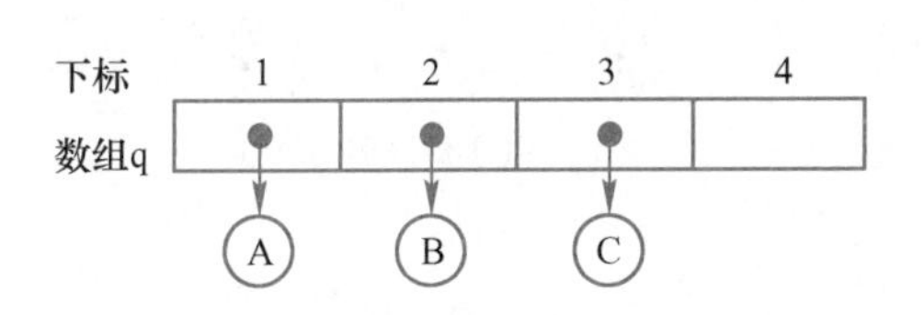


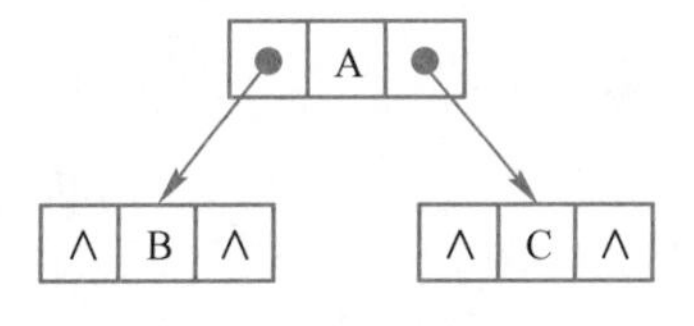


输入 6，D 时，数组和链式存储结构的形态如下：

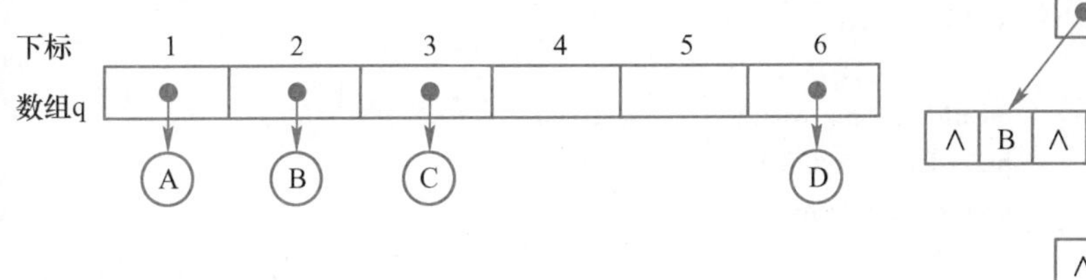


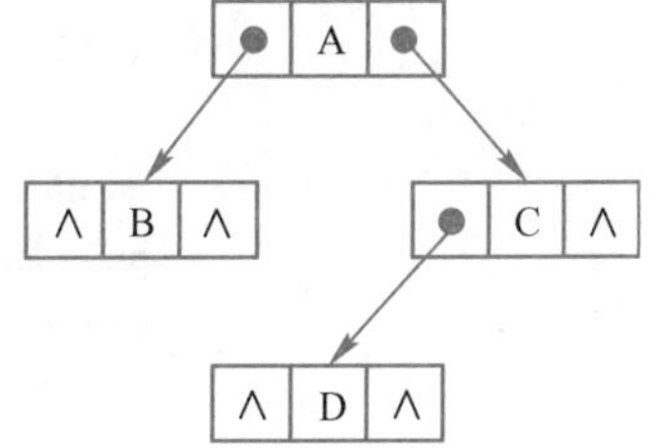


## 6.3　二叉树的遍历

所谓遍历，是指沿着某条搜索路线，依次对树中每个结点均做一次且仅做一次访问。访问结点所做的操作依赖于具体的应用问题。遍历是二叉树上最重要的运算之一，是二叉树上进行其他运算的基础。实例演示如图 6-18 所示，如果我们要浏览数据结构文件夹中的所有内容，首先单击数据结构文件夹，会看到教案和试题两个文件夹，然后单击教案文件夹，会看到 PPT 格式和 Word 格式文件，最后单击试题文件夹，会看到期末试题和期中试题文件。这个过程就是文件的遍历。

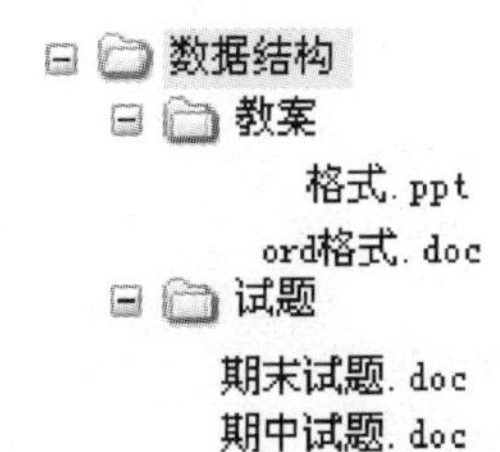


图 6-18
资源管理器文件管理图

按照根、左子树和右子树的先后顺序可以将遍历分为先序、中序和后序 3 种。先序遍历过程为访问根、遍历左子树、遍历右子树；中序遍历过程为遍历左子树、访问根、遍历右子树；后序遍历过程为遍历左子树、遍历右子树、访问根；遍历左右子树的时候仍然要按照相应的遍历过程进行递归遍历。图 6-10 对应的遍历过程如图 6-19 序号顺序所示，先序遍历结果为 ABDECF，中序遍历结果为 DBEAFC，后序遍历结果为 DEBFCA。下面分别介绍各种遍历的算法。

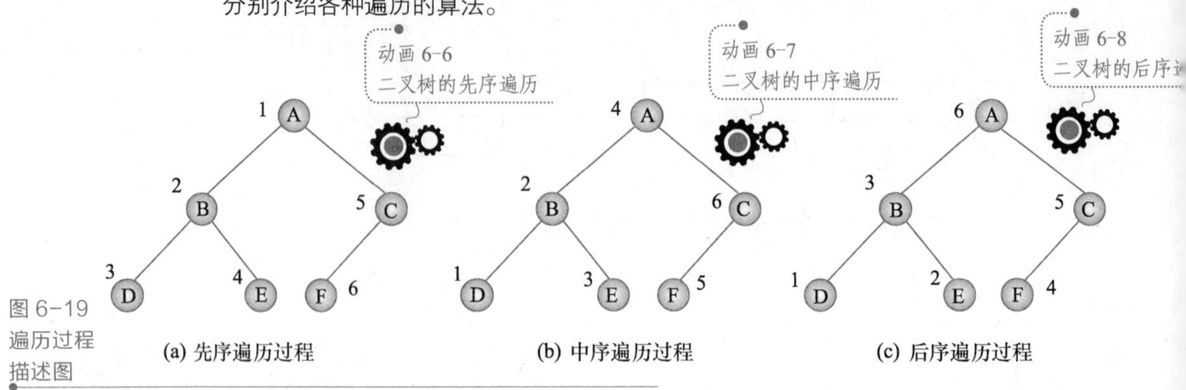


图 6-19 遍历过程描述图

微课 6-7
二叉树的先序遍历

① 先序遍历算法如下：

```
void preorder(BTreeNode *bt)
{
    if(bt!=NULL)
    {
        printf("%c ",bt->data);
        preorder(bt->lchild);
        preorder(bt->rchild);
    }
}
```

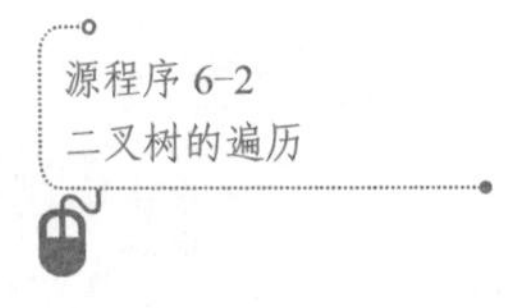

源程序 6-2
二叉树的遍历

② 中序遍历算法如下：

```
void inorder(BTreeNode *bt)
{
    if(bt!=NULL)
    {
        inorder(bt->lchild);
        printf("%c ",bt->data);
        inorder(bt->rchild);
    }
}
```

微课 6-8
二叉树的中序遍历

③ 后序遍历算法如下：

```
void postorder(BTreeNode *bt)
{
    if(bt!=NULL)
    {
        postorder(bt->lchild);
        postorder(bt->rchild);
        printf("%c ",bt->data);
    }
}
```

微课 6-9
二叉树的后序遍历

④ 主程序如下：

```
main()
{
  BTreeNode *bt;
  bt=create();
  printf("先序递归遍历结果：");
  preorder(bt);
  printf("\n 中序递归遍历结果：");
  inorder(bt);
  printf("\n 后序递归遍历结果：");
  postorder(bt);
}
```

## 6.4 线索二叉树

微课 6-10
线索二叉树

6.2 节介绍过，当用二叉链表作为二叉树的存储结构时，因为每个结点中只有指向其左、右孩子结点的指针域，所以从任一结点出发只能直接找到该结点的左、右孩子，而一般情况下，无法直接找到该结点在某种遍历序列中的前趋和后继信息，将大大降低存储空间的利用率。利用空指针域，存放指向结点在某种遍历次序下的前趋和后继结点的指针，这种附加的指针称为“线索”，相应的二叉树称为线索二叉树（Threaded Binary Tree）。将二叉树变为线索二叉树的过程称为线索化。

为了区分一个结点的指针域是指向其孩子的指针，还是指向其前趋或后继的线索，可在每个结点中增加两个标志域，这样，线索链表中的结点结构如下：

| lchild | ltag | data | rtag | rchild |
|---|---|---|---|---|

其中：

左标志 ltag= { 0：lchild 是指向结点的左孩子的指针；1：lchild 是指向结点的前趋的左线索 }

右标志 rtag= { 0：rchild 是指向结点的右孩子的指针；1：rchild 是指向结点的后继的右线索 }

类型定义如下：

```
typedef struct node
{
  char data;                //数据域
     int ltag,rtag;         //标志域
     struct node *lchild，*rchild;          //左右孩子指针
 }BThrNode;                 //结点类型
```

（1）在此举例说明中序线索二叉树及其存储结构

例如，图 6-12 所示二叉树对应的线索二叉树及其存储结构如图 6-20 所示，结点 E 的中序的后继是结点 A。

动画 6-9
二叉树的中序线索化

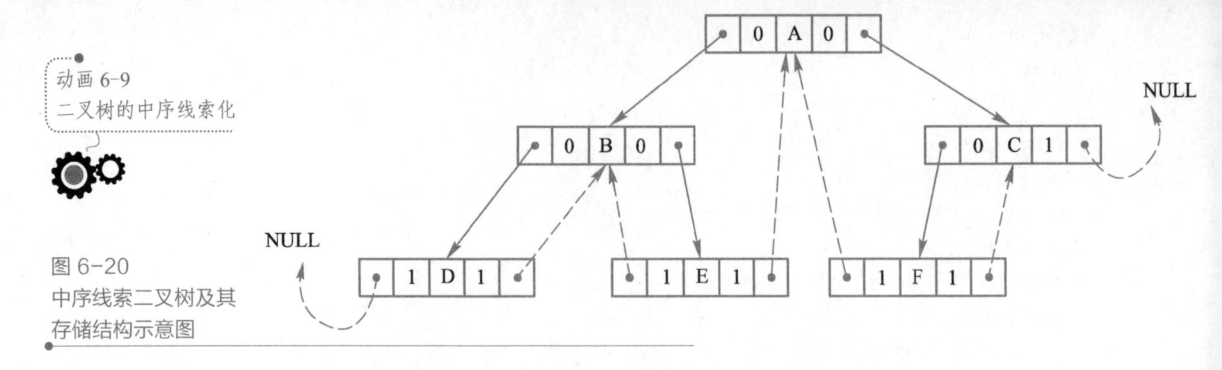


图 6-20
中序线索二叉树及其存储结构示意图

（2）查找某结点*p 在中序线索二叉树中的后继结点

在中序线索二叉树中，查找结点*p 的中序后继结点分两种情形：

① 若*p 的右子树空(即 p->rtag 为 1)，则 p->rchild 为右线索，直接指向*p 的中序后继。

② 若*p 的右子树非空(即 p->rtag 为 0)，则*p 的中序后继必是其右子树中第一个中序遍历到的结点。也就是从*p 的右孩子开始，沿该孩子的左链往下查找，直至找到一个没有左孩子的结点为止，该结点是*p 的右子树中“最左下”的结点，即*p 的中序后继结点。

查找某结点在中序线索二叉树中的后继结点具体算法如下：

源程序 6-3
中序线索二叉树中查找后继结点

```
BThrNode *InorderSuccessor(BThrNode *p)
{//在中序线索树中找结点*p 的中序后继，设 p 非空
  BThrNode *q;
  if (p->rtag==1)              //*p 的右子树为空
   return p->rchild;           //返回右线索所指的中序后继
  else
  {
   q=p->rchild;                //从*p 的右孩子开始查找
   while (q->ltag==0)
    q=q->lchild;               //左子树非空时，沿左链往下查找
   return q;                   //当 q 的左子树为空时，它就是最左下结点
  }
}
```

假设 p 指针指向图 6-20 中的 F 结点，符合执行下面的代码，后继就是 p->rchild，即 C 结点：

```
if(p->rtag==1)
 return p->rchild;
```

假设 p 指针指向图 6-20 中的 A 结点，符合执行下面的代码，q 指向右孩子 C 结点，如果 C 结点有左孩子，然后 q 再指向 C 结点的左孩子 F 结点，因为 F 结点没有左孩子了，所以 p 的后继就是 F 结点：

```
else
{
 q=p->rchild;
 while(q->ltag==0)
  q=q->lchild;
 return q;
```

}

## 6.5 树和森林

### 6.5.1 树、森林与二叉树的相互转换

微课 6-11
树和森林转换为二叉树

在树或森林与二叉树之间有一个自然的一一对应关系。任何一个森林或一棵树可唯一地对应到一棵二叉树；反之，任何一棵二叉树也能唯一地对应到一个森林或一棵树。

**1. 树转换为二叉树**

步骤如下：

① 将所有兄弟结点用线连接起来。

② 每个结点只保留与其长子的连线外，去掉该结点与其他孩子的连线。

③ 将水平线顺时针旋转 45°。

如图 6-21 所示为树转换为二叉树的过程。

动画 6-10
树转换为二叉树

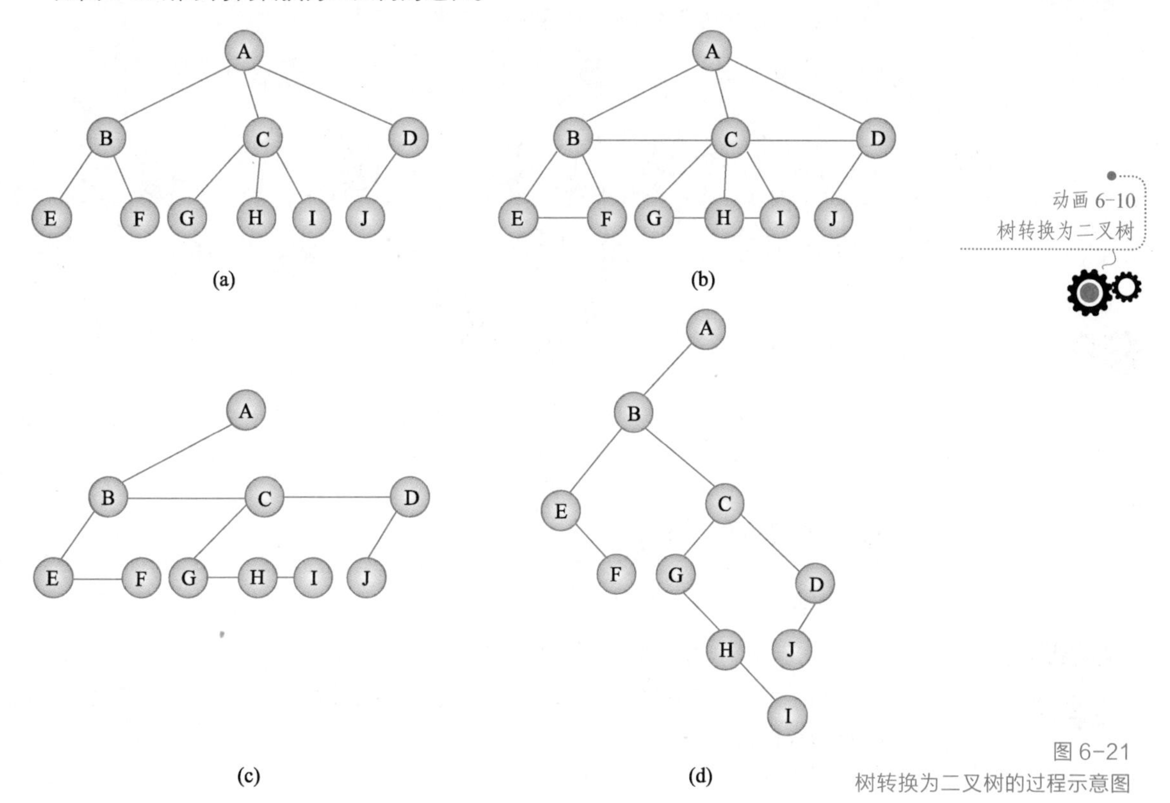


图 6-21
树转换为二叉树的过程示意图

**2. 森林转换为二叉树**

步骤如下：

① 将每棵二叉树的根结点视为兄弟从左至右连在一起。

② 其他按照树转换为二叉树的方法进行。

如图 6-22 所示为森林转换为二叉树的过程。

动画 6-11
森林转换为二叉树

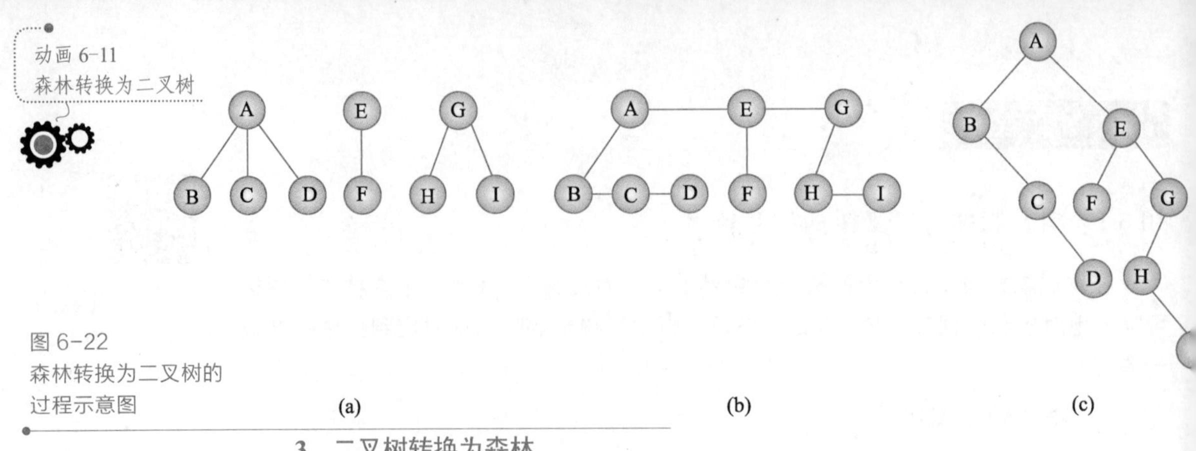


图 6-22
森林转换为二叉树的过程示意图

**3．二叉树转换为森林**

步骤如下：

① 若结点 x 是双亲 y 的左孩子，则把 x 的右孩子，右孩子的右孩子……都与 y 用线连接起来。

② 去掉所有双亲到右孩子的连线。

如图 6-23 所示为二叉树转换为森林的过程。

微课 6-12
二叉树转换为森林

动画 6-12
二叉树转换为森林

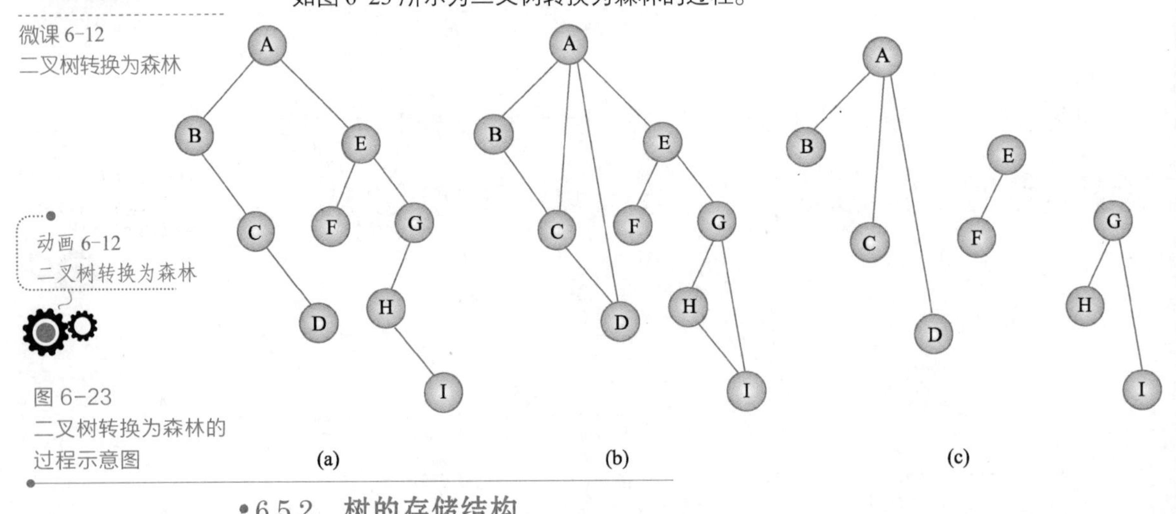


图 6-23
二叉树转换为森林的过程示意图

## 6.5.2　树的存储结构

**1．双亲表示法**

微课 6-13
树的双亲表示法

双亲表示法考虑树中每个结点的双亲是唯一的性质，利用顺序存储结构在存储结点信息的同时，为每个结点附设一个域（parent），来存储其双亲的下标，根没有双亲，所以其 parent 域存储的是-1。

类型定义如下：

```
typedef struct
{
   DataType data;        //结点数据
   int parent;           //双亲指针，指示结点的双亲在向量中的位置
 }PTreeNode;
typedef struct
{
```

```
    PTreeNode nodes[MaxTreeSize];
    int n;        //结点总数
  }PTree;
```

动画 6-13
树的双亲表示法

如图 6-21（a）所示的树对应的双亲表示法如图 6-24 所示。

| 下标 | 0 | 1 | 2 | 3 | 4 | 5 | 6 | 7 | 8 | 9 |
| --- | --- | --- | --- | --- | --- | --- | --- | --- | --- | --- |
| data | A | B | C | D | E | F | G | H | I | J |
| parent | −1 | 0 | 0 | 0 | 1 | 1 | 2 | 2 | 2 | 3 |

图 6-24
树的双亲表示法

**2．孩子链表表示法**

如果按照二叉链表那样，在一个结点中设置若干个指针指向该结点的孩子时，由于树中结点的孩子个数不能确定，所以难以确定每个结点要设置多少个指针为宜。考虑到这个因素，比较合适的方法就是孩子链表表示法，该方法是为树中每个结点设置一个孩子链表，并将这些结点及相应的孩子链表的头指针存放在一个顺序结构中。

微课 6-14
树的孩子链表表示法

类型定义如下：

```
  typedef struct Cnode              //子链表结点
  {
    int child;                      //孩子结点在顺序结构中对应的序号
    struct Cnode *next;
   }CNode;
  typedef struct
  {
    DataType data;                  //存放树中结点数据
    CNode *firstchild;              //孩子链表的头指针
   }PTNode;
  typedef struct
  {
    PTNode nodes[MaxTreeSize];      //MaxTreeSize 为总大小
    int n, root;                    //n 为结点总数
   }CTree;
```

知识拓展 6-1
孩子兄弟表示法

如图 6-21（a）所示的树对应的孩子链表表示法如图 6-25 所示。

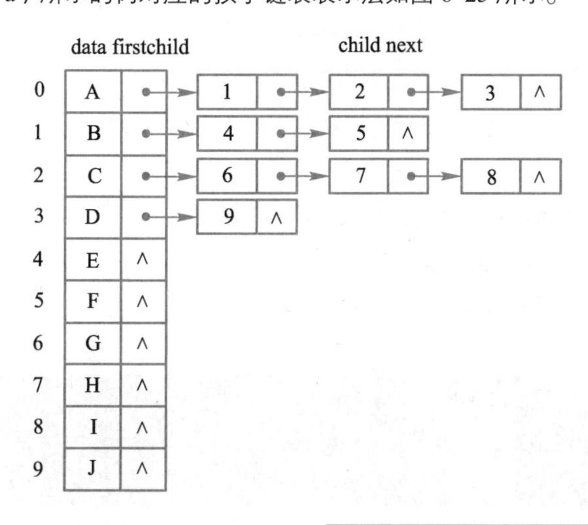


图 6-25
树的孩子链表表示法

动画 6-14
树的孩子链表表示法

微课 6-15
树和森林的遍历

### 6.5.3　树和森林的遍历

**1．树的遍历**

由于树中结点可以有超过两个的子树，所以无法确定根的访问顺序，因此树的遍历不包括中序遍历，只包括先序遍历和后序遍历。

（1）先序遍历

步骤：

① 访问根结点。

② 从左到右依次先序遍历根的各子树。

如图 6-26 所示树的先序遍历结果为：ABEFCGHIDJ。

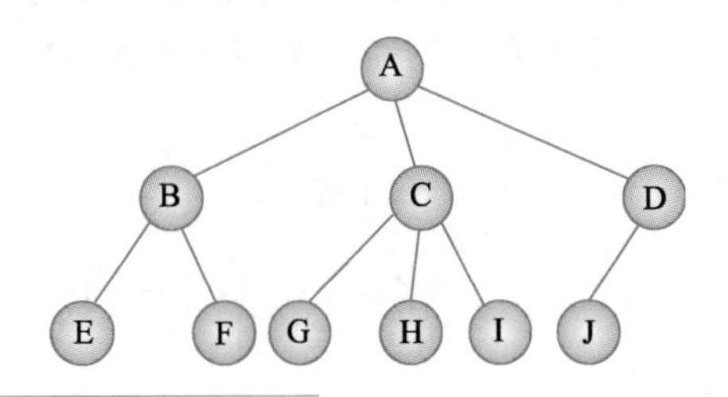


图 6-26
树的示意图

（2）后序遍历

步骤：

① 从左到右依次后序遍历根的各子树。

② 访问根结点。

图 6-26 所示树的后序遍历结果为：EFBGHICJDA。

**2．森林的两种遍历方法**

（1）先序遍历

步骤：

① 访问森林中第一棵树的根结点。

② 先序遍历第一棵树中根结点的各子树。

③ 先序遍历除第一棵树外其他树构成的森林。

（2）后序遍历

步骤：

① 后序遍历森林中第一棵树的根结点的各子树。

② 访问第一棵树的根结点。

③ 后序遍历除第一棵树外其他树构成的森林。

注意：

森林的遍历方法相当于依次遍历第一棵树、第二棵树、……、第 $n$ 棵树。

## 6.6 哈夫曼树及其应用

### 6.6.1 哈夫曼树的定义

微课 6-16
哈夫曼树的定义

（1）路径和路径长度

在一棵树中，从一个结点往下可以达到的孩子或子孙结点之间的通路，称为路径。通路中分支的数目称为路径长度。若规定根结点的层数为 1，则从根结点到第 $L$ 层结点的路径长度为 $L$-1。

（2）结点的权及带权路径长度

若将树中结点赋给一个有着某种含义的数值，则这个数值称为该结点的权。结点的带权路径长度为从根结点到该结点之间的路径长度与该结点的权的乘积。

（3）树的带权路径长度

树的带权路径长度规定为所有叶子结点的带权路径长度之和，记为 WPL。

（4）哈夫曼树又称为最优二叉树

给定 $n$ 个权值作为 $n$ 个叶子结点，构造一棵二叉树，若带权路径长度达到最小，称这样的二叉树为最优二叉树，也称为哈夫曼树(Huffman tree)。例如：给定 5 个叶子结点 a、b、c、d 和 e，分别带权 8、2、4、15 和 21。构造如图 6-27 所示的 3 棵二叉树(还有其他形状的二叉树)，它们的带权路径长度分别如下：WPL=8×2+2×2+4×3+15×3+21×2=119；WPL=8×2+2×3+4×2+15×3+21×2=117；　WPL=8×3+2×4+4×4+15×2+21×1=99

其中最后一棵树的 WPL 最小，可以验证，它就是哈夫曼树。

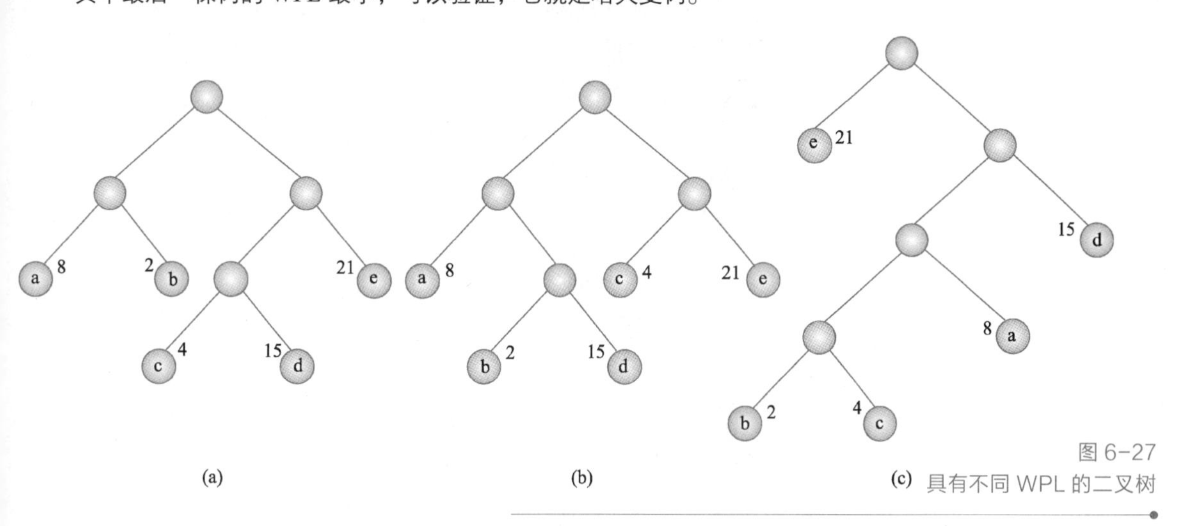


图 6-27 具有不同 WPL 的二叉树

### 6.6.2 哈夫曼树的构造

微课 6-17
哈夫曼树的构造

哈夫曼树的构造方法如下。

第 1 步：将给定的权值 $W_1,W_2,\ldots,W_n$ 的结点构造成森林 $F=\{T_1,T_2,\ldots,T_n\}$。

第 2 步：选择森林中两个权值最小的结点合并为新结点，原有两个结点作为新结点的左右孩子，然后从森林中删除这两个结点，将新结点加入森林中。

第 3 步：重复执行第 2 步，直到森林中只剩下一个结点为止。

动画 6-15
哈夫曼树构建

例如：给定 5 个叶子结点 a、b、c、d 和 e，分别带权 8、2、4、15 和 21。如图 6-28 所示为哈夫曼树构造的整个过程。

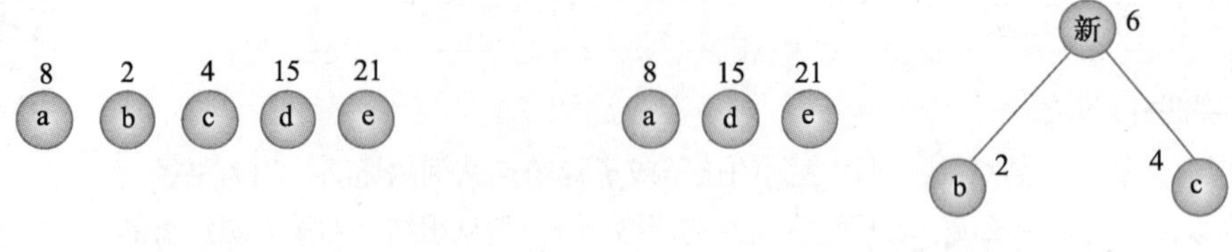


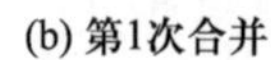


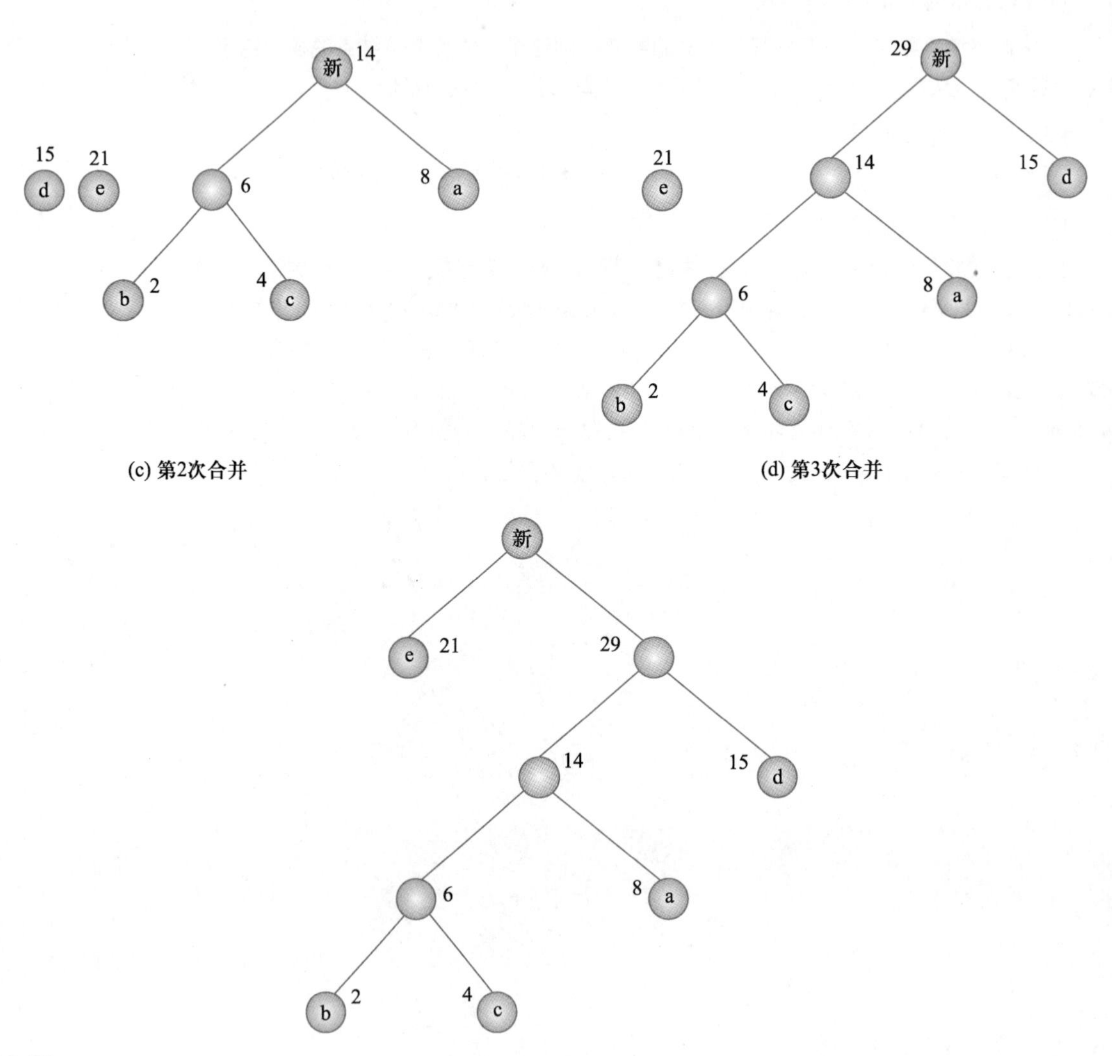


图 6-28
哈夫曼树的构造过程示意图

### 6.6.3　哈夫曼树编码

由于哈夫曼树是带权路径长度最小的二叉树，所以经常应用于数据压缩。在计算机信息处理中，“哈夫曼编码”是一种一致性编码法，用于数据的无损耗压缩。这一术语是指使用一张特殊的编码表将源字符（例如某文件中的一个符号）进行编码。这张编码表的特殊之处在于，它是根据每一个源字符出现的估算概率而建立起来的（出现概率高的字符使用较短的编码，反之出现概率低的则使用较长的编码，这便使编码之后的字符串的平均期望长度降低，从而达到无损压缩数据的目的）。例如，在英文中，e 的出现概率很高，而 z 的出现概率则最低。当利用哈夫曼编码对一篇英文进行压缩时，e 极有可能用一个位（bit）来表示，而 z 则可能花去 25 个位。用普通的表示方法时，每个英文字母均占用一个字节（byte），即 8 个位。二者相比，e 使用了一般编码的 1/8 的长度，z 则使用了 3 倍多。倘若我们能实现对于英文中各个字母出现概率的较准确的估算，就可以大幅度提高无损压缩的比例。

微课 6-18
哈夫曼树的编码

编码具体方法如下：

① 用字符作为叶子，构造一棵哈夫曼树。

② 将树中左分支和右分支分别标记为 0 和 1。

③ 将从根到叶子的路径上的标记依次相连，作为该叶子所表示字符的编码。

例如：图 6-28（e）所示的哈夫曼树编码如图 6-29 所示。

动画 6-16
哈夫曼树编码

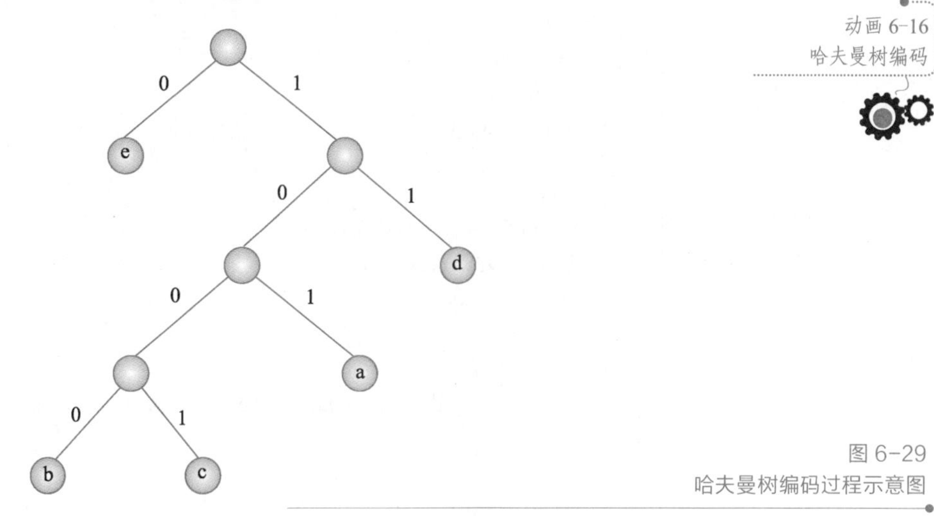


图 6-29
哈夫曼树编码过程示意图

编码结果：a 字符为 101，b 字符为 1000，c 字符为 1001，d 字符为 11，e 字符为 0。相反，如果给定一串编码 100010111，可以得到字符串 bad。

## 实例分析与实现

实例文档 6-1
家族中家谱设计

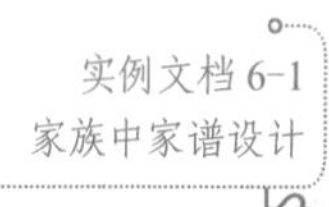

### 1. 实例分析

家族家谱属于树形结构，我们可以采用双亲表示法存储家谱数据，首先确定家族家谱中的总人数，根据人数定义结构体类型，每个结点应该包含姓名和双亲两个域，创建家谱就是输入姓名和双亲编号，创建家谱后的存储结构如图 6-30 所示。若输出某人的父亲，首先要输入某人姓名，找到此人后记录下双亲编号，再通过双亲编号输出父亲姓名；若输出某人的孩子，首先要输入某人姓名，找到此人后记录下此人对应的下标，再输出双亲等于该下标的孩子姓名。

图 6-30
家族家谱双亲表示法存储结构

| | 0 | 1 | 2 | 3 | 4 | 5 | 6 | 7 | 8 | 9 |
|---|---|---|---|---|---|---|---|---|---|---|
| 姓名 | 李丙方 | 李树林 | 李树河 | 李树涛 | 李丁香 | 李贵 | 李军 | 李刚 | 李雪 | … |
| 双亲 | –1 | 0 | 0 | 0 | 1 | 1 | 1 | 2 | 2 | … |

**2. 代码清单 6.1**

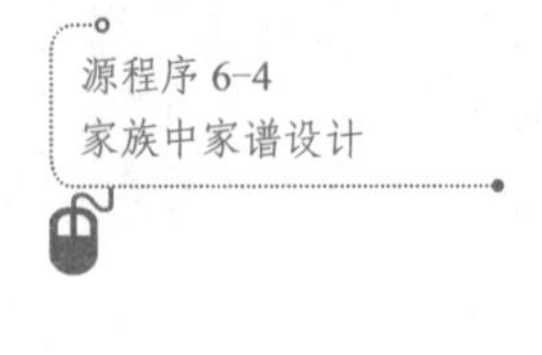

源程序 6-4
家族中家谱设计

笔 记

```
#include "stdio.h"
#include "string.h"
typedef struct
{
    char name[8];          //人员姓名
    int parent;            //父亲下标
  }PTreeNode;
typedef struct
{
   PTreeNode nodes[100];
   int n;                  //人员总数
}PTree;
PTree    people;           //全局变量
//创建家谱
void createTree()
{
    int i;
    printf("请输入家谱总人数:");
    scanf("%d",&people.n);
    for(i=0;i<people.n;i++)
    {
      printf("请输入姓名和父亲编号:");
      scanf("%s%d",people.nodes[i].name,&people.nodes[i].parent);
    }
}
//输出某人的父亲
void Parent()
{
    char nam[8];
    int parent,i;
    printf("请输入要查找的人员姓名(查找此人的父亲):");
    getchar();
    gets(nam);
    for(i=0;i<people.n;i++)
    {
       if(strcmp(people.nodes[i].name,nam) ==0)
       {
          parent=people.nodes[i].parent;
          if(parent==-1)
          {
             printf("此人为最高辈分!\n");
             break;
```

```
            }
            printf("此人的父亲为:%s\n",people.nodes[parent].name);
            break;
          }
       }
       if(i==people.n)
         printf("没有此人!\n");
   }
   //输出某人的孩子
   void Child()
   {
       char nam[8];
       int parent,i,j,tag=0;
       printf("请输入要查找的人员姓名(查找此人的孩子):");
       gets(nam);
       for(i=0;i<people.n;i++)
       {
          if(strcmp(people.nodes[i].name,nam)==0)
          {
            parent=i;
            for(j=i+1;j<people.n;j++)
            {
              if(people.nodes[j].parent==parent)
              {
                printf("此人的孩子为:%s \n",people.nodes[j].name);
                tag=1;     //有孩子
              }
            }
              if(tag==0)
                printf("此人没有孩子!\n");
                break;
          }
       }
       if(i==people.n)
          printf("没有此人!\n");
   }
   main()
   {

       createTree();          //调用创建家谱函数
       Parent();              //调用输出某人的父亲函数
       Child();               //调用输出某人的孩子函数
   }
```

**3. 结果验证**

结果验证如图 6-31 所示。

图 6-31
结果验证

## 知识拓展——数据加密与解密

实例文档 6-2
数据加密与解密

### 1. 内容介绍

日常工作中经常有一些重要的文件，为了保证安全性，通常需要对其进行加密处理，使用时再进行解密处理，例如，有一个文本文件 important.txt，如图 6-32 所示，内容由英文字母、英文逗号、英文句点、空格和回车符组成，要求加密的文件进行解密后与原文件要完全一致。

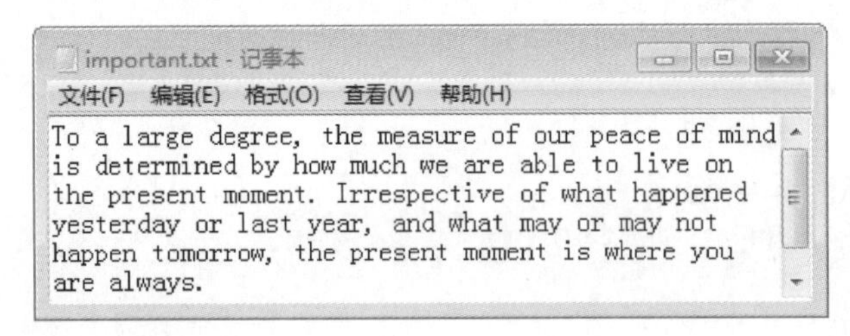


图 6-32
记事本示例

### 2. 算法设计

拓展阅读 5
大国工匠精神

采用哈夫曼树的方法实现对数据进行加密解密运算。首先，读取记事本中的内容，将每一个字符存储到一个字符数组中，将不同种类的字符存储到一个字符数组中，统计不同字符的个数，这样就确定了哈夫曼树中结点的总数，利用选择排序法对不同种类的字符进行从小到大排序；然后，统计每一个字符出现的次数（区分大小写字母），哈夫曼树进行初始化，并将每个结点权值（字符出现的次数）写入；最后，进行哈夫曼树的构建和编码，按照哈夫曼树的编码对文件进行加密和加密运算。

### 3. 代码清单 6.2

源程序 6-5
数据加密与解密

笔 记

```
#include "stdio.h"
#include "string.h"
#define n 56        //52个大小写字母、2个标点符号、1个空格、1个回车符
#define m 2*n-1  //哈夫曼树中结点总数最大值
#define max 10000
int n1,m1,size[n];
char charset[n];
char str[max+1],BM[max*n+1],str1[max+1];
typedef struct
{
    int weight;
    int lchild,rchild,parent;
}HtNode;
typedef HtNode HuffmanTree[m];
typedef struct
{
    char ch;
    char bits[n+1];
}CodeNode;
typedef CodeNode HuffmanCode[n];
//读取文件内容
void ReadFile()
{
    FILE *fp;
    char ch,temp;
    int i=0,j=0,k=0;
    fp=fopen("important.txt","r");              //打开文件
    if(fp==NULL)
    {
            printf("该文件不能打开!\n");
            return;
    }
    while((ch=fgetc(fp))!=EOF)
    {
            if(i==0) charset[j++]=ch;
            str[i++]=ch;
            for(k=0;k<j;k++)
                if(ch==charset[k])              //重复出现的字符
                    break;
            if(k==j)
              charset[j++]=ch;
    }
    fclose(fp);//关闭文件
    str[i]='\0';
    charset[j]='\0';
    for(i=0;i<n;i++)
```

```
            if(charset[i])
              n1++;                                      //统计不同字符个数
        m1=2*n1-1;                                       //哈夫曼树中结点的个数
        for(i=0;i<n1-1;i++)
        {
            k=i;
            for(j=i+1;j<=n1-1;j++)
                if(charset[j]<charset[k]) k=j;
            if(k!=i)
            {
                temp=charset[k];charset[k]=charset[i];charset[i]=temp;
            }
        }
        puts(charset);
    }
    //统计各个字符个数
    void Count()
    {
        int i;
        for(i=0;str[i];i++)
        {
            if(str[i] ==10)                              //判断属于回车符
                size[0]++;
            if(str[i] ==32)                              //判断属于空格
                size[1]++;
            if(str[i] ==44)                              //判断属于逗号
                size[2]++;
            if(str[i] ==46)                              //判断属于句号
                size[3]++;
            if(str[i]>=65&&str[i]<=90)                   //判断属于大写字母
                size[str[i]-65+4]++;
            if(str[i]>=97&&str[i]<=122)                  //判断属于小写字母
                size[str[i]-97+30]++;
        }
    }
    //哈夫曼树初始化
    void InitHuffmanTree(HuffmanTree T)
    {
        int i;
        for(i=0;i<m1;i++)
        {
            T[i].weight=0;
            T[i].lchild=-1;
            T[i].rchild=-1;
            T[i].parent=-1;
        }
    }
    //权值写入
```

```
void WriteWeight(HuffmanTree T)
{
    int i=0,j,k=0;
    for(i=0;i<n1;i++)
      for(j=k;j<n;j++)
          if(size[j])
          {
              T[i].weight=size[j];
              k=j+1;
              break;
            }
}
//选择两个权值最小的结点
void SelectMin(HuffmanTree T,int i,int *p1,int *p2)
{
    int min1=999999;
    int min2=999999;
    int j;
    for(j=0;j<=i;j++)
      if(T[j].parent==-1)
        if(T[j].weight<min1)
          {
            min2=min1;
            min1=T[j].weight;
            *p2=*p1;
            *p1=j;
          }
          else if(T[j].weight<min2)
          {

            min2=T[j].weight;
            *p2=j;
          }
}
//构建哈夫曼树
void CreateHuffmanTree(HuffmanTree T)
{
    int i,p1,p2;
    InitHuffmanTree(T);
    WriteWeight(T);
    for(i=n1;i<m1;i++)
    {
      SelectMin(T,i-1,&p1,&p2);
      T[p1].parent=T[p2].parent=i;
      T[i].lchild=p1;
      T[i].rchild=p2;
      T[i].weight=T[p1].weight+T[p2].weight;
    }
```

```
}
//哈夫曼树编码
void HuffmanEncode(HuffmanTree T,HuffmanCode H)
{
    int c,p,i;
    char cd[n+1];                  //存放编码
    int start;
    cd[n1]='\0';
    for(i=0;i<n1;i++)
    {
        H[i].ch=charset[i];
        start=n1;
        c=i;
        while((p=T[c].parent)>=0)
        {
            cd[--start]=(T[p].lchild==c)?'0':'1';
            c=p;
        }
        strcpy(H[i].bits,&cd[start]);
    }
}
//文件加密
void WriteFile(HuffmanCode H)
{
    FILE *fp;
    int i,j,k,s=0;
    for(i=0;str[i];i++)
        for(j=0;j<n;j++)
            if(str[i] ==H[j].ch)
            {
                for(k=0;H[j].bits[k];k++)
                    BM[s++]=H[j].bits[k];
            }
    BM[s]='\0';
    fp=fopen("jiami.txt","w");//打开文件
    if(fp==NULL)
    {
        printf("该文件不能打开!\n");
        return;
    }
    fprintf(fp,"%s",BM);
    fclose(fp);
}
//文本解密
void DecryFile(HuffmanTree T,HuffmanCode H)
{
    FILE *fp;
    char ch;
```

```
    int i=0,s=0;
    fp=fopen("jiami.txt","r");//打开文件
    if(fp==NULL)
    {
        printf("该文件不能打开!\n");
        return;
    }
    i=2*n1-2;
    while((ch=fgetc(fp))!=EOF)
    {
        if(ch=='0')
          i=T[i].lchild;
        if(ch=='1')
          i=T[i].rchild;
        if(i<n1)      //叶子结点
        {
            str1[s++]=H[i].ch;
            i=2*n1-2;
        }
    }
    fclose(fp);
    fp=fopen("jiemi.txt","w");//打开文件
    if(fp==NULL)
    {
      printf("该文件不能打开!\n");
      return;
    }
    fprintf(fp,"%s",str1);
    fclose(fp);
}
main()
{
    int i;
    HuffmanTree T;
    HuffmanCode H;
    ReadFile();
    printf("读取文本文件内容为:\n");
    puts(str);
    Count();
    CreateHuffmanTree(T);
    HuffmanEncode(T,H);
    WriteFile(H);
    printf("文件加密完成!\n");
    printf("加密后的文件内容为:\n");
    puts(BM);
    printf("每个字符编码为:\n");
    for(i=0;i<n1;i++)
        printf("%c\t\t%d\t\t%s\n",H[i].ch,T[i].weight,H[i].bits);
```

```
        DecryFile(T,H);
        printf("文件解密完成!\n");
        printf("解密后的文件内容为:\n");
        puts(str1);
    }
```

第 6 章
同步训练答案

## 同步训练

### 一、填空题

1. 若一个结点的度为 0，则称该结点为________。

2. 深度为 3 的二叉树最多有________个结点。

3. 一棵含有 50 个结点的二叉树，度为 0 的结点个数为 5 个，度为 1 的结点个数为_______。

4. 已知完全二叉树的第 4 层有两个结点，则其叶子结点数是_______。

5. 一棵哈夫曼树有 19 个结点，则其叶子结点的个数为_______。

6. 假设用<x,y>表示树的边（其中 x 是 y 的双亲），已知一棵树的边集为{<b,d>,<a,b>,<c,g>,<c,f>,<c,h>,<a,c>}，则该树的度是______。

### 二、选择题

1. 以二叉链表作为二叉树的存储结构，在具有 $n$ 个结点的二叉链表中（$n>0$），空链域的个数为（　　）。

A. $2n-1$　　B. $n-1$　　C. $n+1$　　D. $2n+1$

2. 下列陈述中正确的是（　　）。

A. 二叉树是度为 2 的有序树

B. 二叉树中结点只有一个孩子时无左、右之分

C. 二叉树中必有度为 2 的结点

D. 二叉树中最多只有两棵子树，并且有左、右之分

3. 下面不是完全二叉树的是（　　）。

A.

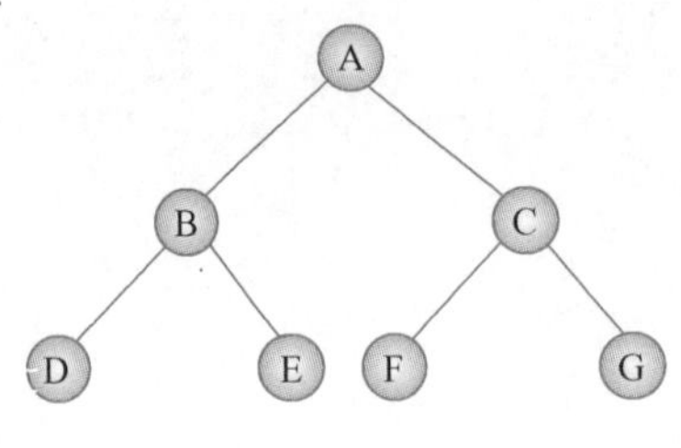


B.

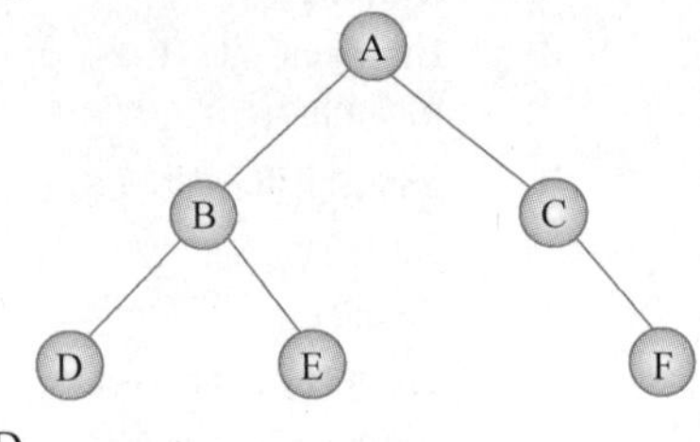


C.

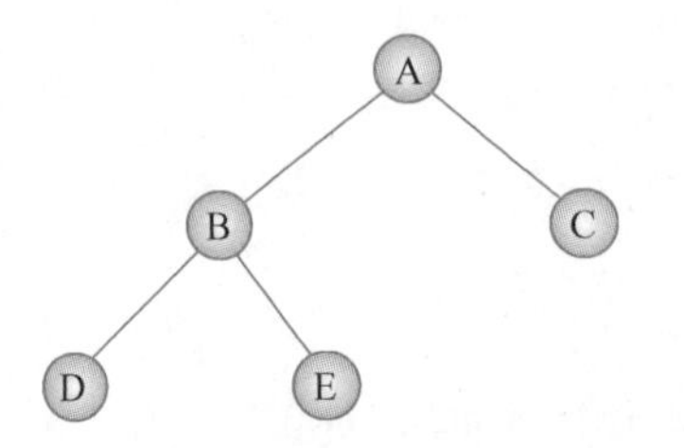


D.

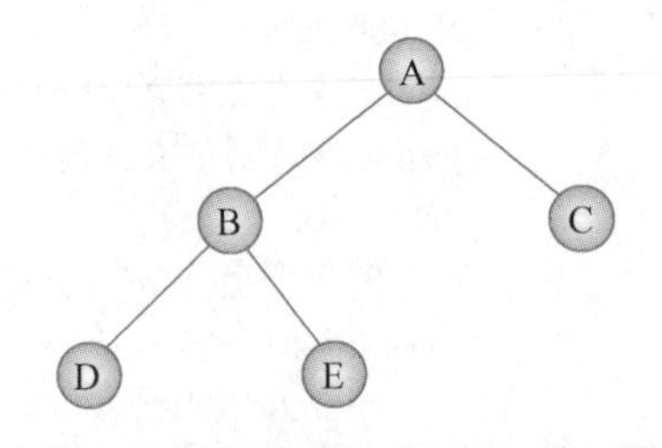

4. 将一棵有 100 个结点的完全二叉树从上到下、从左到右依次对结点进行编号，根结点的编号为 1，则编号为 49 的结点的左孩子编号为（　　）。

A. 99　　B. 98　　C. 48　　D. 50

5. 已知一棵二叉树的先序遍历序列为 EFHIGJK，中序遍历序列为 HFIEJGK，则该二叉树根的右子树的根是（　　）。

A. E　　B. F　　C. G　　D. J

6. 若由树转化得到的二叉树是非空的二叉树，则二叉树形状是（　　）。

A. 根结点无右子树的二叉树　　B. 根结点无左子树的二叉树

C. 根结点可能有左子树和右子树　　D. 各结点只有一个儿子的二叉树

7. 哈夫曼树是访问叶结点的带权路径长度（　　）的二叉树。

A. 最短　　B. 最长　　C. 可变　　D. 不定

## 三、应用题

1. 完成图 6-33 所示二叉树的先序、中序和后序遍历，并写出遍历结果。

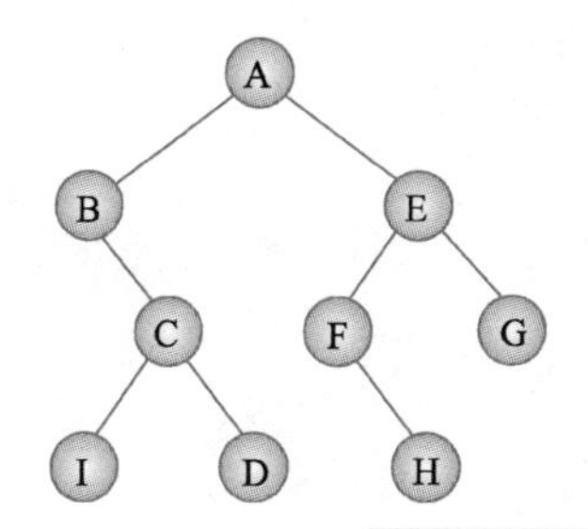


图 6-33
二叉树示例

2. 已知字符集合{A、B、C、D、E}，给定相应权值为 12，8，6，3，5，构造相应的哈夫曼树及编码。

3. 请画出图 6-33 所示二叉树对应的森林。

## 四、程序填空

利用二叉链存储方式建立一棵二叉树、转向（逆时针转向 90°）输出二叉树、输出先序、中序和后序遍历序列，并输出度为 1 的内结点个数，将下面的程序补充完整。运行该程序，输入一串字符数据：A,B,C,D,E,F,G,H,I…（19 个字符），写出运行结果。

```
typedef struct node
{ char data;
  struct node *lchild;
  struct node *rchild;
}BTreeNode,*BiTree;
void PrintBiTree(BiTree root,int n)
{ int i;
  if(root==NULL) return;
    PrintBiTree(root->rchild,n+1);
  for(i=0;i<n;i++) printf("      ");
  if(n>=0)
  { printf("---");

  ______________________________
  }
```

```
    PrintBiTree(root->lchild,n+1);
}
void CreateBiTree(BiTree *bt)
{ char ch;
  ch=getchar();
  if(ch==',')
     *bt=NULL;
  else
     {
       (*bt) ->data=ch;
       CreateBiTree(&((*bt) ->lchild));
       CreateBiTree(&((*bt) ->rchild));
     }
}
void PreOrder(BiTree root)
{ if(root!=NULL)
   { printf(" %c",root->data);
     PreOrder(root->lchild);
    ________________________
   }
}
void InOrder(BiTree root)
{ if(root!=NULL)
   { InOrder(root->lchild);
     printf(" %c",root->data);
     InOrder(root->rchild);
   }
}
void PostOrder(BiTree root)
{ if(root!=NULL)
   { PostOrder(root->lchild);
     PostOrder(root->rchild);
     printf(" %c",root->data);
   }
}
int datanum(BiTree t)
{    int n1,n2,n=0;
     if(t==NULL) return 0;
     else
        if(t->lchild==NULL&&t->rchild==NULL) n=1;
     n1=datanum(t->lchild);
     n2=datanum(t->rchild);

}
void main()
{ BiTree R;
   printf("\n 请输入数据串:");
   R=(BiTree)malloc(sizeof(BTreeNode));
```

```
    ___________________________
    printf("\n\n 树的图形 :\n\n");
    PrintBiTree(R,0);
    getchar();
    printf("\n 先序结果: ");
    PreOrder(R);
    printf("\n 中序结果: ");
    InOrder(R);
    printf("\n 后序结果: ");
    PostOrder(R);
    printf("\n\n 度为 1 的结果数量: ");
    printf("%d",datanum(R));
    getchar();
}
```

五、算法设计题

1. 设计一个算法，从二叉树中查找给定结点的双亲结点（二叉树采用链式存储结构）。

2. 设计一个算法，统计二叉树中结点的值小于 $a$ 的结点个数（二叉树采用链式存储结构）。

## 在线测试

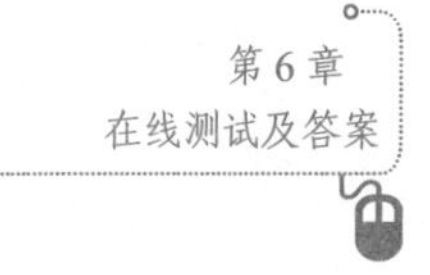

# 第 7 章　图的结构分析与应用

- 了解图的定义及基本术语。
- 熟练掌握图的邻接矩阵和邻接表的存储方法。
- 熟练掌握图的深度优先和广度优先遍历。
- 掌握最小生成树的实现方法：普里姆算法（Prim）和克鲁斯卡尔（Kruskal）算法。
- 掌握求单源最短路径的迪杰斯特拉（Dijkstra）算法。
- 掌握求每对顶点间最短路径的弗洛伊德（Floyd）算法。

第 7 章 学习目标

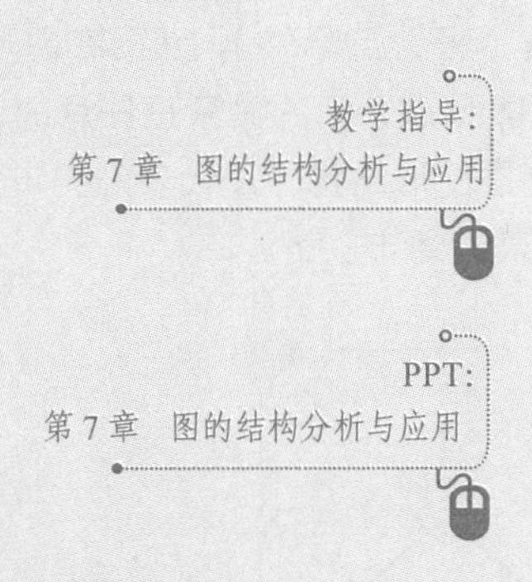

## 实例描述——高铁修建最经济方案设计

如图 7-1 所示的图中顶点表示城市，边表示两个城市之间修建高铁需要的费用（单位：百亿），假设城市之间没有修建任何高铁，那么为了把 $n$ 个城市连接起来，最多可修建 $n(n-1)/2$ 条高铁，最少可修建 $n-1$ 条高铁。如果考虑修建造价，而且还要保证每两个城市都可连通，那么如何选择 $n-1$ 条高铁线路，使得修建高铁的总造价最小呢?

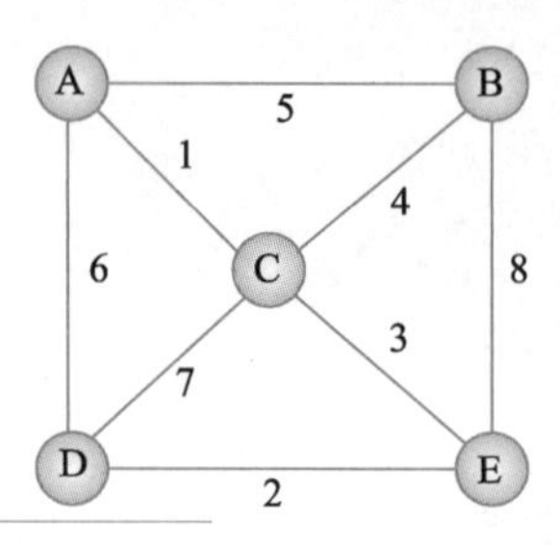


图 7-1
交通图示例

知识储备

## 7.1　图的概念及相关术语

图也是一种非线性结构，但和树相比结构更加复杂。在工程、数学、物理、人工智能和计算机科学等领域中，图结构有着广泛的应用。

在线性结构中，结点之间的关系是线性关系，除开始结点和终端结点外，每个结点只有一个直接前趋或直接后继。在树形结构中，结点之间的关系实质上是层次关系，同层上的每个结点可以和下一层的零个或多个结点（即孩子）相关，但只能和上一层的一个结点（即双亲）相关（根结点除外）。然而在图形结构中，对结点的前趋和后继个数都是不加限制的，即结点之间的关系是任意的，图中任意两个结点之间都可能相关。如图 7-2 所示就是图形结构，A 代表淮安市，B 代表盐城市，C 代表南京市，D 代表苏州市，E 代表南通市。

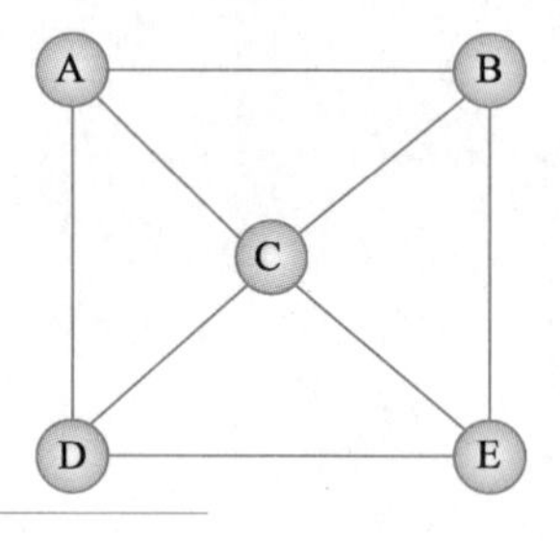


图 7-2
江苏省地图

### 7.1.1　图的概念

微课 7-1
图的概念

**1．图的定义**

图 G 由两个集合 V 和 E 组成，记为 G=(V，E)，其中 V 是顶点的有穷非空集合，E 是边的有穷集合。通常，也将图 G 的顶点集和边集分别记为 V(G)和 E(G)。若 E(G)为空，则图 G 只有顶点而没有边。图的示意图如图 7-3 所示。

**2. 无向图**

若图 G 中的每条边都是没有方向的，则称 G 为无向图。无向图中的边均是顶点的无序对，无序对通常用圆括号表示。因此，如图 7-3（a）所示，无序对（1，2）和（2，1）表示同一条边。图 7-3（a）是无向图，它们的顶点集和边集分别为：V(G)={1，2，3，4}；E(G)={（1，2），（1，3），（2，3），（2，4），（3，4）}。

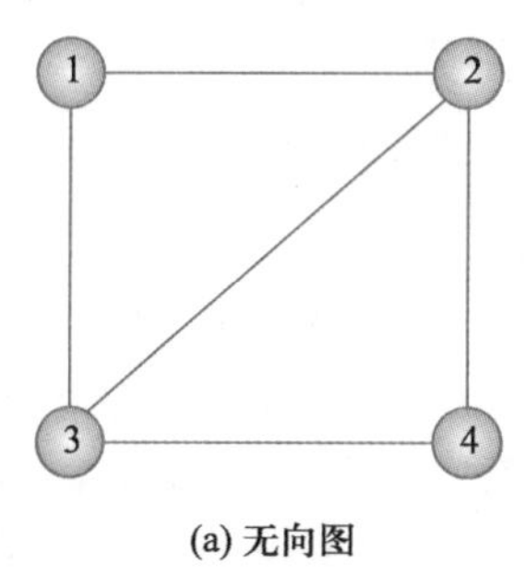


(a) 无向图

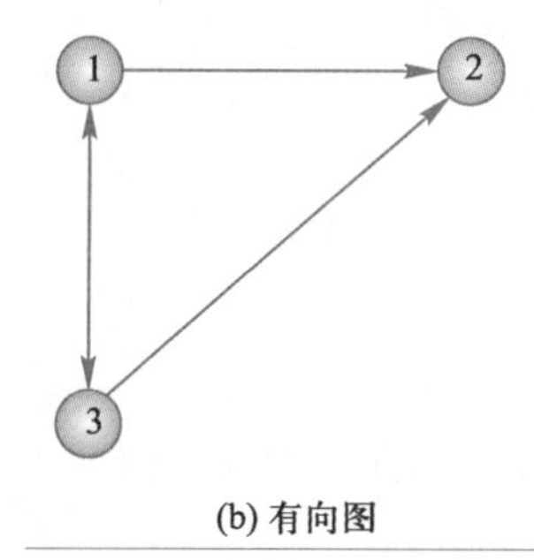


(b) 有向图

图 7-3
图的示例

**3. 有向图**

若图 G 中的每条边都是有方向的，则称 G 为有向图。在有向图中，一条有向边是由两个顶点组成的有序对，有序对通常用尖括号表示。如图 7-3 (b)所示，<1，3>表示一条有向边，1 是边的始点，3 是边的终点。因此，<1，3>和<3，1>是两条不同的有向边。有向边也称为弧（Arc），边的始点称为弧尾（Tail），终点称为弧头（Head）。图 7-3（b）是一个有向图，图中边的方向是用从始点指向终点的箭头表示的，该图的顶点集和边集分别为：V(G)={1，2，3}；E(G)={<1，2>，<1，3>，<3，2>，<3，1>}。

## 7.1.2 图的相关术语

微课 7-2
无向完全图和有向完全图

**1. 无向完全图**

在一个无向图中任意两个顶点之间均有边相连接，则称该图为无向完全图，显然，含有 $n$ 个顶点的无向完全图中有 $n(n-1)/2$ 条边。

**2. 有向完全图**

在一个有向图中任意两个顶点之间均有方向互为相反的两条边相连接，则称该图为有向完全图，显然，含有 $n$ 个顶点的有向完全图中有 $n(n-1)$条边。

**3. 顶点的度**

动画 7-1
顶点的度

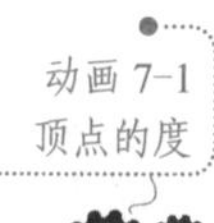

无向图中顶点 $V_i$ 的度是与该顶点相关联的边的数目，记为 TD($V_i$)。以图 7-3（a）为例，顶点 3 的度为 3，顶点 1 的度为 2。

若为有向图，则把以顶点 $V_i$ 为终点的边的数目，称为 $V_i$ 的入度，记为 ID($V_i$)，把以顶点 $V_i$ 为始点的边的数目，称为 $V_i$ 的出度，记为 OD($V_i$)；顶点 $V_i$ 的度则定义为该顶点的入度和出度之和，即 TD($V_i$)= ID($V_i$)+ OD($V_i$)。以图 7-3（b）为例，图中顶点 1 的度为 3，其中该顶点的入度为 1，出度为 2。

**4. 子图**

若图 G=(V，E)，G'=(V',E')，若 V'是 V 的子集，E'是 E 的子集，则称图 G'是 G 的一个子图。如图 7-4 和图 7-5 所示是图 7-3 的部分子图。

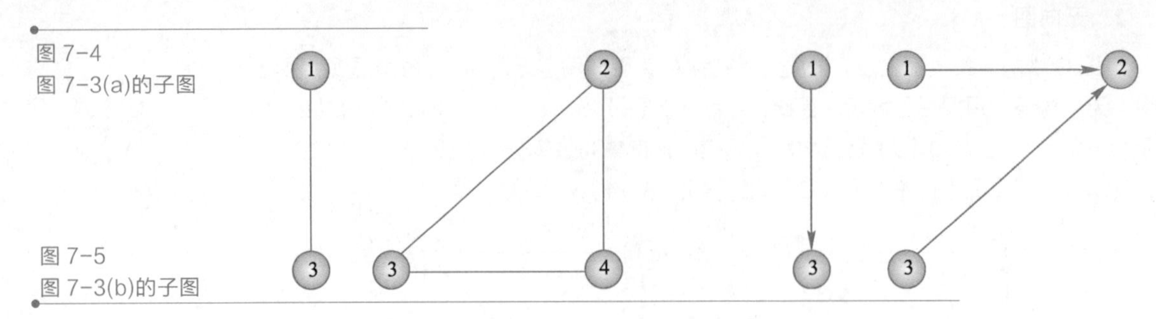

图 7-4
图 7-3(a)的子图

图 7-5
图 7-3(b)的子图

5. 路径、简单路径和回路

动画 7-2
路径、简单路径和回路

在无向图中，若顶点 $V_p$ 到顶点 $V_q$ 存在一个顶点序列 $V_p$，$V_1$，$V_2$，…，$V_i$，$V_q$，使得（$V_p$，$V_1$），（$V_1$，$V_2$），…，（$V_i$，$V_q$）均属于图中的边，则称 $V_p$ 到 $V_q$ 存在一条路径。若是有向图，若顶点 $V_p$ 到顶点 $V_q$ 存在一个顶点序列 $V_p$，$V_1$，$V_2$，…，$V_i$，$V_q$，使得<$V_p$，$V_1$>，<$V_1$，$V_2$>，…，<$V_i$，$V_q$>均属于图中的边，则称 $V_p$ 到 $V_q$ 存在一条路径。路径长度定义为该路径上边的数目。若 $V_p$ 到 $V_q$ 存在一条路径，此路径上除了 $V_p$ 和 $V_q$ 可以相同外，其余顶点均不相同，则称此路径为一条简单路径。起点与终点相同的简单路径称为简单回路或简单环。图 7-3（a）中顶点序列 1，2，3，4 是一条从顶点 1 到顶点 4 的长度为 3 的简单路径，顶点序列 1，2，4，3，1 是长度为 4 的简单回路。

微课 7-3
连通图和连通分量

6. 连通、连通图、连通分量

若从一个顶点到另一个顶点互有路径，则称两顶点是连通的。无向图中任意两顶点连通，则称该图为连通图，无向图的极大连通子图称为连通分量，连通图的连通分量就是本身，而非连通的无向图有多个连通分量。例如，图 7-3（a）所示是连通图，图 7-6 所示是非连通图，它的连通分量如图 7-7 所示。

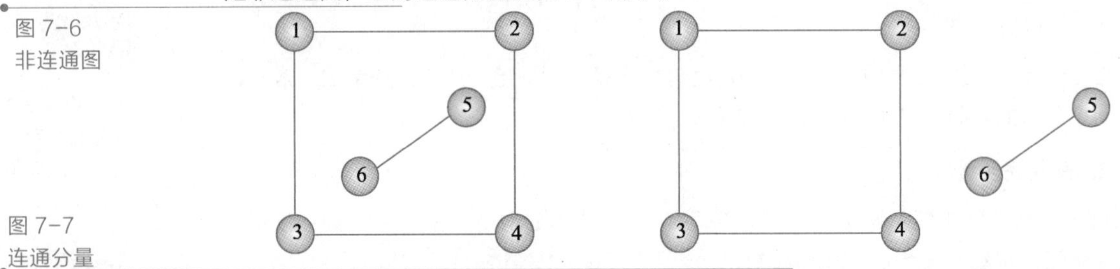

图 7-6
非连通图

图 7-7
连通分量

微课 7-4
强连通图和强连通分量

7. 强连通图和强连通分量

在有向图中任意两个顶点都连通，则称该图为强连通图，有向图的极大连通子图称为强连通分量，强连通图的强连通分量就是本身，而非强连通的有向图有多个强连通分量。例如，图 7-3（b）所示是非强连通图，它有两个强连通分量，如图 7-8 所示。

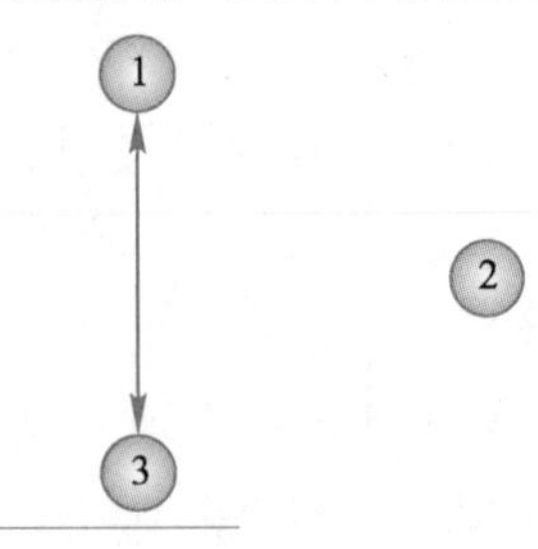

图 7-8
强连通分量

## 7.2 图的存储结构

图的存储方法有很多，但有两种主要的存储结构，分别是邻接矩阵表示法和邻接表表示法。为了适合 C 语言描述，本节顶点序号从 0 开始，即 $V(G)=\{V_0, V_1, V_2, \cdots, V_{n-1}\}$。

### 7.2.1 邻接矩阵表示法

微课 7-5
图的邻接矩阵表示法

邻接矩阵是表示顶点之间相邻关系的矩阵。设图 G 是具有 $n$ 个顶点的图，无论是有向图还是无向图，则 G 的邻接矩阵是具有如下性质的 $n$ 阶方阵：

$$A[i,j]=\begin{cases}1 & \text{若}(V_i, V_j)\text{或者}<V_i, V_j>\text{是图中的一条边}\\ 0 & \text{若}(V_i, V_j)\text{或者}<V_i, V_j>\text{不是图中的一条边}\end{cases}$$

如图 7-9 所示的无向图（a）和有向图（b）的邻接矩阵分别为 $A_1$ 和 $A_2$。

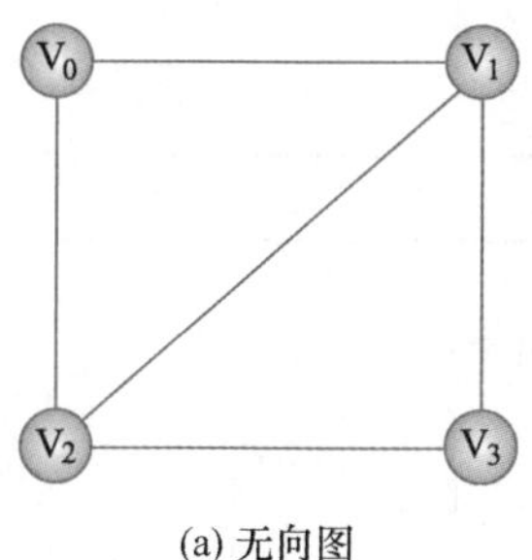

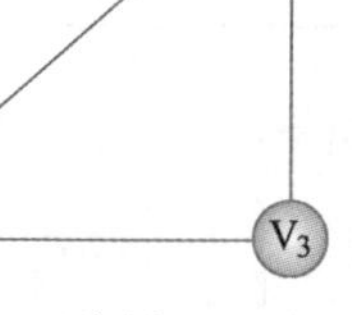

(a) 无向图　　(b) 有向图

图 7-9
无向图和有向图

$$A_1=\begin{pmatrix}0&1&1&0\\1&0&1&1\\1&1&0&1\\0&1&1&0\end{pmatrix}\qquad A_2=\begin{pmatrix}0&1&1\\0&0&0\\1&1&0\end{pmatrix}$$

以上考虑的是边的邻接矩阵表示法存储，利用二维数组就可以完成，但图还需要考虑到顶点的存储，还需要一个一维数组来完成。如图 7-10 所示为图 7-9（a）的顶点存储情况描述。

| 下标 | 0 | 1 | 2 | 3 |
|---|---|---|---|---|
| 数组vexs | $V_0$ | $V_1$ | $V_2$ | $V_3$ |

图 7-10
顶点存储

该结构的定义如下：

```
typedef struct
{
  VertexType vexs[Num];            // vexs 用于存放顶点信息，VertexType 为数据类型
  EdgeType edges[Num][ Num];   //邻接矩阵，存储边信息
  int n, e;   //分别代表图的顶点数和边数
}MGraph;   //结构体类型
```

无向图的建立算法如下：

源程序 7-1
无向图的邻接矩阵建立

```
void CreateMGraph(Mgraph *G)
{
    int i,j,k;
    scanf("%d,%d",&G->n,&G->e);       //输入顶点数和边数
```

```
    for(i=0;i<G->n;i++)
        G->vexs[i]=getchar();              //输入顶点信息
    for(i=0;i<G->n;i++)
        for(j=0;j<G->n;j++)
            G->edges[i][ j]=0;             //邻接矩阵初始化
    for(k=0;k<G->e;k++)
    {
        scanf("%d,%d",&i,&j);              //输入边的一对顶点序号
        G->edges[i][ j]=1;
        G->edges[j][ i]=1;
    }
}
```

假设代码运行后，输入 n,e 的值为 3,2；输入顶点的信息为 ABC；那么边的存储矩阵和顶点的存储数组的初始化状态分别为：

动画 7-3
邻接矩阵表示法

$$\begin{pmatrix} 0 & 0 & 0 \\ 0 & 0 & 0 \\ 0 & 0 & 0 \end{pmatrix}$$

| 下标 | 0 | 1 | 2 |
|---|---|---|---|
| 数组vexs | A | B | C |

当输入边的顶点序号 0,1 和 1,2 时，边的存储矩阵分别变为：

$$\begin{pmatrix} 0 & 1 & 0 \\ 1 & 0 & 0 \\ 0 & 0 & 0 \end{pmatrix} \qquad \begin{pmatrix} 0 & 1 & 0 \\ 1 & 0 & 1 \\ 0 & 1 & 0 \end{pmatrix}$$

注意：

当输入一对顶点序号时，矩阵中同时产生两个 1，因为无向图中 A 到 B 有一条边，同时 B 到 A 也有一条边。

## 7.2.2　邻接表表示法

微课 7-6
图的邻接表表示法

这种表示法类似于树的孩子链表表示法。邻接表是图的顺序存储与链式存储结合的存储方法，使用链表结构存储边的信息，链表的构成是将所有邻接于顶点 $V_i$ 的所有顶点连接成一个单链表，这个单链表就是顶点 $V_i$ 的邻接表，单链表的每个结点包含两部分信息：邻接顶点信息 adjvex（顶点的下标）和指向下一个邻接顶点指针 next。另外，还要使用一个一维数组来存储顶点的信息，数组元素包含两部分信息：顶点信息 vertex 和指向邻接表的指针 link。邻接表的结点结构如图 7-11（a）所示，一维数组元素的结点结构如图 7-11（b）所示。

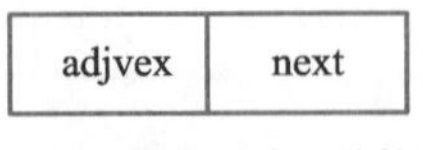


(a) 邻接表的结点结构

| vertex | link |
|---|---|

(b) 数组的结点结构

图 7-11
邻接表表示图的结点结构

图 7-9（a）和 7-9（b）的邻接表表示法分别如图 7-12（a）和 7-12（b）所示。

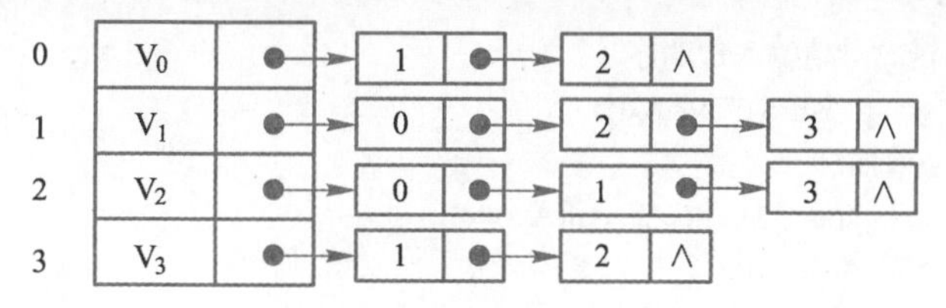

(a) 图7-9(a)无向图的邻接表表示法

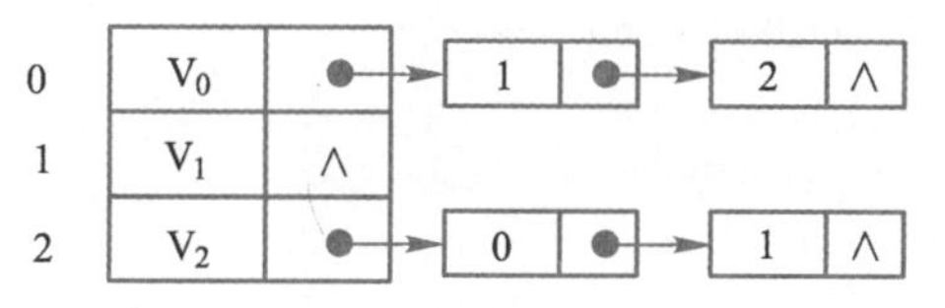

(b) 图7-9(b)有向图的邻接表表示法

图 7-12
邻接表表示法示意图

图的邻接表表示法使用 C 语言描述如下：

```
typedef struct node        //邻接表结点结构定义
{
    int adjvex;
    struct node *next;
}Anode;
typedef struct             //顶点数组元素结点结构定义
{
    char vertex;
    Anode * link;
}Vnode;
typedef struct
{
    Vnode adjlist[100];
    int vexnum,arcnum;
}Adjgraph;
```

源程序 7-2
无向图的邻接表建立

下面给出使用邻接表表示法存储无向图的算法：

```
Adjgraph creat()
{
  Anode *p;
  int i,s,d;
  Adjgraph ag;
  printf("请输入顶点和边的数量：");
  scanf("%d,%d",&ag.vexnum,&ag.arcnum);
  getchar();//吸收回车符
  for(i=0;i<ag.vexnum;i++)//输入顶点信息
  {
      printf("请输入点的值：");
      scanf("%c",&ag.adjlist[i]. vertex);
      getchar();
      ag.adjlist[i]. link =NULL;
  }
  for(i=0;i<ag.arcnum;i++)
  {
```

```
        printf("请输入边的序号：");
        scanf("%d,%d",&s,&d);
        //前插法
        p=(Anode *)malloc(sizeof(Anode));
        p-> adjvex =d;
        p->next=ag.adjlist[s]. link;
        ag.adjlist[s]. link =p;
        p=(Anode *)malloc(sizeof(Anode));
        p-> adjvex =s;
        p->next=ag.adjlist[d].link;
        ag.adjlist[d].link =p;
    }
    return ag;
}
```

图的邻接矩阵表示法是唯一的，但其邻接表表示法不是唯一的，因为邻接表表示法中，各个表结点的链接次序取决于建立邻接表的算法和输入次序。

动画 7-4
邻接表表示法

假设代码运行后，输入顶点和边的数量为 3,2；输入顶点值为 A、B 和 C；那么邻接表的初始化状态为：

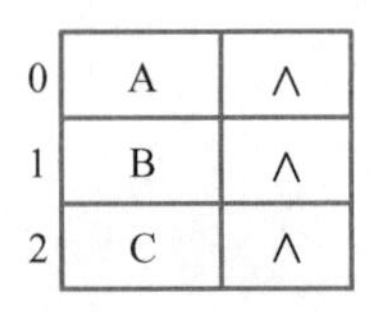


当输入边的序号 0，1 时，邻接表的状态改变为：

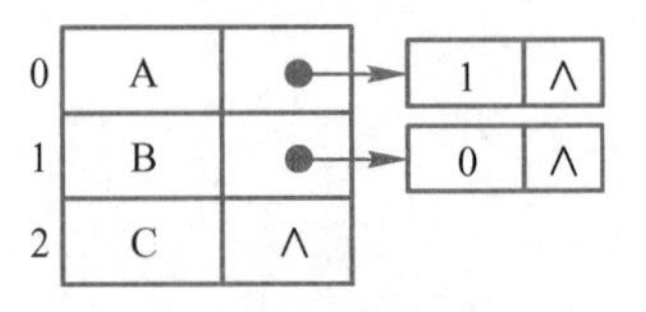

知识拓展 7-1
有向图逆邻接表存储

当输入边的序号 0，2 时，邻接表的状态改变为：

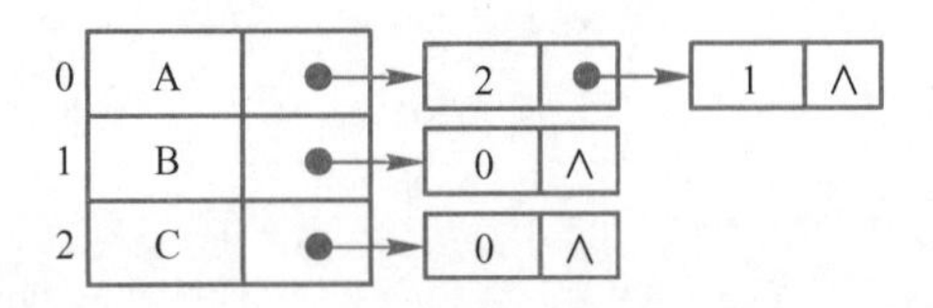


## 7.3　图的遍历

图的遍历是从某个顶点出发，沿着某条搜索路径对图中每个顶点各做一次且仅做一次访问。图中任何顶点都可作为遍历的初始出发点。此外，因为图中任一顶点都可能和其他顶点相邻接，故在访问了某顶点之后，又可能顺着某条回路又回到了该顶点。为了避免重复访问同一个顶点，必须记住每个已访问的顶点。为此，可设一布尔向量 visited[0..$n$–1]，其初值为假，一旦访问了顶点 $V_i$ 之后，便将 visited[$i$]置为真。虽然图有很多种遍历的方法，但最为重要的是深度优先遍历和广度优先遍历。它们对无向图和有向图均适用。下面讨论这两种遍历。

## 7.3.1　深度优先遍历（Depth First Traversal）

微课 7-7
图的深度优先遍历

下面举一个旅游路线规划的例子来说明深度优先遍历的概念及过程，如图 7-13 所示为旅游路线规划深度优先描述图，如果选择此旅游路线规划，那么可以选择从淮安出发，走青岛—烟台—大连—西安—开封—上海—苏州—扬州旅游路线，每一条路线尽量延伸到所有城市。

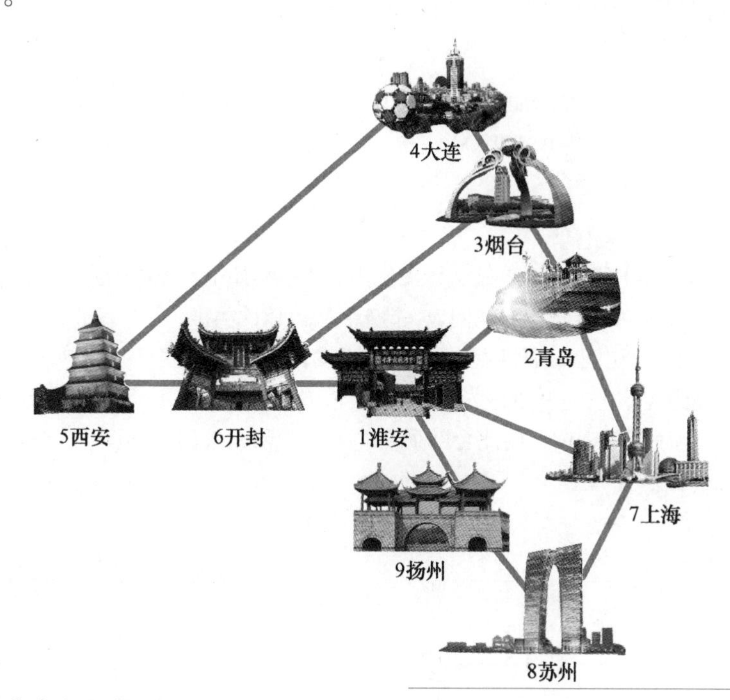


图 7-13
旅游路线规划深度优先描述图

深度优先遍历过程如下。

第 1 步：假设图 G 的初始状态是所有顶点均未被访问过，在 G 中任选一顶点作为出发点（源点）。

第 2 步：首先访问出发点 V，并将其标记为已访问过，然后依次从 V 出发搜索 V 的每个邻接点 W，若 W 未被访问过，则以 W 为新的出发点继续进行深度优先遍历，直至图中所有和源点 V 有路径相通的顶点均被访问为止。

第 3 步：若此时图中仍有未被访问的顶点（与 V 没有路径相通），则另选一个尚未访问的顶点作为新的源点重复上述过程，直至图中所有顶点均被访问为止。

显然，上述的深度优先遍历过程是递归的，递归算法如下：

源程序 7-3
无向图的深度优先遍历

```
int visited[vexnum];                    //全局变量
//深度优先遍历以邻接表表示的图 G，邻接矩阵表示类似
void dfstraverse(Adjgraph *G)
{
  int i;
  for(i=0;i<G->n;i++)
      visited[i]=0;                     //初始化都未曾访问过
  for(i=0;i<G->n;i++)
      if(visited[i]= =0)                //未曾访问过
          dfs(G,i);
```

```
}
void dfs(Adjgraph *G,int i)
{
    Anode *p;
    printf("%c",G->adjlist[i].vertex);       //访问顶点 Vi
    visited[i]=1;                             //标记已被访问
    p=G->adjlist[i].link;
    while(p!=NULL)
    {
        if(visited[p->adjvex]= =0)           //Vj 未曾访问过
            dfs(G,p->adjvex);
        p=p->next;                            //回溯
    }
}
```

如图 7-14（a）所示，无向图的深度优先遍历过程如下：先访问源点 $V_0$，然后访问 $V_0$ 的邻接点 $V_3$，再从 $V_3$ 出发，访问 $V_3$ 邻接点 $V_6$。以此类推，从 $V_6$ 出发，访问 $V_6$ 邻接点 $V_4$，从 $V_4$ 出发，访问 $V_4$ 邻接点 $V_7$，从 $V_7$ 出发，访问 $V_7$ 邻接点 $V_8$。这时 $V_8$ 没有邻接点，需要回溯到 $V_7$，访问 $V_7$ 的另一个邻接点 $V_5$，从 $V_5$ 出发，访问 $V_5$ 邻接点 $V_1$，从 $V_1$ 出发，访问 $V_1$ 邻接点 $V_2$，到此全部顶点访问完。因此该图的深度优先遍历结果为：$V_0,V_3,V_6,V_4,V_7,V_8,V_5,V_1,V_2$。

动画 7-5
图的深度优先遍历

动画 7-6
图的广度优先遍历

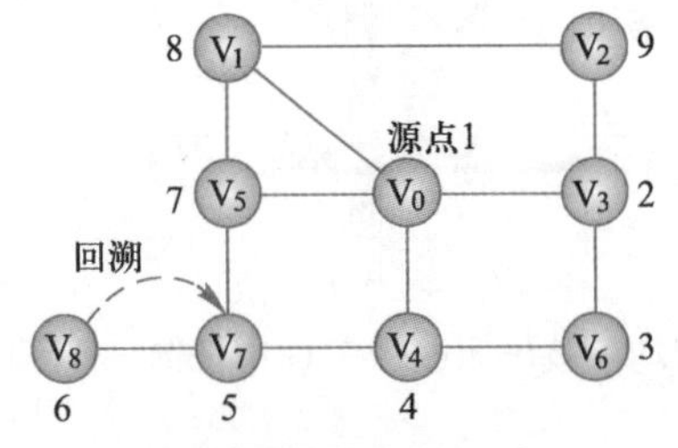


(a) 图的深度优先遍历示意图

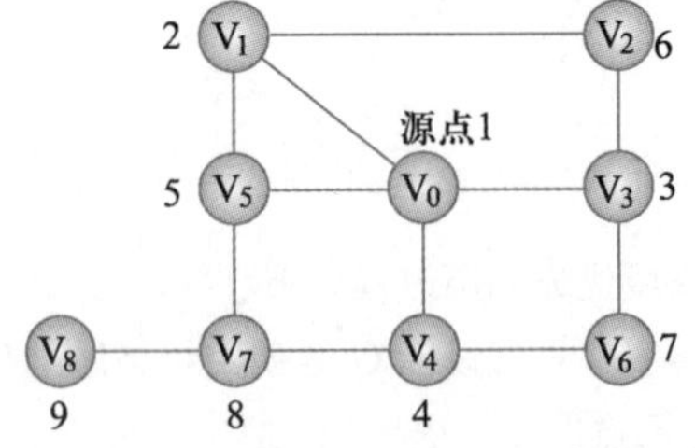


(b) 图的广度优先遍历示意图

图 7-14
图的遍历示意图

微课 7-8
图的广度优先遍历

### 7.3.2　广度优先遍历（Breadth First Traversal）

下面举一个旅游路线规划的例子来说明广度优先遍历的概念及过程，图 7-15 所示为旅游路线规划广度优先描述图，我们如果选择此旅游路线规划，那么应该选择从淮安出发，然后到青岛、开封、扬州、上海、烟台、西安、苏州和大连的旅游路线，尽量先旅游附近的城市，然后逐渐扩大范围。

广度优先遍历过程如下。

第 1 步：假设图 G 的初始状态是所有顶点均未曾访问过，在 G 中任选一顶点为出发点（源点）。

第 2 步：首先访问出发点 V，并将其标记为已访问过，然后依次从 V 出发搜索 V 的每个邻接点 $W_1$，$W_2$，…，$W_n$，然后再依次访问与 $W_1$，$W_2$，…，$W_n$ 邻接的所有未曾访问过的顶点，以此类推，直至图中所有和源点 V 有路径相通的顶点都已访问到为止。

第 3 步：若此时图中仍有未访问的顶点（与 V 没有路径相通），则另选一个尚未访问的顶点作为新的源点重复上述过程，直至图中所有顶点均已被访问为止。

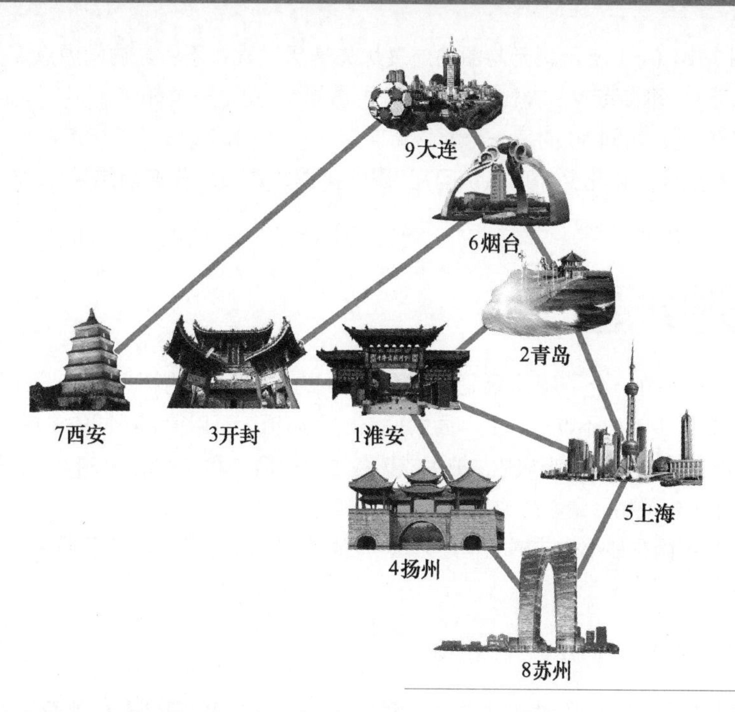


图 7-15
旅游路线规划广度优先描述图

广度优先遍历的算法如下：

源程序 7-4
无向图的广度优先遍历

```
//广度优先遍历以邻接表表示的图 G，邻接矩阵表示类似
void bfs(Adjgraph *G,int k)
{
    int i;
    CirQueue Q;                         //队列章节中有循环队列的知识介绍
    Anode *p;
    InitQueue(&Q);
    printf("%c",G->adjlist[k].vertex);  //访问顶点 Vk
    visited[k]=1;                       //标记已被访问
    EnQueue(&Q,k);                      //将访问过的顶点入队
    while(!QueueEmpty(&Q))
    {
      i=DeQueue(&Q);
      p=G->adjlist[i].link;             //找 Vi 的第一个邻接点
      while(p!=NULL)
      {
          if(visited[p->adjvex] ==0)
          {
              printf("%c",G->adjlist[p->adjvex].vertex);
              visited[p->adjvex]=1;     //标记已被访问
              EnQueue(&Q,p->adjvex);
          }
          p=p->next;                    //找 Vi 的下一个邻接点
      }
    }
}
```

如图 7-14（b）所示，无向图的广度优先遍历过程如下：先访问源点 $V_0$，然后访问 $V_0$ 的每一个邻接点 $V_1$、$V_3$、$V_4$ 和 $V_5$，再访问 $V_1$ 的每一个邻接点 $V_2$，访问 $V_3$ 的每一个邻接点 $V_6$，访问 $V_4$ 的每一个邻接点 $V_7$，$V_5$、$V_2$ 和 $V_6$ 没有邻接点，再访问 $V_7$ 的每一个邻接点 $V_8$，到此全部顶点访问完。因此该图的广度优先遍历结果为：$V_0$,$V_1$,$V_3$,$V_4$, $V_5$, $V_2$, $V_6$,$V_7$, $V_8$。

## 7.4　最小生成树

连通图 G 的一个子图如果是一棵包含 G 的所有顶点的树，则该子图称为 G 的生成树。图的生成树不唯一，从不同的顶点出发遍历，可以得到不同的生成树。对于连通的带权图其生成树也是带权的。把生成树各边的权值总和称为该树的权，将权最小的生成树称为最小生成树，最小生成树可简记为 MST。

下面介绍两种最小生成树的构造方法：普里姆（Prim）算法和克鲁斯卡尔（Kruskal）算法。

微课 7-9
普里姆方法实现最小生成树

### 7.4.1　普里姆（Prim）算法

该算法以图 G 中的顶点作为集合不断扩充，直到集合中包含图 G 所有顶点为止。具体过程如下。

第 1 步：选择一个顶点 $V_i$ 作为源点，并纳入集合{$V_i$}。

第 2 步：选择与 $V_i$ 邻接的顶点中，与 $V_i$ 构成所有边中权值最小的顶点 $V_j$ 并纳入集合{$V_i$，$V_j$}。

第 3 步：选择与 $V_i$ 或者 $V_j$ 邻接的顶点中，与 $V_i$ 或者 $V_j$ 构成所有边中的权值最小的顶点 $V_w$ 并纳入集合{$V_i$，V，$V_w$}。

动画 7-7
普里姆最小生成树

第 4 步：重复执行第 3 步，直到集合中包含图 G 所有顶点为止（不允许出现回路）。

例如图 7-16 所示为图 7-1 利用普里姆算法实现最小生成树的过程。

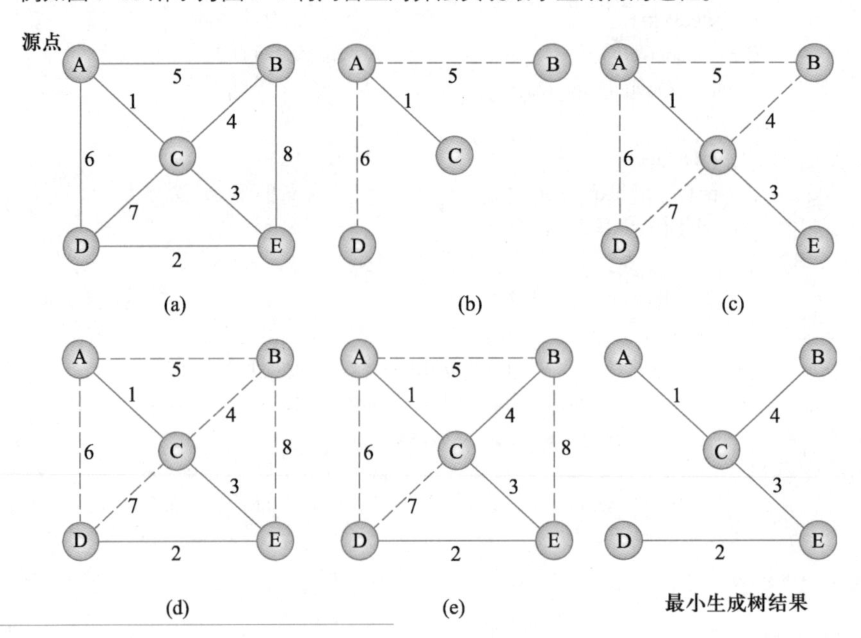


图 7-16
普里姆算法的实现过程

### 7.4.2 克鲁斯卡尔（Kruskal）算法

该算法以图 G 中的边作为集合不断扩充，直到边集合中包含图 G 所有顶点为止。具体过程如下。

第 1 步：选择一条权值最小的边，并纳入集合{E1}。

第 2 步：在剩下的边当中再选择一条权值最小的边，并纳入集合{E1，E2}。

第 3 步：重复执行第 2 步，直到边集合中已经包含图 G 所有顶点为止（不允许出现回路）。

微课 7-10
克鲁斯卡尔方法实现最小生成树

例如图 7-17 所示为图 7-1 利用克鲁斯卡尔算法实现最小生成树的过程。

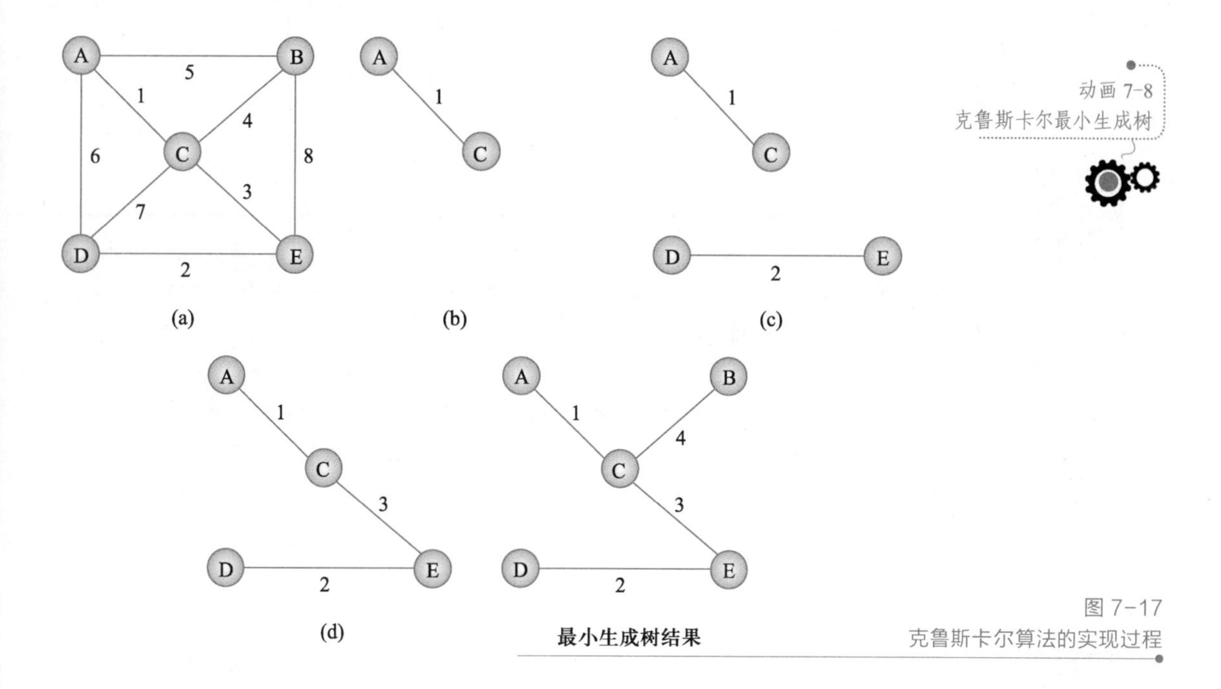


图 7-17
克鲁斯卡尔算法的实现过程

## 7.5 最短路径

### 7.5.1 单源最短路径

微课 7-11
迪杰斯特拉单源最短路径算法

单源最短路径是在有向网中，从某个源点 $V_0$ 出发到其他各个顶点的最短路径。单源最短路径是图的一项重要应用。例如，在城市交通中，行程时间可能会受到天气、道路等因素影响，那么要求从一个城市到达其他城市所需要的时间最短，即求单源最短路径问题。下面介绍解决这一问题的算法，即由迪杰斯特拉（Dijkstra）提出的一个按路径长度递增的次序产生最短路径的算法。

动画 7-9
迪杰斯特拉最短路径

图 7-18 是一个有向网，表 7-1 给出了以 1 为源点，利用 Dijkstra 算法求 1 到其他各顶点的最短路径的全过程及各数据结构的变化情况。

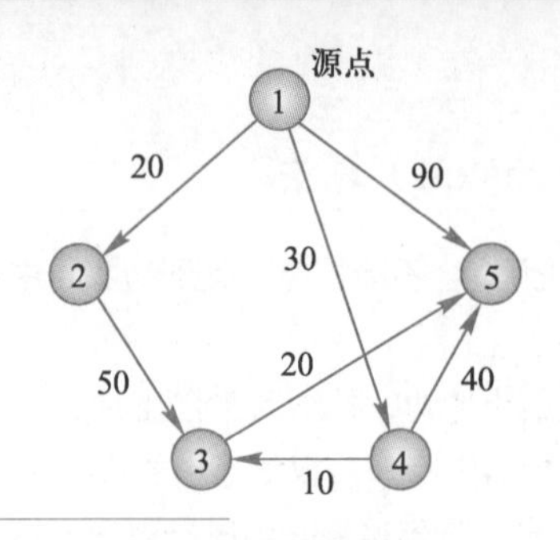


图 7-18
有向网示意图

表 7-1
用 Dijkstra 算法求单源最短路径的过程

| 循 环 | S | W | d[2] d[3] d[4] d[5] | | | | pre[2] pre[3] pre[4] pre[5] | | | |
|---|---|---|---|---|---|---|---|---|---|---|
| 初始化 | {1} | – | **20** | ∞ | 30 | 90 | 1 | 1 | 1 | 1 |
| 1 | {1,2} | 2 | 20 | 70 | **30** | 90 | 1 | 2 | 1 | 1 |
| 2 | {1,2,4} | 4 | 20 | **40** | 30 | 70 | 1 | 4 | 1 | 4 |
| 3 | {1,2,4,3} | 3 | 20 | 40 | 30 | **60** | 1 | 4 | 1 | 3 |
| 4 | {1,2,4,3,5} | 5 | 20 | 40 | 30 | 60 | 1 | 4 | 1 | 3 |

知识拓展 7-2
AOE-网的相关概念

初始时集合 S 中只包含源点 1，数组 d[*i*]各单元存储的是 1 直接到其他各顶点的距离，pre[*i*]的值均为 1，即当前最短路径的前驱结点都是 1，表中没有列出 d[1]和 pre[1]，是因为不需要求 1 到 1 的最短路径。

第 1 次循环，从 d 数组中选取最小值 20，将对应的下标号 2 赋予 W，并将 W 加入集合 S，此时 S={1,2}，说明 1 到 2 最短路径已经找到，之后看是否需要修改 d 和 pre 数组其他单元的值，d[3]原值为∞，即从 1 到 3 没有路径相通，如果从 1→2→3,路径变为 70，d[3]值变为 70，同时修改 pre[3]为 2，则表示 1 到 3 当前最短路径上 3 的前驱结点是 2；使用同样的方式，1→2→4 路径长度为∞，所以 d[4]不用修改，pre[4]也不用修改，1→2→5 路径长度为∞，所以 d[5] 不用修改，pre[5]也不用修改。

知识拓展 7-3
事件的最早开始时间

第 2 次循环，从 d 数组中选取剩下单元中的最小值 30，将对应的下标号 4 赋予 W，并将 W 加入集合 S，此时 S={1,2,4}，说明 1 到 4 最短路径已经找到，之后看是否需要修改 d 和 pre 数组其他单元的值，d[3]原值为 70，如果从 1→4→3,路径变为 40，则 d[3]值变为 40，pre[3]的值变为 4，使用同样的方式，1→4→5 路径长度为 70，所以 d[5]的值变为 70，pre[5] 的值变为 4。

知识拓展 7-4
事件的最迟开始时间

第 3 次循环，从 d 数组中选取剩下单元中的最小值 40，将对应的下标号 3 赋予 W，并将 W 加入集合 S，此时 S={1,2,4,3}，说明 1 到 3 的最短路径已经找到，之后看是否需要修改 d 和 pre 数组其他单元的值，d[5]原值为 70，如果从 1→4→3→5，路径变为 60，则 d[5]值变为 60，pre[5]的值变为 3。

第 4 次循环，从 d 数组中选取剩下单元中的最小值 60，将对应的下标号 5 赋予 W，并将 W 加入集合 S，此时 S={1,2,4,3,5}，说明 1 到 5 最短路径已经找到，至此经过 4 次循环，将源点 1 到其他各顶点的最短路径均找到，算法结束。

微课 7-12
弗洛伊德顶点间最短路径算法

### 7.5.2　每一对顶点之间的最短路径

求每一对顶点之间的最短路径，有两种方法：一是每次以图中的一个顶点作为源点，

调用 $n$ 次 Dijkstra 算法；另一种方法是采用弗洛伊德（Floyd）算法，该算法比较简单，易于理解。

Floyd 算法如下。

首先设立两个矩阵，矩阵 path 表示路径，矩阵 D 表示路径长度。初始时，D 矩阵就是有向网的邻接矩阵，即顶点 $V_i$ 到顶点 $V_j$ 的最短路径长度 $D[i][j]$就是弧$<V_i,V_j>$所对应的权值，将其记为 $D^{(-1)}$,其数组元素不一定是 $V_i$ 到 $V_j$ 的最短路径，还需要进行 $n$ 次试探。

在矩阵 $D^{(-1)}$的基础上，对于从顶点 $V_i$ 到 $V_j$ 的最短路径，首先考虑让路径经过顶点 $V_0$，比较$<V_i, V_j>$和$<V_i, V_0, V_j>$的路径长度，取其小值作为当前求得的最短路径。对每一对顶点都做这样的试探，可求得矩阵 $D^{(0)}$。然后在 $D^{(0)}$ 的基础上，让路径通过 $V_1$，得到新的矩阵 $D^{(1)}$。以此类推，如果顶点 $V_i$ 到 $V_j$ 的路径经过顶点 $V_k$ 使得路径缩短，则修改 $D^{(k)}[i][j]=D^{(k-1)}[i][k]+D^{(k-1)}[k][j]$，所以 $D^{(k)}[i][j]$就是当前求得的从顶点 $V_i$ 到 $V_j$ 的最短路径。这样经过 $n$ 次试探，最后求得的矩阵 $D^{(n-1)}$ 就一定是各顶点间的最短路径。

再来看最短路径的顶点序列如何求得。矩阵 path 是用来存储最短路径上的顶点信息的。矩阵 path 初始时都赋值为-1，表示 $V_i$ 到 $V_j$ 的最短路径是直接可达的。以后，当考虑路径经过某个顶点 $V_k$ 时，如果使路径更短，在修改 $D^{(k-1)}[i][j]$的同时修改 $path[i][j]$为 $k$。那么如何求得从 $V_i$ 到 $V_j$ 最短路径的顶点序列呢？设经过 $n$ 次探查后，$path[i][j]=k$，即从 $V_i$ 到 $V_j$ 的最短路径经过顶点 $V_k$，该路径上还有哪些顶点呢？需要去查看 $path[i][k]$ 和 $path[k][j]$，以此类推，直到所查元素为-1 为止。

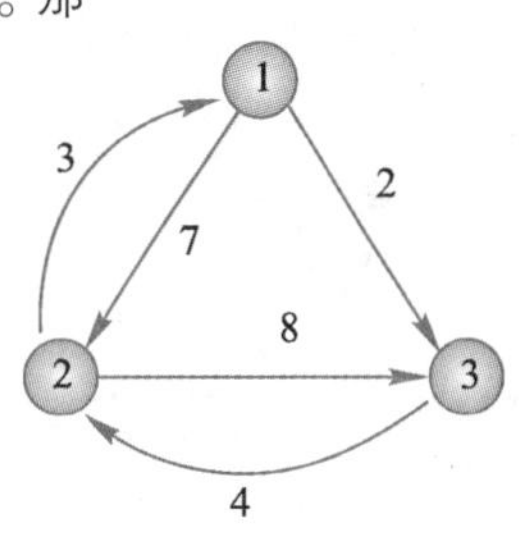


图 7-19
有向网示意图

如图 7-19 所示是一个有向网，采用 Floyd 算法求每对顶点间的最短路径，矩阵 D 和矩阵 path 变化情况如图 7-20 所示。

由图 7-20 可知，矩阵 D(2)中即为求得的最短路径，结果为：1→3→2 最短路径为 6；1→3 最短路径为 2；2→1 最短路径为 3；2→1→3 最短路径为 5；3→2→1 最短路径为 7； 3→2 最短路径为 4。

动画 7-10
Floyd 算法

$$D^{(-1)}=\begin{bmatrix}\infty & 7 & 2\\ 3 & \infty & 8\\ \infty & 4 & \infty\end{bmatrix}\qquad path^{(-1)}=\begin{bmatrix}-1 & -1 & -1\\ -1 & -1 & -1\\ -1 & -1 & -1\end{bmatrix}$$

$$D^{(0)}=\begin{bmatrix}\infty & 7 & 2\\ 3 & \infty & 5\\ \infty & 4 & \infty\end{bmatrix}\qquad path^{(0)}=\begin{bmatrix}-1 & -1 & -1\\ -1 & -1 & 1\\ -1 & -1 & -1\end{bmatrix}$$

$$D^{(1)}=\begin{bmatrix}\infty & 7 & 2\\ 3 & \infty & 5\\ 7 & 4 & \infty\end{bmatrix}\qquad path^{(1)}=\begin{bmatrix}-1 & -1 & -1\\ -1 & -1 & 1\\ 2 & -1 & -1\end{bmatrix}$$

$$D^{(2)}=\begin{bmatrix}\infty & 6 & 2\\ 3 & \infty & 5\\ 7 & 4 & \infty\end{bmatrix}\qquad path^{(2)}=\begin{bmatrix}-1 & 3 & -1\\ -1 & -1 & 1\\ 2 & -1 & -1\end{bmatrix}$$

图 7-20
Floyd 算法执行过程图

源程序 7-5
Floyd 最短路径算法

笔 记

最短路径的 Floyd 算法如下：

```
//图的结构体
typedef struct
{
    int vexs[Maxsize];                //Maxsize 为顶点数量
    int arcs[Maxsize][Maxsize];
    int vexnum,arcnum;
}mgraph;
int path[Maxsize][Maxsize];
//利用邻接矩阵创建图
void create_net(mgraph *g)
{
   int i,j,k,n;
   printf("请输入顶点数和边数:");
   scanf("%d,%d",&i,&j);
   g->vexnum=i;
   g->arcnum=j;
   for(i=1;i<=g->vexnum;i++)              //输入顶点信息
   {
       printf("第%d 个顶点的信息:",i);
       scanf("%d",&g->vexs[i]);
   }
   for(i=1;i<=g->vexnum;i++)              //初始化矩阵
       for(j=1;j<=g->vexnum;j++)
         g->arcs[i][j]=999;          //假设 999 就是矩阵中的∞
   for(k=1;k<=g->arcnum;k++)              //输入边的信息和权值
   {
       printf("输入第%d 条边的起点和终点的编号:",k);
       scanf("%d,%d",&i,&j);
       printf("输入边<%d,%d>的权值",i,j);
       scanf("%d",&n);
       g->arcs[i][j]=n;
   }
}
//用递归实现遍历路径
void putpath(int i,int j)
{
    int k;
    k=path[i][j];
    if(k==-1)                               //没有中间点
        return;
    putpath(i,k);
    printf("%d->",k);
    putpath(k,j);
}
//求最短路径
void minpath(mgraph *g)
{
```

```
    int d[5][5],i,j,k;
     for(i=1;i<=g->vexnum;i++)
         for(j=1;j<=g->vexnum;j++)
         {
             d[i][j]=g->arcs[i][j];
             path[i][j]=-1;
         }
     for(k=1;k<=g->vexnum;k++)  //以 1、2....为中间点
     {
         for(i=1;i<=g->vexnum;i++)
             for(j=1;j<=g->vexnum;j++)
              if((d[i][k]+d[k][j]<d[i][j])&&(i!=j)&&(i!=k)&&(j!=k))//递推
              {
                  d[i][j]=d[i][k]+d[k][j];
                  printf("%d",d[i][j]);
                  path[i][j]=k;             //记录最短路径经过的结点
              }
     }
     printf("\n 输出最短路径:\n");
     for(i=1;i<=g->vexnum;i++)
         for(j=1;j<=g->vexnum;j++)
         {
             if(i==j)
               continue;
             printf("%d->",i);
             putpath(i,j);
             printf("%d",j);
             printf("最短路径为:%d\n",d[i][j]);
         }
}
main()
{
   mgraph net,*g;
   g=&net;
   create_net(g);
   minpath(g);
}
```

知识拓展 7-5

AOV-网的定义

知识拓展 7-6

AOV-网-拓扑排序

## 实例分析与实现

实例文档 7-1
高铁修建最经济方案

### 1. 实例分析

对修建所有城市间高铁的费用进行预算后，为了降低成本节省费用，要设计最经济的建设方案，应该尽量减少修建高铁的条数，但又要保证所有城市都能连通，那么必须修建 $n-1$ 条高铁线路，而且总费用还要最低。在此我们通过普里姆方法生成最小生成树来实现高铁修建最经济方案。用普里姆方法生成最小生成树的过程参见图 7-16 所示，在此不再介绍具体过程。具体算法如下，首先，采用邻接矩阵方法存储图；然后定义一个辅助数

组，用来存储从 U 集合中某顶点出发到其他顶点边上的权值，以及存储该边依附在 U 中的顶点下标；最后实现普里姆方法生成最小生成树的算法。

**2. 代码清单 7.1**

源程序 7-6
高铁修建最经济方案

笔 记

```
#include "stdio.h"
#define MAX 1000              //单位百亿元
typedef struct
{
    char vexs[10][8];    //存放城市名称，最多包含 10 个城市
    int edges[10][10];   //存储每条高铁建设费用
    int n,e;             //分别代表图的顶点数和边数
}Mgraph;
struct
{
    int lowcost;              //存储该边上的权值
    int vex;             //存储该边依附在 U 中的顶点下标
}CloseEdge[10];          //辅助数组
//创建高铁建设网
void CreateMGraph(Mgraph *G)
{
    int i,j,k,w;
    printf("请输入城市个数和修建的高铁条数:");
    scanf("%d,%d",&G->n,&G->e);
    for(i=0;i<G->n;i++)
    {
        printf("请输入第%d 个城市名称:",i+1);
        scanf("%s",G->vexs[i]);
    }
    printf("各城市序号为:\n");
    for(i=0;i<G->n;i++)
        printf("%s:%d\t",G->vexs[i],i+1);
    printf("\n");
    for(i=0;i<G->n;i++)         //邻接矩阵初始化
    {
     for(j=0;j<G->n;j++)
      G->edges[i][j]=MAX;          //假设建设费用为最大
     G->edges[i][i]=0;          //到本身的费用为 0
    }
    for(k=0;k<G->e;k++)        //建立邻接矩阵
    {
      printf("请输入建设第%d 条高铁两个城市序号及建设费用:",k+1);
      scanf("%d,%d,%d",&i,&j,&w);  //输入边的一对顶点序号
      G->edges[i-1][j-1]=w;
      G->edges[j-1][i-1]=w;
    }
}
//求最小距离值，返回下标
```

```
int MinValue(int n)
{
  int j,k;
  for(j=0;j<n;j++)
   if(CloseEdge[j].lowcost>0)
   {
      k=j;break;
   }
  for(j=0;j<n;j++)
   if(CloseEdge[j].lowcost>0&&CloseEdge[j].lowcost<CloseEdge[k].lowcost)
      k=j;
  return k;
}
//用普里姆方法构建最小生成树
void Prim(Mgraph *G,int u)
{
    int cc=0,pp[20];//pp 记录最小生成树中边的下标
    int k=0,i,j,s1;
    for(i=0;i<G->n;i++)
    {
       CloseEdge[i].vex=u;
       CloseEdge[i].lowcost=G->edges[u][i];
    }
    CloseEdge[u].lowcost=0;
    for(i=1;i<G->n;i++)        //最小生成树的 G->n-1 条边
    {
       k=MinValue(G->n);
       s1=CloseEdge[k].vex;       //边(s1,k)是一条权值最小的边
       CloseEdge[k].lowcost=0; //将顶点 k 加入到 U 中
       pp[cc++]=s1;
       pp[cc++]=k;
       for(j=0;j<G->n;j++)
         if(G->edges[k][j]<CloseEdge[j].lowcost)
         {
             CloseEdge[j].lowcost=G->edges[k][j];
             CloseEdge[j].vex=k;
         }
    }
    printf("高铁建设最经济方案为:\n");
    for(i=0;i<2*(G->n-1);i=i+2)
         printf("应建设高铁:%s<=>%s,费用:%d\n", G->vexs[pp[i]],
         G->vexs[pp[i+1]],G->edges[pp[i]][pp[i+1]]);
}
main()
{
   Mgraph G;
   CreateMGraph(&G);
   Prim(&G,0);
}
```

### 3. 结果验证

结果验证如图 7-21 所示。

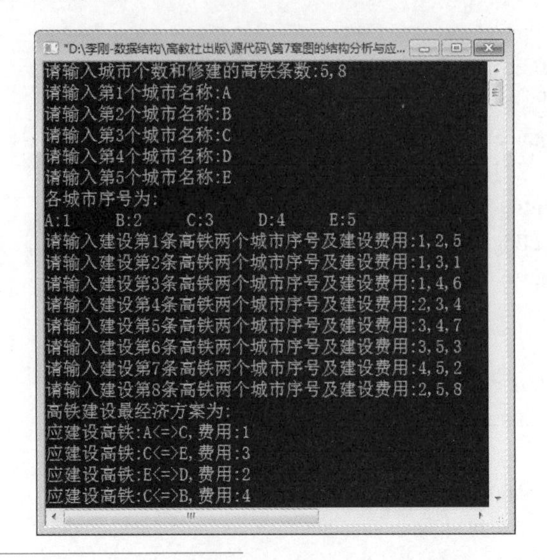


图 7-21
结果验证

## 知识拓展——旅游交通图最短路线问题

实例文档 7-2
旅游交通图最短路线问题

### 1. 内容介绍

随着人们经济条件和生活水平的提高，外出旅游的人越来越多，考虑到时间因素，大部分人会选择花费时间最短的旅游路线，为了实现本功能，本案例开发旅游交通图最优查询系统设计。此案例利用数据结构中最短路径算法，采用 C 语言实现系统设计。为了达到较好的教学效果，部分功能简化，只考虑节省时间，不考虑路费。假设存在如图 7-22 所示旅游交通图，城市间的路线标有需要花费的时间(单位：小时)。

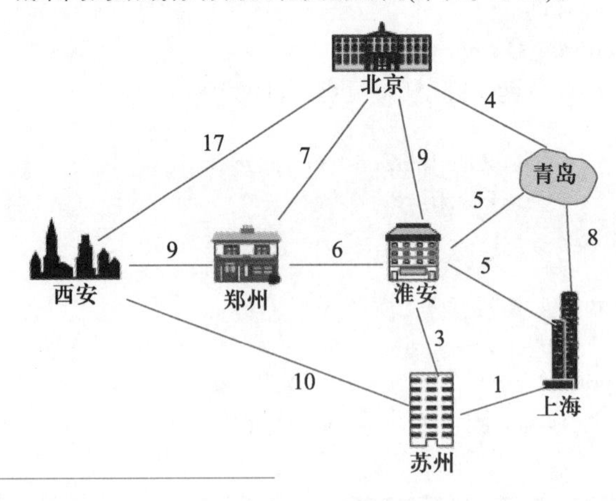


图 7-22
旅游交通图

### 2. 算法设计

要实现旅游交通图功能，首先定义交通图结构体类型。结构体成员包括存储城市名称的二维数组、存储在每条道路行驶花费的时间的二维数组、城市数量和道路数量，数组大小满足旅游交通图要求即可。然后利用图的邻接矩阵表示法依次输入城市数量和道路数量。最后输入城市名称和在每条道路行驶花费的时间。

要实现最短时间旅游路线求解功能，首先利用 Floyd 算法，求出旅游交通图中每对城市间花费的最短时间，同时用户可以输入两个城市名称，如果城市存在，可以查询在两个城市间的道路行驶花费的最短时间，否则，查询失败。

**3. 代码清单 7.2**

源程序 7-7 旅游交通图最短路线问题

```
#include "stdio.h"
#include "string.h"
#define Num 10
//旅游交通图结构体
typedef struct
{
    char citys[Num][8];        //存储城市名称，Num 为交通图中所包含最多城市数量
    float time[Num][Num];  //利用矩阵存储行驶每条道路花费的时间
    int citynum,roadnum;      //城市数量和城市间道路的数量
}mgraph;
int path[Num][Num];
//利用邻接矩阵创建旅游交通图
void create_net(mgraph *g)
{
   int i,j,k;
   float t;
   printf("请输入城市数量和道路数量:");
   scanf("%d,%d",&g->citynum,&g->roadnum);
   getchar();
   for(i=1;i<=g->citynum;i++)              //输入城市信息
   {
       printf("第%d 个城市信息:",i);
       gets(g->citys[i]);
   }
   for(i=1;i<=g->citynum;i++)              //初始化矩阵
       for(j=1;j<=g->citynum;j++)
         g->time[i][j]=999;                //假设 999 就是矩阵中的∞
   for(k=1;k<=g->roadnum;k++)   //输入边的信息和每条道路花费的时间
   {
       printf("输入第%d 条道路的起点和终点的编号:",k);
       scanf("%d,%d",&i,&j);
       printf("输入道路<%d,%d>行驶花费的时间:",i,j);
       scanf("%f",&t);
       g->time[i][j]=t;
       g->time[j][i]=t;
   }
}
//打印旅游交通图信息
```

笔 记

```
void pri_net(mgraph *g)
{
    int i,j;
    printf("城市信息:");
    printf("\n--------------------------------------------\n");
    for(i=1;i<=g->citynum;i++)
        printf("%-6d",i);
    printf("\n--------------------------------------------\n");
    for(i=1;i<=g->citynum;i++)
        printf("%-6s",g->citys[i]);
    printf("\n--------------------------------------------\n");
    printf("\n 行驶道路花费时间信息:\n");
    printf("    |");
    for(i=1;i<=g->citynum;i++)
        printf("%-6d",i);
    printf("\n--------------------------------------------\n");
    for(i=1;i<=g->citynum;i++)
    {
        printf("%3d|",i);
        for(j=1;j<=g->citynum;j++)
            printf("%-6.1f",g->time[i][j]);
        printf("\n");
    }
}
//用递归实现遍历路径
void putpath(int i,int j,mgraph *g)
{
    int k;
    k=path[i][j];
    if(k==-1)//没有中间点
        return;
    putpath(i,k,g);
    printf("%s->",g->citys[k]);
    putpath(k,j,g);
}
//求最短路径
void minpath(mgraph *g)
{
    int i,j,k,c1=0,c2=0;
    float d[Num][Num];
    char city1[8],city2[8];
    for(i=1;i<=g->citynum;i++)
        for(j=1;j<=g->citynum;j++)
        {
            d[i][j]=g->time[i][j];
            path[i][j]=-1;
```

```
        }
        for(k=1;k<=g->citynum;k++)//以 1、2...为中间点
        {
            for(i=1;i<=g->citynum;i++)
                for(j=1;j<=g->citynum;j++)
                 if((d[i][k]+d[k][j]<d[i][j])&&(i!=j)&&(i!=k)&&(j!=k))//递推
                 {
                     d[i][j]=d[i][k]+d[k][j];
                     path[i][j]=k;           //记录最短路径经过的结点
                 }
        }
        printf("请输入两个城市名称:\n");
        gets(city1);
        gets(city2);
        for(i=1;i<=g->citynum;i++)              //按照城市名称查找对应的下标
        {
            if(strcmp(g->citys[i],city1)==0)
                c1=i;
            if(strcmp(g->citys[i],city2)==0)
                c2=i;
        }
        printf("%d,%d\n",c1,c2);
        if(c1==0||c2==0)
            printf("其中一个城市不存在！ \n");
        else
        {
            printf("旅游最优路线为:");
            printf("%s->",g->citys[c1]);
            putpath(c1,c2,g);
            printf("%s\n",g->citys[c2]);
            printf("行驶花费最短时间为:%-6.1f 小时\n",d[c1][c2]);
        }
    }
    main()
    {
        int choice;
        mgraph net,*g;
        g=&net;
        printf("                          最短时间旅游路线查询系统\n\n");
        printf("*************************************************************\n");
        printf(" 1.创建旅游交通图 2. 打印旅游交通图信息
                3.查询最短时间旅游路线 4.退出系统\n");
        printf("*************************************************************\n");
        while(1)
        { printf("请输入选项:");
          scanf("%d",&choice);
```

```
        getchar();
        switch(choice)
        {
          case 1:create_net(g);break;
          case 2:pri_net(g);break;
          case 3:minpath(g);break;
        }
        if(choice==4)
            break;
    }
}
```

第 7 章　同步训练答案

## 同 步 训 练

### 一、填空题

1. $n$ 的顶点的无向完全图含有________条边。
2. 连通分量是无向图中的________________________。
3. 图的两种遍历是________和________。
4. 最小生成树的两种方法是________和________。

### 二、选择题

1. 若 $m$ 个顶点的无向图采用邻接矩阵存储方法，该邻接矩阵是一个（　　）。

A. 一般矩阵　　B. 对称矩阵

C. 对角矩阵　　D. 稀疏矩阵

2. 最小生成树指的是（　　）。

A. 由连通图所得到的边数最少的生成树

B. 由连通图所得到的顶点相对较少的生成树

C. 连通图的所有生成树中权值之和最小的生成树

D. 连通图的极小连通子图

3. 设有向图 G 有 $n$ 个顶点，它的邻接矩阵为 A，G 中第 $i$ 个顶点 $V_i$ 的度为（　　）。

A. $\sum_{j=1}^{n} A[j,i]$　　B. $\sum_{j=1}^{n} A[i,j]$

C. $\sum_{j=1}^{n} (A[i,j]+A[j,i])$　　D. $2\sum_{j=1}^{n} A[j,i]$

4. 在一个具有 $n$ 个顶点的有向图中，所有顶点的出度之和为 dout，则所有顶点的入度之和为（　　）。

A. dout　　B. dout−1

C. dout+1　　D. $n$

5. $n$ 个顶点的强连通图中至少含有（　　）。

A. $n-1$ 条有向边　　B. $n$ 条有向边

C. $n(n-1)/2$ 条有向边　　D. $n(n-1)$条有向边

### 三、应用题

1. 利用图的邻接矩阵存储法写出图 7-23 所示无向图的邻接矩阵。

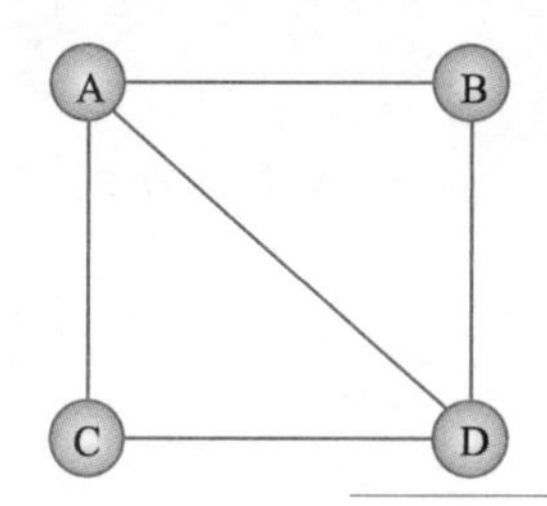


图 7-23
无向图 1

2. 利用图的邻接表存储法写出图 7-24 所示无向图的邻接表。

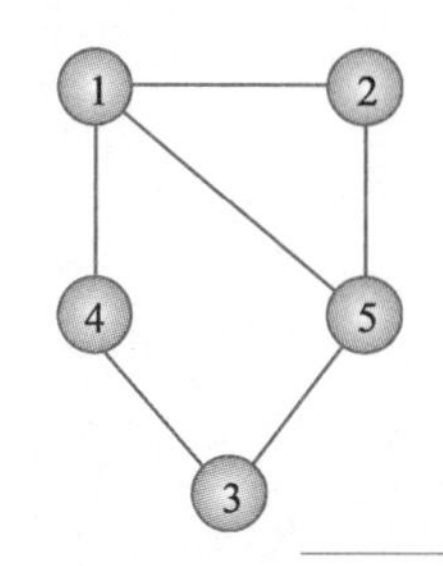


图 7-24
无向图 2

3. 求图 7-25 所示的最小生成树，要求画出最小生成树的生成过程。

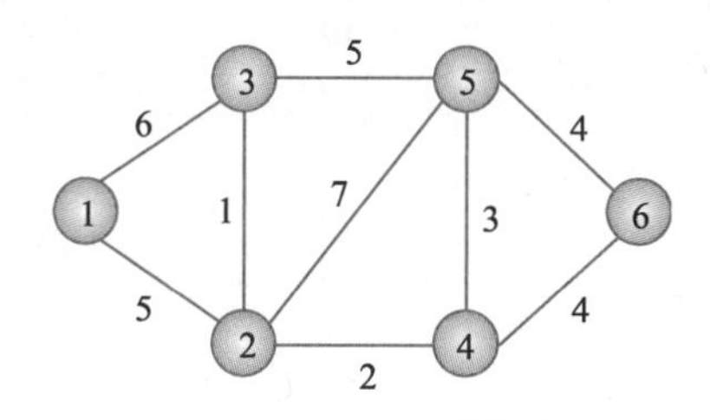


图 7-25
无向图 3

### 四、算法设计题

1. 已知用邻接表存储一个无向图，设计一个算法来统计度为 2 的顶点的个数。
2. 已知用邻接矩阵存储一个无向图，设计一个算法实现深度优先遍历。

## 在线测试

第 7 章　在线测试及答案

# 第 8 章　查找的分析与应用

- 了解查找的基本概念。
- 熟练掌握线性表的顺序查找和二分法查找方法及算法实现。
- 熟练掌握二叉排序树的生成和查找方法。
- 熟练掌握散列表的构造方法、查找过程及解决冲突的方法。

第 8 章 学习目标

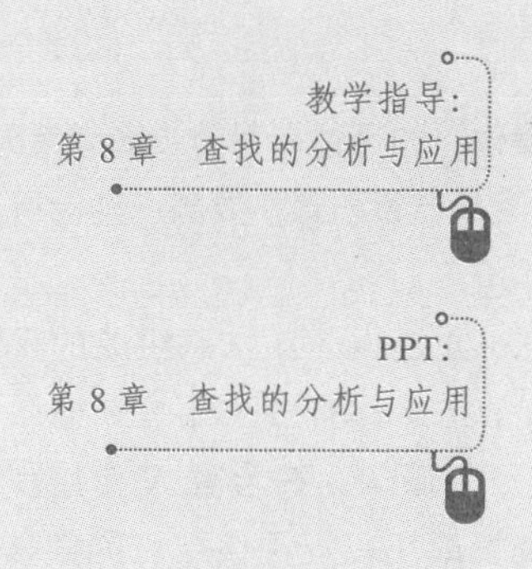

## 实例描述——通讯录查询系统设计

假设电子通讯录包含姓名、部门、年龄、电话等信息，采用记事本存储具体信息，内容如图 8-1 所示，在大量的信息中，如何能够根据要求快速查找得到想要的结果呢？分别可以显示全部通讯录信息、通过姓名查找通讯录信息、通过部门查找通讯录信息，也可以查找青年教师（≤35 岁）的通讯录信息。

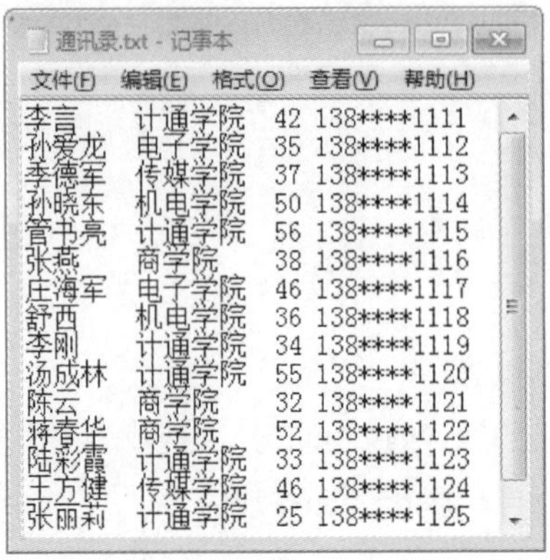

通讯录.txt - 记事本

文件(F)　编辑(E)　格式(O)　查看(V)　帮助(H)

| | | | |
|---|---|---|---|
| 李言 | 计通学院 | 42 | 138****1111 |
| 孙爱龙 | 电子学院 | 35 | 138****1112 |
| 季德军 | 传媒学院 | 37 | 138****1113 |
| 孙晓东 | 机电学院 | 50 | 138****1114 |
| 管书亮 | 计通学院 | 56 | 138****1115 |
| 张燕 | 商学院 | 38 | 138****1116 |
| 庄海军 | 电子学院 | 46 | 138****1117 |
| 舒西 | 机电学院 | 36 | 138****1118 |
| 李刚 | 计通学院 | 34 | 138****1119 |
| 汤成林 | 计通学院 | 55 | 138****1120 |
| 陈云 | 商学院 | 32 | 138****1121 |
| 蒋春华 | 商学院 | 52 | 138****1122 |
| 陆彩霞 | 计通学院 | 33 | 138****1123 |
| 王方健 | 传媒学院 | 46 | 138****1124 |
| 张丽莉 | 计通学院 | 25 | 138****1125 |

图 8-1
通讯录存储示例

知识储备

## 8.1　基本概念

微课 8-1
查找的概念

我们的日常生活离不开各种查询操作，如通过考号查询高考考分、通过歌名在互联网上检索歌曲等。因此，可以说信息检索是计算机最重要的一种应用。这里所说的查询、检索和查找是同一个概念。

在本章的讨论中，假定被查找的对象是由一组结点组成的表或文件，而每个结点则由若干个数据项组成，并假设每个结点都有一个能唯一标识该结点的关键字。在这种假定下，查找的定义是：给定一个值 $K$，在含有 $N$ 个结点的表中找出关键字等于给定值 $K$ 的结点。若找到，则查找成功，返回该结点的信息或该结点在表中的位置；否则，查找失败，返回相关的指示信息。

若在查找的同时对表进行插入或者删除操作，则相应的表称为动态查找表，否则称为静态查找表。查找也有内查找和外查找之分。若整个查找过程都在内存进行，则称为内查找；反之，若在查找过程中需要访问外存，则称为外查找。

由于查找运算的主要操作是关键字的比较，所以通常把查找过程中对关键字需要执行的平均比较次数（也称为平均查找长度）作为衡量一个查找算法效率优劣的标准。平均查找长度 ASL（Average Search Length）定义为：

$$\text{ASL}=\sum_{i=1}^{n} \mathrm{p}_i \mathrm{c}_i$$

其中：$n$ 是结点的个数；$\mathrm{p}_i$ 是查找第 $i$ 个结点的概率，若不特别声明，均认为每个结点的查找概率相等，即 $p_1=p_2=\cdots=p_n=1/n$；$c_i$ 是找到第 $i$ 个结点所需进行的比较次数。

## 8.2 线性表查找

微课 8-2
顺序查找

在表的组织方式中，线性表是最简单的一种。本节将介绍 3 种在线性表上进行查找的方法，它们分别是顺序查找、二分查找和分块查找。

### 8.2.1 顺序查找

顺序查找是一种最简单的查找方法。实例演示如图 8-2 所示，要在 5 名学生当中查找身高为 170 cm 的学生，从第 1 号学生开始比较，依次和第 2 号、第 3 号比较，直到找到满足条件的学生为止，如果没有满足条件的，则查找失败。

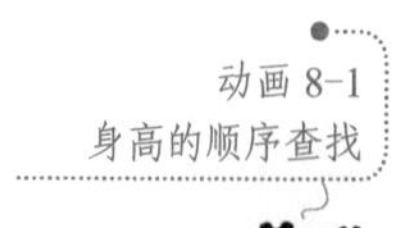

图 8-2
以顺序法查找学生描述图

它的基本思想是：从表的一端开始，顺序扫描线性表，依次将扫描到结点的关键字和给定值 $K$ 相比较，若当前扫描到结点的关键字与 $K$ 相等，则查找成功；若扫描结束后，仍未找到关键字等于 $K$ 的结点，则查找失败。

顺序查找方法既适用于线性表的顺序存储结构，也适用于线性表的链式存储结构。下面只介绍以顺序表作为存储结构时实现的顺序查找算法，具体算法如下：

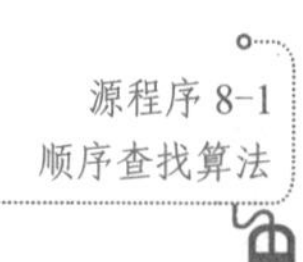


```
#include "stdio.h"
#define n 10
typedef struct
{
    int key;
    //InfoType otherinfo;
}NodeType;
int SeqSearch(NodeType R[],int K)
{
    int i;
    for(i=0;i<n;i++)
      if(R[i].key==K)
          return i;
    return -1;
}
```

知识拓展 8-1
带监视哨的顺序查找

```
main()
{
    int result,i;
    NodeType SeqList[n];
    for(i=0;i<n;i++)
        scanf("%d",&SeqList[i].key);
    result=SeqSearch(SeqList,50);//查找 K=50
    if(result==-1)
        printf("查找失败!");
    else
        printf("查找成功!该数位置是:%d",result);
}
```

动画 8-2
顺序查找

假设在下面的顺序表中查找 50，执行 SeqSearch 函数后，返回值为 4。

| 0 | 1 | 2 | 3 | 4 | 5 | 6 | 7 | 8 | 9 |
|---|---|---|---|---|---|---|---|---|---|
| 10 | 20 | 30 | 40 | 50 | 60 | 70 | 80 | 90 | 100 |

从下标为 0 的结点比较关键字和 $K$ 的大小，只要不相等，就继续向后比较，直到下标为 $n$-1，如果相等就返回下标的值，如果没有相等的关键字就返回-1。

在等概率情况下，$p_i=1/n$，故成功的平均查找长度为$(1+2+\cdots+n)/n=(n+1)/2$，即查找成功时的平均比较次数约为表长的一半。若 $K$ 值不在表中，则需要进行 $n$+1 次比较之后才能确定查找失败。

顺序查找的优点是算法简单，且对表的结构无任何要求，无论是用顺序表还是用链式表来存放结点，也无论结点之间是否按关键字有序，它都同样适用。顺序查找的缺点是查找效率低，因此，当 $n$ 较大时不宜采用顺序查找。

### 8.2.2　二分查找

微课 8-3
二分法查找

二分查找又称折半查找，它是一种效率较高的查找方法。但是，二分查找要求查找表存储在顺序表中，且按照关键字递增或者递减的顺序排序。在下面的讨论中，不妨假设有序表是递增有序的。实例演示如图 8-3 所示，要在 5 名已经按照身高从低到高排好队的学生当中查找身高为 170 cm 的学生，从中间的第 3 号学生开始比较，如果 3 号学生身高高于 170 cm，那么应该在前面的同学中查找，如果 3 号学生身高低于 170 cm，那么应该在后面的同学中查找，这样节省了将近一半的时间。

动画 8-3
身高的二分法查找

图 8-3
二分法查找学生描述图

二分查找的基本思想是：设 R[low…high]是当前的查找区间，首先确定该区间的中点位置 mid=(low+high)/2；然后将待查的 $K$ 值与 R[mid].key 比较，若相等，则查找成功并返回此位置，否则需要确定新的查找区间；若 R[mid].key>$K$，则由表的有序性可知 R[mid…$n$].key 均大于 $K$，因此若表中存在关键字等于 $K$ 的结点，则该结点必定是在位置 mid 左边的子表 R[1…mid−1]中，所以新的查找区间是左子表 R[1…mid−1]；类似地，若 R[mid].key$<K$，则要查找的 $K$ 必在 mid 的右子表 R[mid+1…$n$]中，即新的查找区间是右子表 R[mid+1…$n$]。下一次查找是针对新的查找区间进行的。因此，我们可以从初始的查找区间 R[1…$n$]开始，每经过一次与当前查找区间的中点位置上的结点关键字的比较，就可确定查找是否成功，不成功则当前的查找区间就缩小一半。这一过程重复直至找到关键字为 $K$ 的结点，或者直到当前的查找区间为空(即查找失败)时为止，具体算法如下：

源程序 8-2
二分法查找算法

```
int BinSearch(NodeType R[],int K)
{
    int low=1,high=n,mid;
    while(low<=high)
    {
        mid=(low+high)/2;
        if(R[mid].key==K)
            return mid;
        else if(R[mid].key>K)
            high=mid-1;
        else
            low=mid+1;
    }
    return 0;
}
```

下面以图 8-4 为例说明二分法查找算法的执行过程，设算法输入 11 个有序的关键字序列为（6，13，20，22，37，56，64，76，85，88，93），将要查找的 $K$ 值分别为 22 和 86。

动画 8-4
二分查找

| 下标： | 1 | 2 | 3 | 4 | 5 | 6 | 7 | 8 | 9 | 10 | 11 |
|---|---|---|---|---|---|---|---|---|---|---|---|
| 第1次比较： | 6 | 13 | 20 | 22 | 37 | 56 | 64 | 76 | 85 | 88 | 93 |
| | low↑ | | | | | ↑mid | | | | | ↑high |
| 第2次比较： | 6 | 13 | 20 | 22 | 37 | | | | | | |
| | low↑ | | ↑mid | | ↑high | | | | | | |
| 第3次比较： | | | | 22 | 37 | | | | | | |
| | | | | low↑↑mid | ↑high | | | | | | |

(a) 查找K=22成功的过程

| 下标： | 1 | 2 | 3 | 4 | 5 | 6 | 7 | 8 | 9 | 10 | 11 |
|---|---|---|---|---|---|---|---|---|---|---|---|
| 第1次比较： | 6 | 13 | 20 | 22 | 37 | 56 | 64 | 76 | 85 | 88 | 93 |
| | low↑ | | | | | ↑mid | | | | | ↑high |
| 第2次比较： | | | | | | | 64 | 76 | 85 | 88 | 93 |
| | | | | | | | low↑ | | ↑mid | | ↑high |
| 第3次比较： | | | | | | | | | | 88 | 93 |
| | | | | | | | | | | low↑↑mid | ↑high |
| low>high时表空 | | | | | | | | | | 88 | |
| | | | | | | | | | ↑high | ↑low | |

(b) 查找K=86失败的过程

图 8-4
二分法查找过程示例

知识拓展 8-2
二叉判定树

图中 low 表示区间的第一位置，mid 表示中间位置，high 表示最后位置。例如在图 8-4（a）中，第一次查找的区间是 R[1…11]，mid=(1+11)/2=6，故第一次是将 $K$ 和 R[6].key 比较，因 $K$ 较小，故第二次查找的区间是左子表 R[1…5]，mid=(1+5)/2=3，将 $K$ 与 R[3].key 比较后知 $K$ 较大，故第三次查找的区间是当前区间 R[1…5]的右子表 R[4…5]，mid=(4+5)/2=4，故比较 $K$ 和 R[4].key，二者相等，查找成功并返回位置 4。注意图 8-4（b）中，第三次查找的区间是 R[10…11]，mid=(10+11)/2=10，而 K 为 86 小于 R[10].key，因此下一次查找区间是 R[low…mid-1]=R[10…9]，该区间为空，故查找失败。

在等概率情况下，$p_i=1/n$，成功的平均查找长度为 $\log_2(n+1)-1$，在此不再证明公式。虽然二分法查找的效率高，但是要将表按关键字排序，而排序本身是一种很费时的运算。另外，二分法查找只适用顺序存储结构，为保持表的有序性，在顺序结构里插入和删除必须移动大量的结点。因此，二分法查找特别适用于那种一经建立就很少改动而又经常需要查找的线性表。

微课 8-4
分块查找

### 8.2.3　分块查找

分块查找又称索引顺序查找，它是一种性能介于顺序查找和二分法查找之间的查找方法。它要求按如下的索引方式来存储线性表：将表 R[1…$n$]均分为 $b$ 块，前 $b$-1 块中结点个数为 $s=n/b$，第 $b$ 块结点数小于等于 $s$；第一块中的关键字不一定有序，但前一块中的最大关键字必须小于后一块中的最小关键字，即要求表是“分块有序”的；抽取各块中的最大关键字及其起始位置构成一个索引表 ID[1…$b$]，即 ID[$i$](1≤$i$≤$b$)中存放着第 $i$ 块的最大关键字及该块在表 R 中的起始位置。由于表 R 是分块有序的，所以索引是一个递增有序表。例如，图 8-5 所示就是满足上述要求的存储结构，其中 R 只有 18 个结点，被分成 3 块，每块中有 6 个结点，第 1 块中最大关键字 24 小于第 2 块中最小关键字 25，第 2 块中最大关键字 50 小于第 3 块中最小关键字 52。

动画 8-5
分块查找

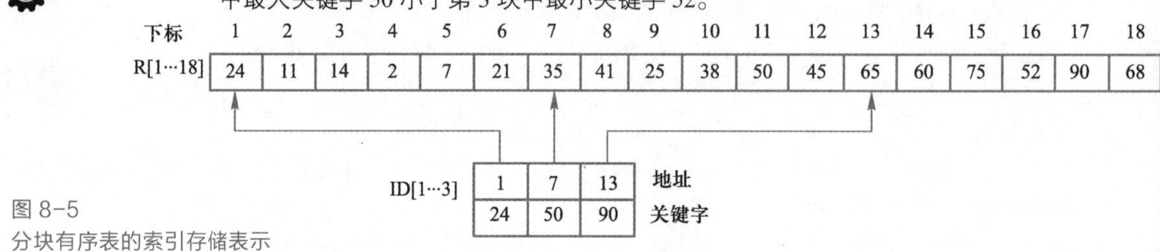


图 8-5
分块有序表的索引存储表示

分块查找的基本思想是：首先查找索引表，因为索引表是有序表，故可采用二分法查找或顺序查找，以确定待查的结点在哪一块；然后在已确定的块中进行顺序查找。例如，在图 8-5 所示的存储结构中，查找关键字等于给定值 $K$=25 的结点，因为索引表较小，不妨用顺序查找的方法查找索引表。即首先将 $K$ 依次和索引表中各关键字比较，直到找到第 1 个关键字大小等于 $K$ 的结点，由于 $K$<50，所以关键字为 25 的结点若存在的话，一定在第二块中；然后，找到第二块的起始地址 7，从该地址开始在 R[7…12]中进行顺序查找，直到 R[9].key=$K$ 为止。若查找其给定值 $K$=40，则同理先确定第二块，然后在该块中查找。因该块中查找不成功，故说明表中不存在关键字为 40 的结点。

由于分块查找实际上有两次查找过程，故整个查找过程的平均查找长度，是两次查找的平均查找长度之和。

若以二分法查找来确定块，则分块查找成功时的平均查找长度为：$\log_2(n/s+1)+s/2$。

若以顺序查找法确定块，则分块查找成功时的平均查找长度为：$(s^2+2s+n)/(2s)$。

分块查找的优点是，在表中插入或删除一个记录时，只要找到该记录所属的块，就在该块内进行插入和删除运算。因块内记录的存放是任意的，所以插入或删除比较容易，不需要移动大量记录。分块查找的主要代价是增加一个辅助数组的存储空间和初始表分块排序的运算。

## 8.3　树上的查找

上一节介绍的 3 种查找法，其中二分法查找效率最高。但由于二分法查找要求表中结点按关键字有序，又不能用链表做存储结构，因此，当表的插入或删除操作频繁时，需要移动表中的很多结点，这种由移动结点引起的额外时间开销，就会抵消二分法查找的优点，也就是说，二分法查找只适用于静态查找表。若要对动态查找表进行高效率的查找，可采用本节介绍的二叉排序树来进行查找和修改操作。

### 8.3.1　二叉排序树定义

微课 8-5
二叉排序树的定义

二叉排序树（Binary Sort Tree）定义为空树，或者是满足如下性质的二叉树：

① 若它的左子树非空，则左子树上所有结点的值均小于根结点的值。

② 若它的右子树非空，则右子树上所有结点的值均大于根结点的值。

③ 左、右子树本身又各是一棵二叉排序树。

从上述 BST 性质可以看出，二叉排序树中任一结点 X，其左子树中任一结点 Y（若存在）的关键字必小于 X 的关键字，其右子树中任一结点 Y（若存在）的关键字必大于 X 的关键字。如此定义的二叉排序树中，各结点关键字是唯一的。但在实际应用中，不保证被查找的数据集中各元素的关键字互不相同，所以可将二叉排序树定义中 BST 性质①里的“小于”改为“小于等于”，或将 BST 性质②里的“大于”改为“大于等于”。

从 BST 性质可推出二叉排序树的另一个重要性质：按中序遍历该二叉树所得到的序列是一个递增有序序列。例如，图 8-6 所示的两棵二叉树均是二叉排序树，它们的中序序列均为有序序列：1，2，3，4，5，6。

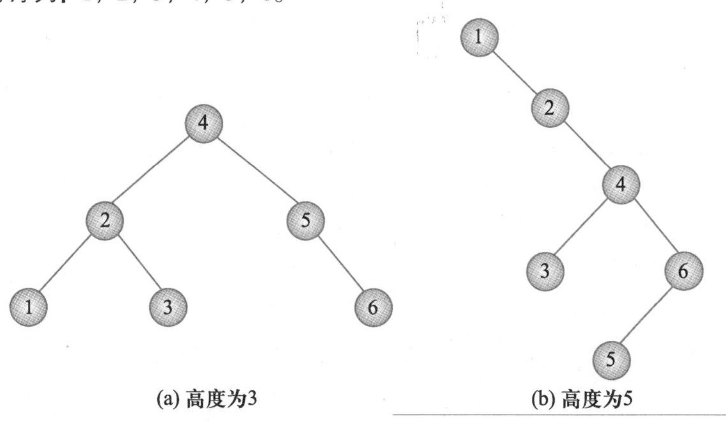


图 8-6
二叉排序树示例

### 8.3.2　二叉排序树的插入和生成

微课 8-6
二叉排序树建立

在二叉排序树中插入新结点，要保证插入后仍满足 BST 性质。其插入过程是：若二叉排序树 T 为空，则为待插入的关键字 key 申请一个新结点，并令其为根；否则将 key 和根的关键字比较，若 key<T->key，则将 key 插入根的左子树中，否则将它插入根的右子树中。而子树中的插入过程与上述的树中插入过程相同，如此进行下去，直到子树为空，将 key 作为一个新的叶结点的关键字插入到二叉排序树中。显然上述插入过程是递归定义的，易于写出算法，其递归算法如下：

源程序 8-3
二叉排序树生成算法

```
//二叉树的链式存储结构类型的定义
typedef struct node
{
    int key;
    struct node *lchild,*rchild;
}BTreeNode;
void InsertBST(BTreeNode **T, int key)
{
    BTreeNode *s;
    if(*T==NULL)
    {
        s=(BTreeNode *)malloc(sizeof(BTreeNode));
        s->key=key;
        s->lchild=NULL;
        s->rchild=NULL;
        *T=s;//记录根
    }
    else if(key<(*T)->key)
        InsertBST(&((*T)->lchild),key);
    else
        InsertBST(&((*T)->rchild),key);
}
```

笔 记

二叉排序树的生成，是从空的二叉排序树开始的，每输入一个结点数据，就调用一次插入算法，将它插入到当前已生成的二叉排序树中。生成二叉排序树的算法如下：

```
BTreeNode *CreateBST()
{
  int key;
  BTreeNode *root;
  root=NULL;
  scanf("%d",&key);
  while(key!=0)
  {
    InsertBST(&root,key);
    scanf("%d",&key);
  }
  return root;
}
```

如图 8-7 所示为二叉排序树生成过程示例，已知输入数据序列（4,2,5,1,3,6）,最终生成图 8-7(g)所示的结果，中序遍历的序列为 1，2，3，4，5，6，注意输入相同的数据，如果次序不同，生成的二叉排序树也就不同，但中序遍历序列的结果都相同。

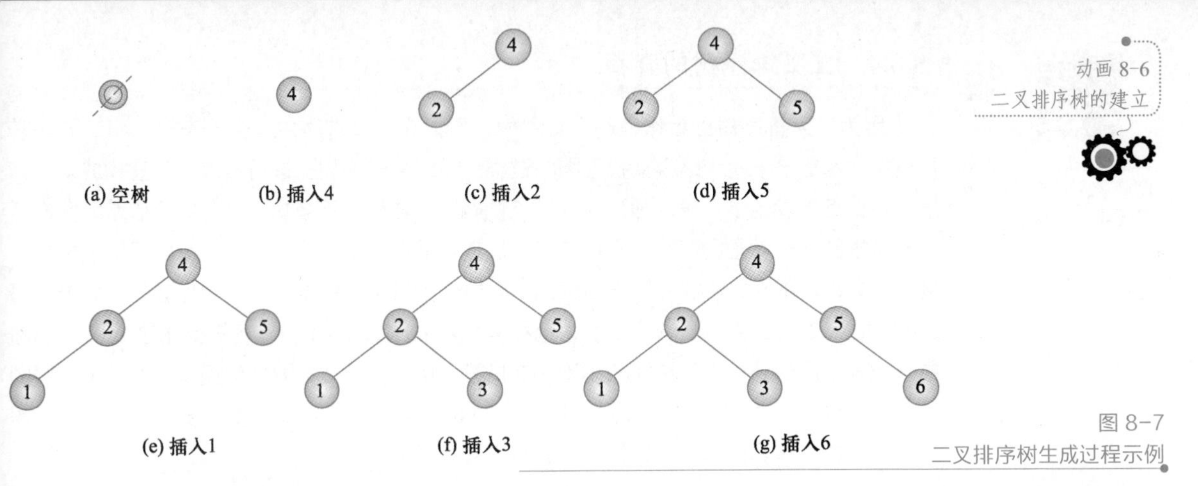


动画 8-6
二叉排序树的建立

图 8-7
二叉排序树生成过程示例

### 8.3.3 二叉排序树的删除

微课 8-7
二叉排序树的删除

从二叉排序树中删除一个结点，不能把以该结点为根的子树都删除，并且还要保证删除后所得的二叉树仍然满足 BST 性质。也就是说，在二叉排序树中删去一个结点就相当于删去有序序列中的一个结点。下面假设删除的结点为 p，其孩子结点为 child，其双亲结点为 parent。

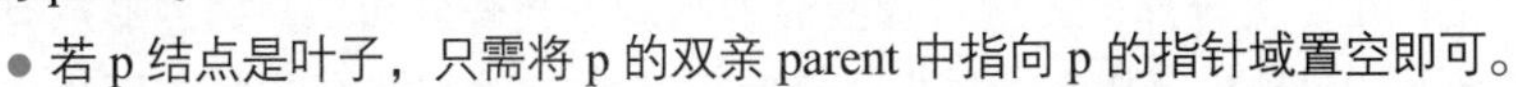

- 若 p 结点是叶子，只需将 p 的双亲 parent 中指向 p 的指针域置空即可。
- 若 p 结点只有一个孩子，此时只需将 child 和 p 的双亲直接连接即可，删去 p。具体删除过程如图 8-8 所示。
- 若 p 结点有两个孩子，寻找 p 结点中序的后继结点 q 替代 p 结点，然后按照前两种情况删除 q 结点。具体删除过程如图 8-9 所示。

动画 8-7
二叉排序树的删除 1

动画 8-8
二叉排序树的删除 2

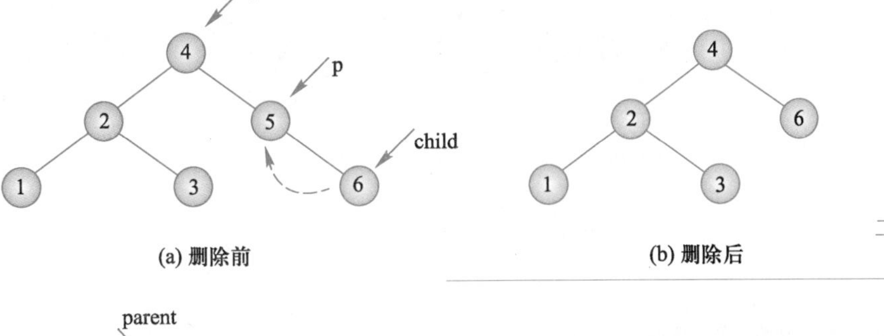


图 8-8
二叉排序树删除结点只有一个孩子的情况

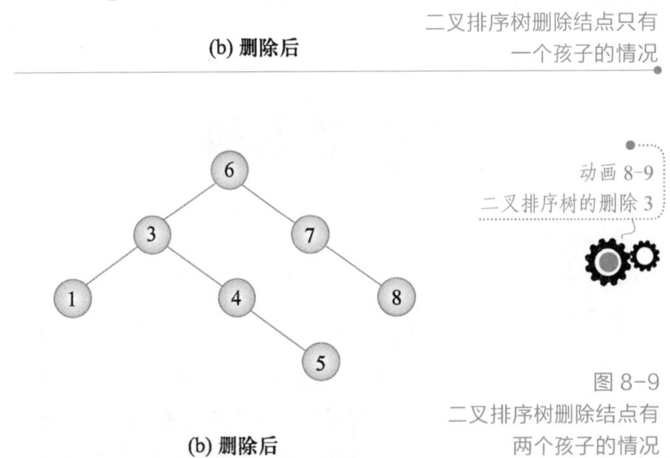


动画 8-9
二叉排序树的删除 3

图 8-9
二叉排序树删除结点有两个孩子的情况

微课 8-8
二叉排序树的查找

### 8.3.4　二叉排序树的查找

因为二叉排序树可看作是一个有序表，所以在二叉排序树上进行查找，和二分法查找类似，也是一个逐步缩小查找范围的过程。在二叉排序树上进行查找，若查找成功，则是从根结点出发走了一条从根到待查结点的路径；若查找不成功，则是从根结点出发走了一条从根到某个叶子的路径。因此与二分法查找类似，和关键字比较的次数不超过树的深度。如图 8-6 所示的两棵二叉排序树，(a)图中查找第 1 层的结点 4 需要比较 1 次，查找第 2 层的结点 2 和 5 各需要比较 2 次，查找第 3 层的结点 1、3 和 6 各需要比较 3 次；(b)图中查找第 1 层的结点 1 需要比较 1 次，查找第 2 层的结点 2 需要比较两次，查找第 3 层的结点 4 需要比较 3 次,查找第 4 层的结点 3 和 6 各需要比较 4 次，查找第 5 层的结点 5 需要比较 5 次。在等概率下，查找成功的平均查找长度如下：

$$\text{(a) 图二叉排序树的 ASL=} \sum_{i=1}^{n} p_i c_i = (1+2\times2+3\times3)/6=7/3\approx2.3$$

$$\text{(b) 图二叉排序树的 ASL=} \sum_{i=1}^{n} p_i c_i = (1+2\times1+3\times1+4\times2+5\times1)/6=19/6\approx3.2$$

源程序 8-4
二叉排序树查找算法

由此可见，在二叉排序树上进行查找时的平均查找长度和二叉树的形态有关。在最坏的情况下，二叉排序树是通过把一个有序表的 $n$ 个结点依次插入而生成的，此时所得的二叉排序树为一棵深度为 $n$ 的单支树，它的平均查找长度和单链表上的顺序查找相同。在最好的情况下，二叉排序树在生成的过程中，树的形态比较匀称。二叉排序树查找的算法如下：

```
BTreeNode *SearchBST(BTreeNode *T,int key)
{
    if(T==NULL||key==T->key)
        return T;
    if(key<T->key)
        return SearchBST(T->lchild,key);
    else
        return SearchBST(T->rchild,key);
}
```

## 8.4　散列技术

微课 8-9
散列表的概念

### 8.4.1　散列表的概念

散列表（Hash Table），也叫哈希表，是根据关键码值（Key Value）而直接进行访问的数据结构。也就是说，它通过把关键码值映射到表中的一个位置来访问记录，以加快查找的速度。这个映射函数叫做散列函数，存放记录的数组叫做散列表。示例图如图 8-10 所示。对不同的关键字可能得到同一散列地址，即 k1≠k2，而 h(k1)=h(k2)，这种现象称为冲突。具有相同函数值的关键字对该散列函数来说称为同义词。

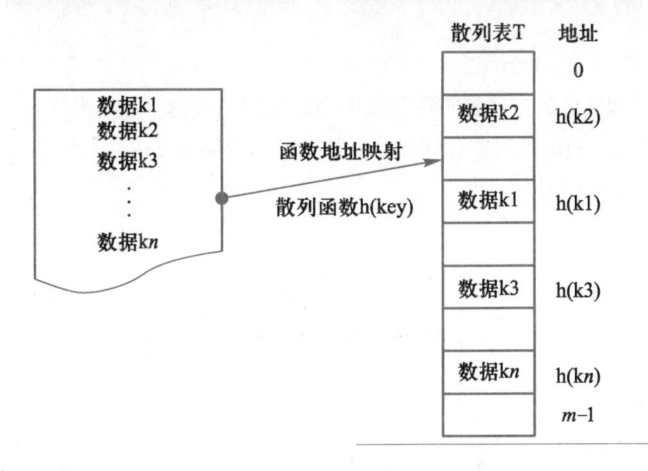


图 8-10
散列函数映射到散列表的示例图

### 8.4.2 散列函数的构造方法

微课 8-10
散列函数的构造方法

构造方法一般包括：直接寻址法、数字分析法、平方取中法、折叠法、随机数法、除留余数法。在这里我们着重介绍一下除留余数法，其他几种方法大家可以在网上查询学习。

除留余数法是最为简单常用的一种方法，它是以表长 $m$ 来除关键字，取余数作为散列地址，即 h(key) = key%$m$。该方法的关键就是选取 $m$。$m$ 一般取为略大于元素个数的第一个素数，若 $m$ 选不好，容易产生同义词。如果给出一组数据(20,30,70,14,8,12,18,60,1,11)，因为一共 10 个数据，那么 $m$ 应该选取为略大于 10 的素数 11，散列函数 h(key) = key%11。具体存储过程如图 8-11 所示。

动画 8-10
除留余数法

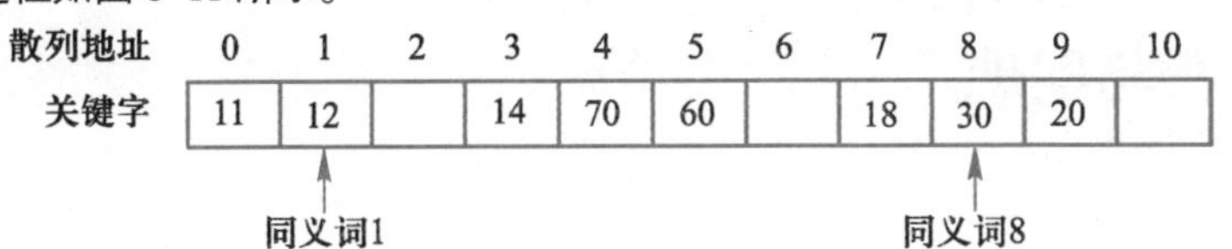


图 8-11
除留余数法数据存储示例图

### 8.4.3 处理冲突的方法

微课 8-11
散列技术开放定址解决冲突法

图 8-11 中数据 1 和 12 是同义词，遇到冲突了，8 和 30 是也同义词，同样遇到冲突了，到底怎么解决冲突呢？处理冲突的方法包括开放定址法和拉链法。

**1. 开放定址法**

所谓开放定址法，就是在表中某个存储单元发生冲突时，去探测未存储数据的存储单元，将关键字存在空的存储单元。寻找空的存储单元的方法很多，下面介绍一下线性探查法。

假设散列表表长为 $m$，关键字个数为 $n$，若在 $d$ 单元发生冲突，则依次探查 $d$+1，$d$+2，…，$m$−1，0，1，…，$d$−1 单元，直到找到一个空的存储单元，把发生冲突的关键字存入该单元即可。用线性探查法解决冲突，开放地址法的公式为：

动画 8-11
开放定址法解决冲突

$$h(key)=(h(key)+i)\%m \qquad i=1,2,\cdots,m-1$$

利用开放定址法解决图 8-11 的冲突结果如图 8-12 所示。数据 1 遇到 12 发生冲突后，向后寻找到空的下标为 2 的存储单元存入，数据 8 遇到 30 发生冲突后，向后寻找到空的下标为 10 的存储单元存入。

| 散列地址 | 0 | 1 | 2 | 3 | 4 | 5 | 6 | 7 | 8 | 9 | 10 |
|---|---|---|---|---|---|---|---|---|---|---|---|
| 关键字 | 11 | 12 | 1 | 14 | 70 | 60 | | 18 | 30 | 20 | 8 |

图 8-12
开放定址法解决冲突的示例图

微课 8-12
散列技术拉链解决冲突法

**2. 拉链法**

拉链法处理冲突的方法是将散列表中地址相同的关键字链接形成一个单链表，每个单链表第一个结点的地址对应存储在散列表相应的存储单元中。利用拉链法解决图 8-11 的冲突结果如图 8-13 所示。

图 8-13
拉链法解决冲突的示例图

## 实例分析与实现

实例文档 8-1
通讯录查询系统设计

**1. 实例分析**

首先，从记事本中依次读取每一行通讯录内容，将读取的所有教师信息按照年龄构建成二叉排序树，如图 8-14 所示。然后，分别通过对二叉排序树的先序遍历显示所有教师信息，通过二叉排序树的后序遍历按照姓名查询某位教师通讯信息，通过二叉排序树后序遍历，按照部门查询该部门所有教师的信息；最后，通过二叉排序树的中序遍历输出青年教师（≤35 岁）的信息。在遍历过程中，如果某个结点的年龄大于 35 岁，那么不再需要遍历该结点的右子树。

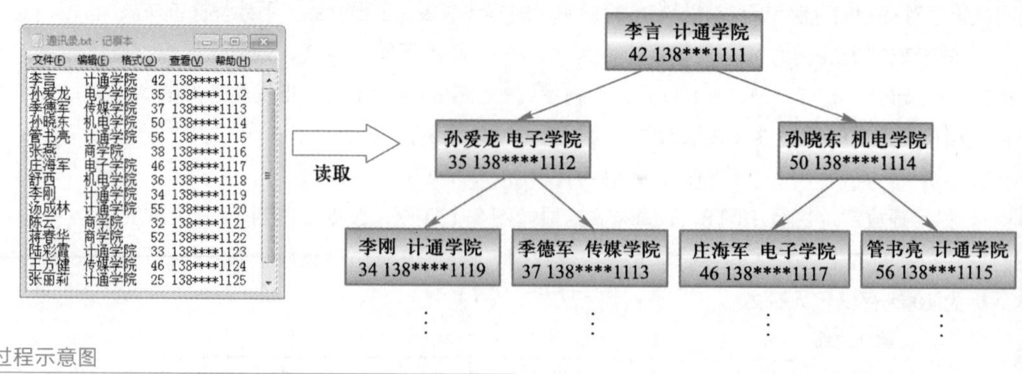


图 8-14
读取记事本过程示意图

**2. 代码清单 8.1**

源程序 8-5
通讯录查询系统设计

```
#include "stdio.h"
#include "stdlib.h"
//通讯录结构体类型定义
typedef struct node
{
    int age;
    char nam[10],dep[10],tel[12];
    struct node *lchild,*rchild;
}BTreeNode;
//按照年龄生成二叉排序树
void InsertBST(BTreeNode **T,FILE *fp)
{
    BTreeNode *p=*T,*f,*q;
    q=(BTreeNode *)malloc(sizeof(BTreeNode));
    fscanf(fp,"%s%s%d%s\n",q->nam,q->dep,&q->age,q->tel);
    q->lchild=NULL;
    q->rchild=NULL;
    if(*T==NULL)
    {
        *T=q;  //记录根
        return;
    }
    while(p!=NULL)
    {
       f=p;
       p=(p->age>q->age)?p->lchild:p->rchild;
    }
    if(f->age>q->age)
        f->lchild=q;
    else
        f->rchild=q;
}
//读取文件内容
void ReadFile(BTreeNode **T)
{
    FILE *fp;
    if((fp=fopen("11.txt","r"))==NULL)
    {
        printf("读文件失败!\n");
    }
    while(!feof(fp))
      InsertBST(T,fp);
    fclose(fp);
}
```

笔 记

```
//先序遍历显示所有内容教师信息
void PreOrder(BTreeNode *T)
{
    if(T!=NULL)
    {
      printf("%-8s %-10s %-4d %-12s\n",T->nam,T->dep,T->age,T->tel);
      PreOrder(T->lchild);
      PreOrder(T->rchild);
    }
}
//中序遍历按年龄查询
void InOrder(BTreeNode *T)
{
    if(T!=NULL)
    {
      InOrder(T->lchild);
      if(T->age<=35)
       {
        printf("%-8s %-10s %-4d %-12s\n",T->nam,T->dep,T->age,T->tel);
        InOrder(T->rchild);
       }
    }
}
//后序遍历按姓名查询
void PostOrder1(BTreeNode *T,char *p)
{
    if(T!=NULL)
    {
      PostOrder1(T->lchild,p);
      PostOrder1(T->rchild,p);
      if(strcmp(T->nam,p) ==0)
        printf("%-8s %-10s %-4d %-12s\n",T->nam,T->dep,T->age,T->tel);
    }
}
//后序遍历按部门查询
void PostOrder2(BTreeNode *T,char *p)
{
    if(T!=NULL)
    {
      PostOrder2(T->lchild,p);
      PostOrder2(T->rchild,p);
      if(strcmp(T->dep,p) ==0)
        printf("%-8s %-10s %-4d %-12s\n",T->nam,T->dep,T->age,T->tel);
    }
}
main()
{
    int select,f=1;
```

```
    char nam[10],dep[10];
    BTreeNode *T=NULL;
    printf("                通讯录查询系统              \n");
    printf("----------------------------------------------\n");
    printf("1.显示所有教师 2. 按姓名查询 3.按部门查询
          4.打印青年教师 5.退出系统\n");
    printf("----------------------------------------------\n");
    ReadFile(&T);     //读取文件内容
    while(f==1)
    {
      printf("请输入选项:");
      scanf("%d",&select);
      switch(select)
      {
         case 1:PreOrder(T);
                   printf("----------------------------\n");break;
         case 2:printf("请输入要查找的姓名:");
                   scanf("%s",nam);PostOrder1(T,nam);
                   printf("----------------------------\n");break;
         case 3:printf("请输入要查找的部门:");
                   scanf("%s",dep);PostOrder2(T,dep);
                   printf("----------------------------\n");break;
         case 4:printf("青年教师通讯录:\n");InOrder(T);
                   printf("----------------------------\n");break;
         case 5:f=0;
      }
    }
}
```

### 3. 结果验证

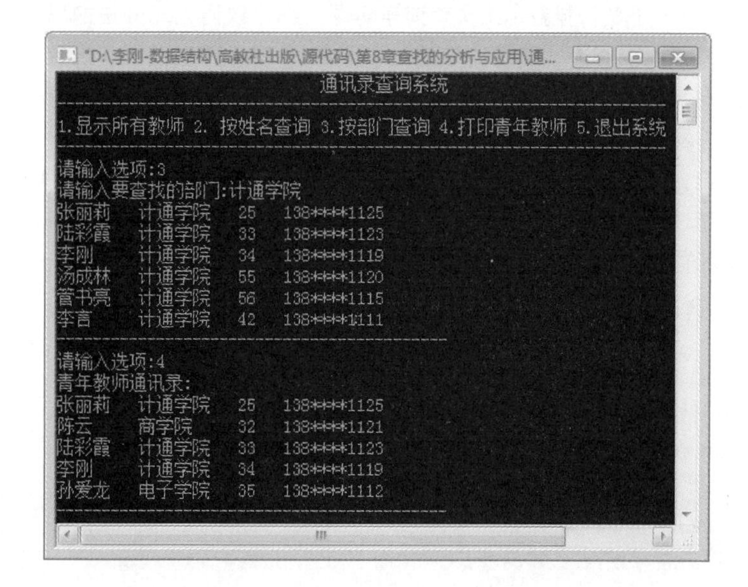

实例文档 8-2
电路检修问题解决方案

## 知识拓展——电路检修问题解决方案

### 1. 内容介绍

在风雨交加的夜里，从某水库闸房到防洪指挥部的电话线路发生了故障，这是一条 10 km 长的线路，共计 200 根电线杆，如何迅速查出故障所在？如果沿着线路一小段地一小段地去查找，困难很多，每检查一个点就要爬一次电线杆，那么线路维修工人怎样工作才最合理呢?

拓展阅读 6
团队合作精神

### 2. 算法设计

对于生活中一些故障排查、人员查询等问题，都可以通过二分法的思想来处理这类问题，其过程比较省事，速度比较快。由于共计 200 根电线杆，设闸门和指挥部所在处点分别为 1、200，维修工人首先从中间点 100 开始检查，用随身带的话机向两端测试时，发现 1 ~ 100 段正常，断定故障在 101 ~ 200 段，再到 101 ~ 200 段的中间点 150 检查，发现 150 ~ 200 段正常，可见故障在 101 ~ 149 段，再到 101 ~ 149 段的中间点 125 检查，这样每查一次，就可以把待查线路长度缩减为一半，故最多经过 7 次查找就可以确定线路故障所在地。

### 3. 代码清单 8.2

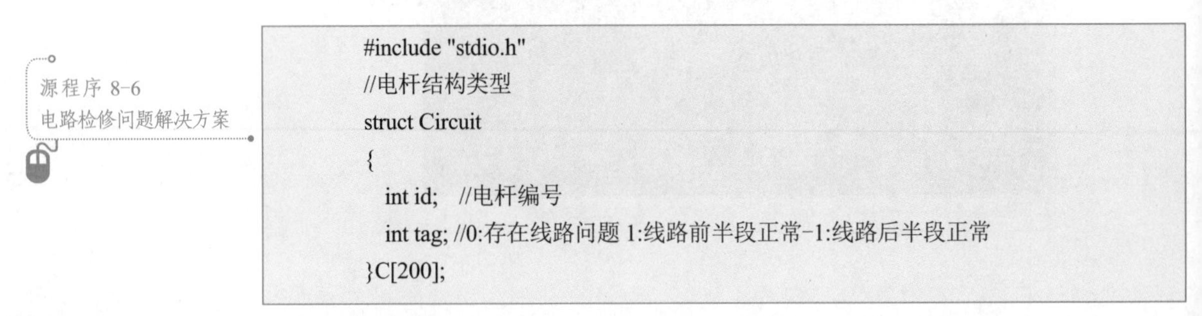

源程序 8-6
电路检修问题解决方案

```
#include "stdio.h"
//电杆结构类型
struct Circuit
{
  int id;   //电杆编号
  int tag; //0:存在线路问题 1:线路前半段正常-1:线路后半段正常
}C[200];
```

```
main()
{
   int i,low=0,high=199,mid;
   //对每个电杆编号、使用状态赋值
   for(i=0;i<199;i++)
   {
       C[i].id=i+1;
       C[i].tag=1;
   }
   while(low<=high)
   {
     mid=(low+high)/2;
     printf("请输入第%d 个电杆线路状态:",mid+1);
     scanf("%d",&C[mid].tag);
     if(C[mid].tag==0)   //线路故障查找成功
     {
       printf("第%d 个电杆线路存在问题!\n",mid+1);
       break;
     }
     if(C[mid].tag==1) //线路前半段正常
         low=mid+1;
     if(C[mid].tag==-1) //线路后半段正常
         high=mid-1;
   }
   if(low>high)
       printf("线路检修失败!\n");
}
```

## 同步训练

第8章 同步训练答案

### 一、填空题

1. 采用二分法查找，要求线性表必须是________存储的_________表。

2. 对于二叉排序树的查找，若根结点元素的键值大于被查找元素的键值，则应该在该二叉树的__________上继续查找。

3. 在查找过程中，若同时还要做增、删工作，这种查找则称为________。

4. 分块查找的主表被分成若干块，各块之间_________，块内无序。

### 二、选择题

1. 顺序查找法适合存储结构为（　　）的线性表。

   A. 散列存储　　B. 顺序存储或链接存储

   C. 压缩存储　　D. 索引存储

2. 在散列函数 $H(k)=k\,\%\,m$ 中，一般来讲，$m$ 应取（　　）。

   A. 奇数　　B. 偶数　　C. 素数　　D. 充分大的数

3. 散列表的地址区间为 0 ~ 16，散列函数为 H1(*K*)=*K*%17，采用线性探测法解决冲突，将关键字序列 26，25，72，38，1，18，59 依次存储到散列表中。元素 59 存放在散列表中的地址为（　　）。

A. 8　　B. 9　　C. 10　　D. 11

4. 设有序表的关键字序列为{1，4，6，10，18，35，42，53，67，71，78，84，92，99}，当用二分查找法查找键值为 84 的结点时，经（　　）次比较后查找成功。

A. 2　　B. 3　　C. 4　　D. 12

## 三、应用题

1. 已知散列函数为 H(*k*)=*k*%13，关键字值序列为 19，01，23，14，55，20，84，27，68，11，10，77，处理冲突的方法为线性探查法，散列表长度为 13，试画出该散列表。

2. 从空树起，依次插入关键字 48,27,11,52,73,35,66，画出插入完成后所构造的二叉排序树，并计算在等概率查找的假设下，查找成功时的平均查找长度。

## 四、算法设计题

1. 设计一个递归的二分法查找算法。

2. 设计一个算法统计二叉排序树中结点的值大于 *a* 的结点个数。

第 8 章　在线测试及答案 **在线测试**

# 第 9 章　排序的分析与应用

学习目标

- 了解排序的定义及相关概念。
- 熟练掌握各种排序方法的基本思想及实现方法。
- 掌握各种排序方法时间复杂度和稳定性的分析方法。
- 了解各种排序方法在何种情况下使用的分析方法。

第 9 章 学习目标

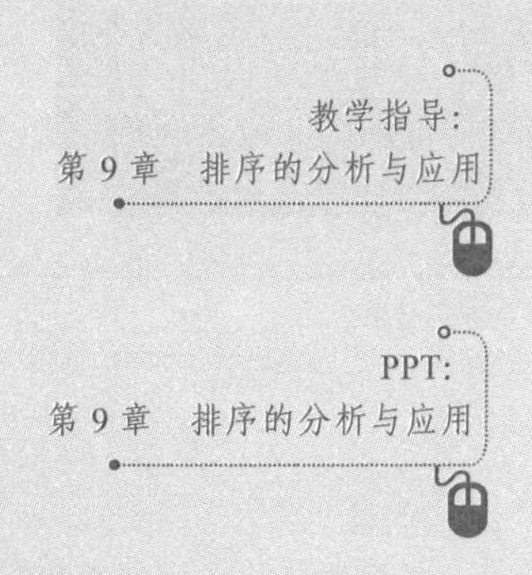

# 实例描述——学生奖学金评定系统设计

某大学奖学金评定办法如下：学生综合积分由文化积分和德育积分构成，文化积分是所有课程成绩总和除以课程门数（平均分），德育积分是参加各类活动的积分，学生综合积分=文化积分 × 70%+德育积分 × 30%。按照学生综合积分排名，2%的学生获得一等奖学金，8%的学生获得二等奖学金，15%的学生获得三等奖学金，项目要求输入班级学生成绩信息，输出获得奖学金的学生名单。已知学生成绩信息包括：学号、姓名、英语成绩、网络成绩、C 语言成绩、数据库成绩、文化积分、德育积分和综合积分。运行结果如图 9-1 所示。

(a) 输入36名同学成绩截图

(b) 36名同学成绩排名截图

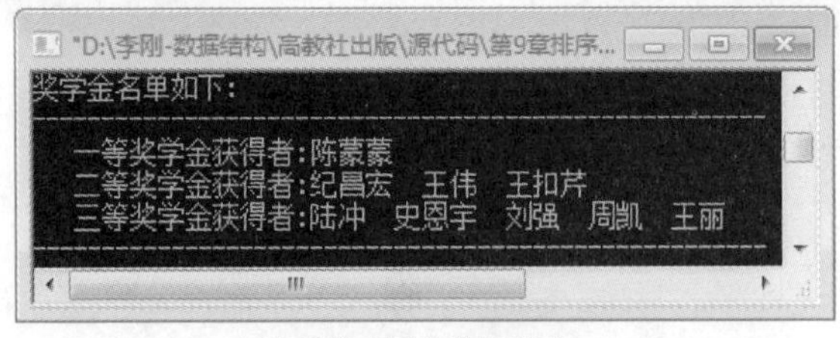


(c) 奖学金评定结果截图

图 9-1
学生奖学金评定系统运行示意图

**知识储备**

排序是计算机内经常进行的一种操作，其目的是将一组“无序”的记录序列调整为“有序”的记录序列。排序算法有很多种，但由于实际参与排序的记录的数量、记录本身的信息量及记录中关键码的分布不同，所以应根据以上情况选择合适的排序算法，提高程序的执行效率。

## 9.1　排序的基本概念

微课 9-1
排序的基本概念

### 9.1.1　排序的定义

排序的记录有简单和复杂之分，例如将下列关键字：12，45，9，23，90，77，65 调整为：9，12，23，45，65，77，90，这是一个简单关键字序列的排序。

例如表 9-1 是一个学生成绩表，其中包含学生学号、姓名、成绩 3 个数据项。可以按主关键字学号进行排序，也可以按次主关键字成绩进行排序。

| 学　号 | 姓　名 | 成　绩 |
|---|---|---|
| 31101001 | 王菲 | 90 |
| 31101002 | 周董 | 87 |
| 31101007 | 飞儿 | 77 |
| 31101006 | 石头 | 90 |
| 31101005 | 刘欢 | 95 |

表 9-1　学生成绩表

下面给出排序的一个确切定义：假设含 $n$ 个记录的序列为 $\{R_1, R_2, \cdots, R_n\}$，其相应的关键字序列为 $\{K_1, K_2, \cdots, K_n\}$，这些关键字相互之间可以进行比较，即在它们之间存在着这样一个递增（或递减）的关系：

$$K_{p1} \leqslant K_{p2} \leqslant \cdots \leqslant K_{pn}$$

按此固有关系将上式记录序列重新排列为：

$$\{R_{p1}, R_{p2}, \cdots, R_{pn}\}$$

的操作称作排序。

笔 记

从上面的例子可以看出，关键字 $K_i$ 可以是记录 $R_i$ 的主关键字，也可以是记录 $R_i$ 的次主关键字。若 $K_i$ 是记录 $R_i$ 的主关键字，则任何一个记录的无序序列经过排序后得到的结果是唯一的；若 $K_i$ 是记录 $R_i$ 的次主关键字，则经过排序后得到的结果可能不唯一。这是因为在待排序的记录序列中可能存在两个或两个以上关键字相等的记录。在表 9-1 中，按成绩进行排序时因为有两个成绩都是 90，所以会出现两种不同的排序结果。

### 9.1.2　相关概念

**1. 内部排序**

若整个排序过程不需要访问外存便能完成，则称此类排序问题为内部排序。内部排序适合排序记录较少时。

**2. 外部排序**

由于待排序记录数据量太大，内存无法容纳全部数据，排序需要借助外部存储设备才能完成，称为外部排序。

**3. 稳定排序和不稳定排序**

假设 $K_i=K_j(1\leqslant i\leqslant n，1\leqslant j\leqslant n，i\neq j)$，若在排序前的序列中 $R_i$ 领先于 $R_j$(即 $i<j$)，经过排序后得到的序列中 $R_i$ 仍领先于 $R_j$，则称所用的排序方法是稳定的；反之，若相同关键字的先后次序在排序过程中发生变化，则称所用的排序方法是不稳定的。

例如：（为了便于区分，其中一个相同的关键字带方框字符）排序前的序列为：(56, 34, 47, 23, 66, 18, 82, $\boxed{47}$)，若排序后的结果为：(18, 23, 34, 47, $\boxed{47}$, 56, 66, 82)，则称该排序方法是稳定的；若排序后的结果为：(18, 23, 34, $\boxed{47}$, 47，56, 66, 82)，则称该排序方法是不稳定的。

本章主要介绍的是内部排序。内部排序的方法有很多，但不论哪种排序过程，通常都要进行两种基本操作：

① 比较两个记录关键字的大小。

② 根据比较结果，将记录从一个位置移到另一个位置。

因此，在分析排序算法的时间复杂度时，主要分析关键字的比较次数和记录移动次数。

为了讨论方便，本章讨论的排序算法中的待排序记录均使用顺序结构存储，且假定记录的关键字均为整数。另外，假定待排序的记录是按递增顺序进行排序的。其排序记录的数据类型定义如下：

```
typedef int KeyType;        //重定义关键字类型为整型，也可以为其他类型
typedef struct
{   KeyType key;            //关键字域
}LineList;                  //线性查找表类型
```

**4. 内部排序方法**

内部排序的过程是一个逐步扩大记录的有序序列长度的过程，如图 9-2 所示。

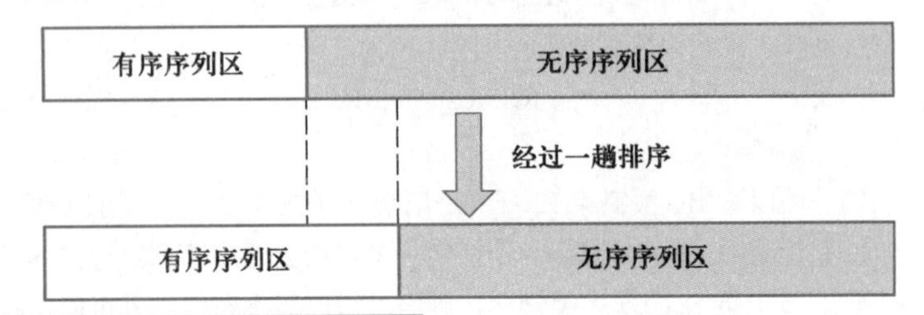


图 9-2
一趟内部排序方法图

基于不同的“扩大”有序序列长度的方法，内部排序方法大致可分下列几种类型：插入类、交换类、选择类、归并类等。

## 9.2　插入排序

插入类排序是将无序子序列中的一个或几个记录“插入”到有序序列中，从而增加记录的有序子序列的长度。

一趟插入排序的基本思想如图 9-3 所示。

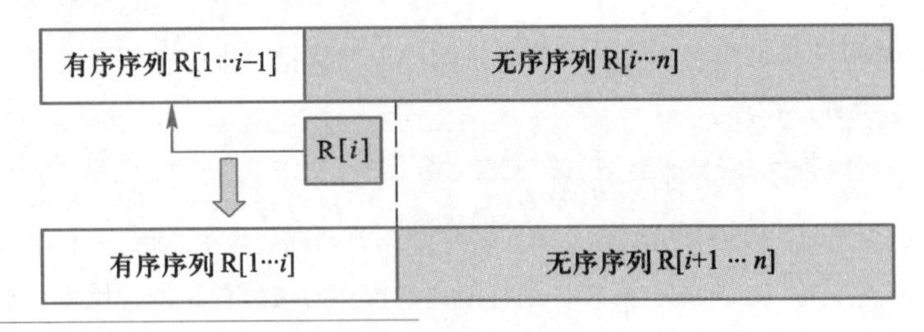


图 9-3
插入排序方法图

实现“一趟插入排序”可分以下三步进行。

第 1 步：在 R[1···$i$−1]中查找 R[$i$]的插入位置，R[1···$j$].key≤R[$i$].key < R[$j$+1···$i$−1].key。

第 2 步：将 R[$j$+1···$i$−1]中的所有记录均后移一个位置。

第 3 步：将 R[$i$]插入(复制)到 R[$j$+1]的位置上。

不同的具体实现方法导致不同的算法描述，具体分为直接插入排序和希尔排序。

## 9.2.1 直接插入排序

微课 9-2
直接插入排序法

动画 9-1
学生身高直接插入排序法

直接插入排序是一种最简单的排序方法，它的基本思想是依次将记录序列中的每一个记录插入到有序段中，使有序段的长度不断地扩大。实例演示如图 9-4 所示，要将 4 名学生按照身高从低到高排队，第 1 名学生先站好，第 2 名学生和第 1 名比较身高后站到相应位置，第 3 名和已排好队的队尾学生比较，如果身高低于队尾学生，那么再和前一个学生比较，直到找到合适的位置，第 4 名以此类推。

图 9-4
学生直接插入法排队描述图

有 $n$ 个记录的无序序列具体的排序过程可以描述如下：

① 首先将待排序记录序列中的第一个记录作为一个有序段，此时这个有序段中只有一个记录。

② 从第二个记录起到最后一个记录，依次将记录和前面有序段中的记录比较，确定记录插入的位置。

③ 将记录插入到有序段中，有序段中的记录个数加 1，直至有序段长度和原来待排序列长度一致时排序结束。一共经过 $n-1$ 趟就可以将初始序列的 $n$ 个记录重新排列成按关键字值从小到大排列的有序序列。

**【例 9.1】** 有一组待排序的记录序列有 $n$=7 个记录，其关键字的初始序列为：{32，15，6，48，19，15，49}，请给出直接插入排序的过程。

为了防止在比较过程中数组下标溢出，我们设一个监视哨 R[0]，即先将要比较的关键字存入监视哨 R[0]中，然后再用 R[0]从后向前进行比较。若 R[0]小于所比较的关键字，则将该关键字向后移一位，并且继续向前比较，直到 R[0]大于等于所比较的关键字时结束。因为我们是边比较边移动记录的，所以在当前比较记录的后面位置是空出来的，直接将 R[0]存入即可。

动画 9-2
直接插入排序法

直接插入排序的过程如图 9-5 所示。

| | R[0]<br>(监视哨) | R[1] | R[2] | R[3] | R[4] | R[5] | R[6] | R[7] |
|---|---|---|---|---|---|---|---|---|
| 初始状态 | | (32) | 15 | 6 | 48 | 19 | 15 | 49 |
| 第1趟插入排序 | 15 | (15 | 32) | 6 | 48 | 19 | 15 | 49 |
| 第2趟插入排序 | 6 | (6 | 15 | 32) | 48 | 19 | 15 | 49 |
| 第3趟插入排序 | 48 | (6 | 15 | 32 | 48) | 19 | 15 | 49 |
| 第4趟插入排序 | 19 | (6 | 15 | 19 | 32 | 48) | 15 | 49 |
| 第5趟插入排序 | 15 | (6 | 15 | 15 | 19 | 32 | 48) | 49 |
| 第6趟插入排序 | 49 | (6 | 15 | 15 | 19 | 32 | 48 | 49) |

图 9-5
直接插入排序示例图

算法的实现要点如下：

① 从 R[$i$−1]起向前进行顺序查找，为了防止溢出，监视哨设置在 R[0]，数据移动前示意图如图 9-6 所示。

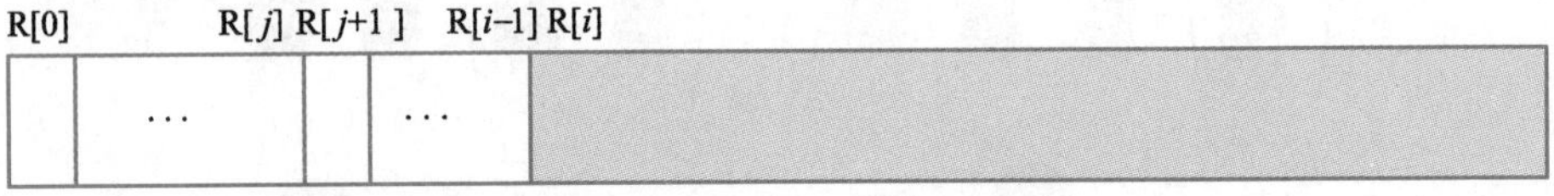

R[0]　　R[ $j$] R[ $j$+1 ]　　R[$i$−1] R[$i$]

| | … | | … | |
|---|---|---|---|---|

图 9-6
数据移动前示意图

```
R[0]=R[i]; // 设置“哨兵”
for(j=i-1;R[0].key<R[j].key;j--) //从后往前找，循环结束表明 R[i]的插入位置为 j+1
```

② 对于在查找过程中找到的那些关键字大于 R[$i$].key 的记录，在查找的同时实现记录向后移动，数据移动后示意图如图 9-7 所示。

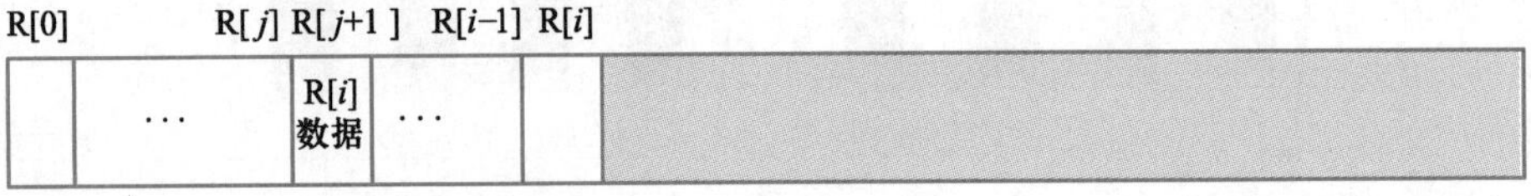

R[0]　　R[ $j$] R[ $j$+1 ]　R[$i$−1]　R[$i$]

| | … | R[$i$]<br>数据 | … | | |
|---|---|---|---|---|---|

图 9-7
数据移动后状态图

```
for(j=i-1;R[0].key<R[j].key;j--)
    R[j+1] = R[j];
```

上述循环结束后可以直接进行“插入”，R[$j$+1]=R[0]。

③ 令 $i$=2，3，…，$n$,实现整个序列的排序。

```
for(i=2;i<=n;i++ )
  if(R[i].key<R[i-1].key)
  {
       R[0].key=R[i].key;
       //在 R[1..i-1]中查找 R[i]的插入位置;
       //插入 R[i] ;
  }
```

源程序 9-1
直接插入排序算法

直接插入排序法的算法描述如下：

```
void inerSort(LineList R[],int n)
{
    int i,j;
    for(i=2;i<=n;i++)
     if(R[i].key<R[i-1].key)
     {
        R[0].key=R[i].key;
```

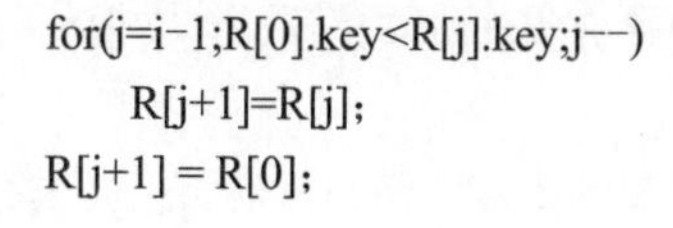

```
            for(j=i-1;R[0].key<R[j].key;j--)
                R[j+1]=R[j];
            R[j+1] = R[0];
        }
    }
```

笔 记

算法分析如下：

从排序过程中“比较”和移动记录的次数来进行算法分析。

- 最好的情况（关键字在记录序列中顺序有序）。

“比较”的次数如下：

$$\sum_{i=2}^{n} 1 = n-1$$

“移动”的次数如下：

$$0$$

- 最坏的情况（关键字在记录序列中逆序有序）。

“比较”的次数如下：

$$\sum_{i=2}^{n}(i+1) = \frac{(n+4)(n-1)}{2}$$

“移动”的次数如下：

$$\sum_{i=2}^{n}(i+1) = \frac{(n+4)(n-1)}{2}$$

由上述分析可知，在最好的情况下，算法的时间复杂度为 $T(n)=O(n)$，在最坏的情况下，算法的时间复杂度为 $T(n)=O(n^2)$。可以证明，直接插入排序的平均时间复杂度也是 $T(n)=O(n^2)$。由上述的算法描述可知直接插入排序是一个稳定的排序方法。

直接插入排序算法简单、容易实现，适用于待排序记录基本有序或待排序记录较少时。当待排序的记录个数较多时，大量的比较和移动操作使直接插入排序算法的效率降低。

### 9.2.2 希尔排序

微课 9-3
希尔排序法

希尔排序（Shell Sort）又称缩小增量排序，它是对直接插入排序的一种改进方法。

由直接插入排序的算法分析可知，直接插入排序的效率取决于记录的个数及记录的原始顺序，那么改进算法应该从减少待排序记录个数和使整个序列向“基本有序”方向发展这两个方面着手，所以希尔排序的基本思想为：对待排记录序列先做“宏观”调整，再做“微观”调整。“宏观”调整：先“跳跃式”的分组进行排序（每组记录少），使得整个序列“基本有序”。“微观”调整：在整个序列“基本有序”后，再进行直接插入排序使整个序列“完全有序”。希尔排序的具体过程如下：

① 取定一个正整数 $d_1<n$，把 $d_1$ 作为间隔值，把全部记录从第一个记录起进行分组，所有距离为 $d_1$ 倍数的记录放在一组中，在各组内进行直接插入排序。

例如：将 $n$ 个记录分成 $d_1$ 个子序列的方法。

{ $R[1]$，$R[1+d_1]$，$R[1+2d_1]$，…，$R[1+kd_1]$ }

{ $R[2]$，$R[2+d_1]$，$R[2+2d_1]$，…，$R[2+kd_1]$ }

…

{ $R[d_1]$，$R[2d_1]$，$R[3d_1]$，…，$R[kd_1]$，$R[(k+1)d_1]$ }

② 取定一个正整数 $d_2 < d_1$，重复上述分组和排序工作，直至取 $d_i=1$ 为止，即所有记录在一个组中进行直接插入排序。

希尔排序算法的时间性能是所取增量的函数，而到目前为止尚未有人求得一种最好的增量序列。希尔提出的方法是：$d_1=\left\lfloor \frac{n}{2} \right\rfloor$，$d_{i+1}=\left\lfloor \frac{d_i}{2} \right\rfloor$。

动画 9-3
希尔排序法

**【例 9.2】** 已知待排序的一组记录的关键字初始排列为{25，36，12，68，45，16，37，22}，请给出希尔排序的过程。

按照希尔排序，其排序过程如图 9-8 所示。

| | R[1] | R[2] | R[3] | R[4] | R[5] | R[6] | R[7] | R[8] |
|---|---|---|---|---|---|---|---|---|
| 初始状态： | 25 | 36 | 12 | 68 | 45 | 16 | 37 | 22 |
| 第1趟分组$d_1$=4: | | | | | | | | |
| 第1趟排序结果： | 25 | 16 | 12 | 22 | 45 | 36 | 37 | 68 |
| 第2趟分组$d_2$=2: | | | | | | | | |
| 第2趟排序结果： | 12 | 16 | 25 | 22 | 37 | 36 | 45 | 68 |
| 第3趟分组$d_3$=1: | | | | | | | | |
| 第3趟排序结果： | 12 | 16 | 22 | 25 | 36 | 37 | 45 | 68 |

图 9-8
希尔排序示例图

算法的实现要点如下：

① 在插入记录 R[$i$]时，自 R[$i-d$]起往前跳跃式（跳跃幅度为 $d$）搜索待插入位置。

② 在搜索过程中，记录后移也是跳跃 $d$ 个位置。

③ 在整个序列中，前 $d$ 个记录分别是 $d$ 个子序列中的第一个记录，所以从第 $d$+1 个记录开始进行插入。

源程序 9-2
希尔排序算法

希尔排序法的具体算法如下：

```
void shellSort(LineList R[],int n)
{
  int i,j,d;
  d=n/2;    //初始步长为表长的一半
  while(d>0)    //直到 d 为 1
  {
   for(i=d+1;i<=n;i++) //对每组进行直接插入排序
     if(R[i].key<R[i-d].key)
     {
       R[0].key=R[i].key;
       for (j=i-d;j>0&&R[0].key<R[j].key;j=j-d)
            R[j+d]=R[j];
       R[j+d]=R[0];
     }
     d=d/2;    //缩小步长值
   }
}
```

算法分析如下：

希尔排序开始时增量较大，分组后每个子序列中的记录个数较少,$n$ 值减小，$n^2$ 更小，而 $T(n)=O(n^2)$,所以 $T(n)$从总体上看是减小了,从而排序速度较快。当增量较小时，虽然每个子序列中记录个数较多，但整个序列已基本有序，排序速度也较快。所以希尔排序可提高排序速度。

希尔排序的时间复杂度分析是一个数学上尚未解决的难题。研究表明，希尔排序的时间性能在 $O(n^2)$和 $O(n\log_2 n)$之间。希尔排序是一种不稳定的排序方法。

## 9.3 交换排序

微课 9-4
冒泡排序法

交换类排序是指通过“交换”无序序列中的记录，从而得到其中关键字最小或最大的记录，并将它加入到有序子序列中，以此方法增加记录的有序子序列的长度。

### 9.3.1 冒泡排序

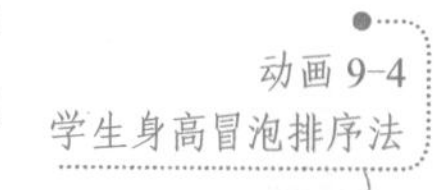

动画 9-4
学生身高冒泡排序法

冒泡排序是交换排序中一种简单的排序方法。实例演示如图 9-9 所示，要将 4 名学生按照身高从低到高排队，第 1 名和第 2 名学生比较，如果第 1 名学生高于第 2 名学生就交换位置，然后第 2 名和第 3 名学生比较，如果第 2 名同学高于第 3 名学生就交换位置，第 3 名和第 4 名学生以此类推，一轮比较后最后一名学生一定是最高的，这样的比较方法继续再重复操作两轮就完成排队了。

图 9-9
学生冒泡法排队描述图

它的基本思想是对所有相邻记录的关键字值进行比较，如果是逆序（$R[j]>R[j+1]$），则将其交换，最终达到有序化。其处理过程如下：

① 将整个待排序的记录序列划分成有序区和无序区。初始状态有序区为空，无序区包括所有待排序的记录。

② 对无序区从前向后依次将相邻记录的关键字进行比较，若逆序则将其交换，从而使得关键字值小的记录向上“飘”（左移），关键字值大的记录向下“沉”（右移）。

③ 每经过一趟冒泡排序，都使无序区中关键字值最大的记录进入有序区，对于由 $n$ 个记录组成的记录序列，最多经过 $n-1$ 趟冒泡排序，就可以将这 $n$ 个记录重新按关键字顺序排列。

在排序过程中，记录序列 $R[1\cdots n]$的变化过程如图 9-10 所示。

$R[n-i+1]$

无序序列$R[1\cdots n-i+1]$ | 有序序列$R[n-i+2\cdots n]$

比较相邻记录，将关键字最大的记录交换到$n-i+1$的位置上 | 第$i$趟冒泡排序

无序序列$R[1\cdots n-i]$ | 有序序列$R[n-i+1\cdots n]$

$R[n-i+1]$

图 9-10
冒泡排序过程示意图

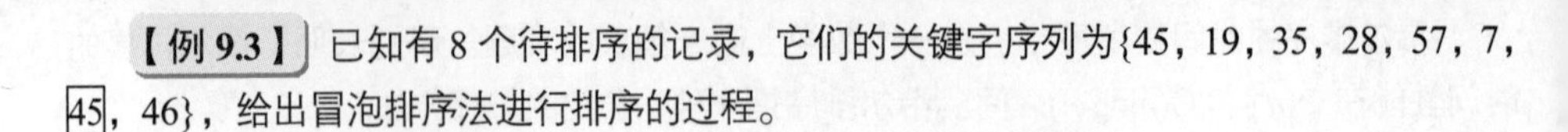

【例 9.3】 已知有 8 个待排序的记录，它们的关键字序列为{45，19，35，28，57，7，45，46}，给出冒泡排序法进行排序的过程。

动画 9-5
冒泡排序法

冒泡排序的过程如图 9-11 所示，其中括号内表示有序区。

初始状态：　45，28，35，19，57，46，45，7

第1趟排序结果：28，35，19，45，46，45，7 (57)

第2趟排序结果：28，19，35，45，45，7 (46，57)

第3趟排序结果：19，28，35，45，7 (45，46，57)

第4趟排序结果：19，28，35，7 (45，45，46，57)

第5趟排序结果：19，28，7 (35，45，45，46，57)

第6趟排序结果：19，7 (28，35，45，45，46，57)

第7趟排序结果：7 (19，28，35，45，45，46，57)

图 9-11
冒泡排序示例图

从上例可以看出，8 个待排序记录，每一趟排序在无序序列中寻找到一个最大值，共经过 7 趟冒泡排序，排序完成。

冒泡排序法的算法如下:

源程序 9-3
冒泡排序算法

```
void   BubbleSort1(LineList R[], int n)
{ int i,j;
    for (i=1;i<n;i++)                              //i 为比较轮数
      for (j=1;j<=n-i;j++)                         //一趟交换排序
        if(R[j].key>R[j+1].key)                    //若逆序
            {R[0]=R[j];R[j]=R[j+1];R[j+1]=R[0];} //用 R[0]作为中间变量实现交换
    }
```

算法分析如下：

- 最好的情况（关键字在记录序列中顺序有序）：只需进行一趟冒泡。

“比较”的次数：$n-1$。

“移动”的次数：0。

- 最坏的情况（关键字在记录序列中逆序有序）：需进行 $n-1$ 趟冒泡。

“比较”的次数如下：

$$\sum_{i=n}^{2}(i-1)=\frac{n(n-1)}{2}$$

“移动”的次数如下：

$$3\sum_{i=n}^{2}(i-1)=\frac{3n(n-1)}{2}$$

因此，冒泡排序最好情况下的时间复杂度为 $T(n)=O(n)$，最坏情况下的时间复杂度为 $T(n)=O(n^2)$，平均时间复杂度为 $T(n)=O(n^2)$，空间复杂度为 $S(n)=O(1)$。冒泡排序是一种稳定的排序方法。

## 9.3.2 快速排序

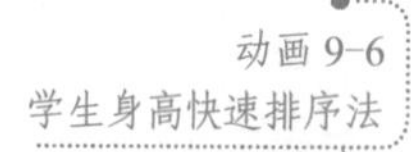

微课 9-5
快速排序法

快速排序（Quick Sort）是对冒泡排序的一种改进。实例演示如图 9-12 所示，将第 1 号学生作为标准，从后面找一个比他身高矮的学生交换位置，再从前面找一个比他身高高的学生交换位置，直到他前面的学生都比他矮，后面的学生都比他高。

动画 9-6
学生身高快速排序法

图 9-12
学生快速法排队描述图

在冒泡排序中，记录的比较和移动是在相邻单元中进行的，记录每次交换只能上移或下移一个单元，因而总的比较次数和移动次数较多。所以可以从图 9-13 所示出发进行改进。

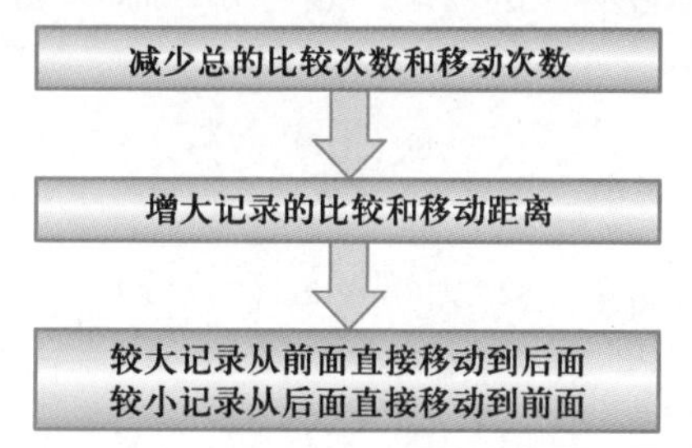


图 9-13
冒泡法改进思路图

快速排序的思路：如果通过一趟快速排序用一个记录（支点或枢轴）将待排序记录分割成独立的两部分，前一部分记录的关键码均小于或等于轴值，后一部分记录的关键码均大于或等于轴值，然后分别对这两部分进行快速排序，直到每个部分为空或只包含一个记录，整个快速排序结束。

假设数组 R[0]元素不存储数据，用 R[0]暂时存放支点记录，一趟快速排序过程如下：

① 对 R[$s \cdots t$]中的记录进行一趟快速排序，附设两个指针 $i$ 和 $j$，设枢轴记录 R[0]=R[$s$]，初始时令 $i$=$s$, $j$=$t$。

② 首先从 $j$ 所指的记录开始从后向前扫描，搜索第一个关键字小于 R[0].key 的记录 R[$j$]，并复制到 R[$s$]处，$i$ 加 1，使关键码小（同轴值相比）的记录移动到前面去。

③ 再从 $i$ 所指的记录开始从前向后扫描，找到第一个关键字大于 R[0].key 的记录 R[$i$]，并复制到 R[$j$]处，$j$ 减 1，使关键码大（同轴值比较）的记录移动到后面去。

④ 重复上述两步，直至 $i$=$j$ 为止。

⑤ 把 R[0]复制到记录 R[$i$](或 R[$j$])处。

**【例 9.4】** 已知一个无序序列，其关键字值为{32，42，7，48，15，$\boxed{48}$，12，18}的记录序列，给出进行快速排序的过程（其中有两个相同的关键字 48，后一个用方框括起来）。

完整的快速排序首先对无序的记录序列进行“一次划分”，之后分别对分割所得的两个子序列“递归”进行快速排序，如图 9-14 所示。

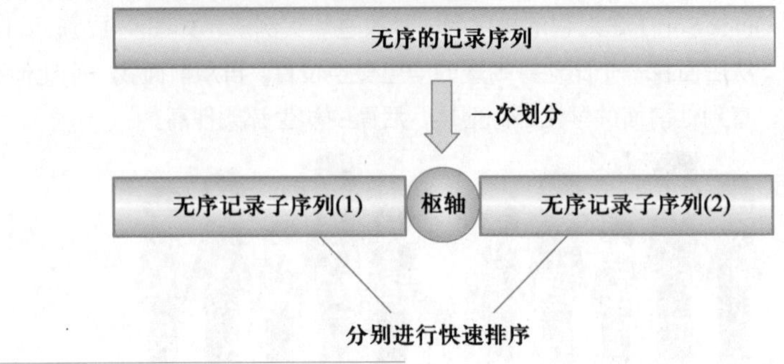


图 9-14
完整快速排序示意图

一趟快速排序的过程如图 9-15 所示：

动画 9-7
快速排序法

| | | R[0] | R[1] | R[2] | R[3] | R[4] | R[5] | R[6] | R[7] | R[8] |
|---|---|---|---|---|---|---|---|---|---|---|
| 初始状态(枢轴为32) | | 32 | 32 | 42 | 7 | 48 | 15 | 48 | 12 | 18 |
| | | | i↑ | | | | | | | ↑j |
| 第1次比较 | 18 < 32<br>R[8]覆盖R[1]<br>i++ | 32 | (18) | 42 | 7 | 48 | 15 | 48 | 12 | 18 |
| | | | | i↑ | | | | | | ↑j |
| 第2次比较 | 42>32<br>R[2]覆盖R[8]<br>j-- | 32 | (18) | 42 | 7 | 48 | 15 | 48 | 12 | (42) |
| | | | | i↑ | | | | | ↑j | |
| 第3次比较 | 12< 32<br>R[7]覆盖R[2]<br>i++ | 32 | (18) | (12) | 7 | 48 | 15 | 48 | 12 | (42) |
| | | | | | i↑ | | | | ↑j | |
| 第4次比较 | 7 < 32<br>不移动<br>i++ | 32 | (18) | (12) | (7) | 48 | 15 | 48 | 12 | (42) |
| | | | | | | i↑ | | | ↑j | |
| 第5次比较 | 48>32<br>R[4]覆盖R[7]<br>j-- | 32 | (18) | (12) | (7) | 48 | 15 | 48 | (48) | (42) |
| | | | | | | i↑ | | ↑j | | |
| 第6次比较 | 48 > 32<br>不移动<br>j-- | 32 | (18) | (12) | (7) | 48 | 15 | 48 | (48) | (42) |
| | | | | | | i↑ | ↑j | | | |
| 第7次比较 | 15< 32<br>R[5]覆盖R[4]<br>i++ | 32 | (18) | (12) | (7) | (15) | 15 | 48 | (48) | (42) |
| | | | | | | | i↑↑j | | | |
| 一趟排序结束i=j | | 32 | (18) | (12) | (7) | (15) | 32 | 48 | (48) | (42) |
| | | | | | | | i↑↑j | | | |

图 9-15
一趟快速排序过程图

源程序 9-4
快速排序算法

快速排序法的算法如下;

```
void QuickSort(LineList R[],int first,int end)
{   int i,j;
    LineList temp;
    i=first; j=end; temp=R[i]; R[0]=R[i];          //初始化
    while(i<j)
    {   while (i<j && R[0].key<=R[j].key)  j--;      //从右端开始扫描
        if(i<j){R[i]=R[j];i++;}
        while (i<j && R[0].key>=R[i].key)  i++;      //从左端开始扫描
        if(i<j){R[j]=R[i];j--;}
    }
```

```
        R[i]=R[0];
        if (first<i-1)  QuickSort(R,first,i-1);          //对左侧分区域进行递归快速排序
        if (i+1<end)  QuickSort(R,i+1,end);              //对右侧分区域进行“递归”快速排序
    }
```

算法分析如下：

① 时间复杂度：最好的情况（每次总是选到中间值作枢轴）：$T(n)=O(n\log_2 n)$；最坏的情况（每次总是选到最小或最大元素作枢轴）：$T(n)=O(n^2)$。

② 空间复杂度：需栈空间以实现递归。最坏的情况：$S(n)=O(n)$；一般的情况：$S(n)=O(\log_2 n)$。

从上面分析的情况可以看出，快速排序在待排序记录不规则分布的情况下效率较高，快速排序是一种不稳定的排序方法。

## 9.4 选择排序

选择类排序是从记录的无序子序列中“选择”关键字最小或最大的记录，并将它加入到有序子序列中，以此方法增加记录的有序子序列的长度。

### 9.4.1 直接选择排序

微课 9-6

直接选择排序法

直接选择排序是一种简单的排序方法。实例演示如图 9-16 所示，将 4 名学生按照身高从低到高排序，先将第 1 名学生和后面所有学生中身高最低而且比第 1 名学生也要低的学生交换位置，再将第 2 名学生和后面所有学生中身高最低而且比第 2 名学生也要低的学生交换位置，第 3 名以此类推，直到排序完成。

图 9-16
学生直接选择法排队描述图

其基本思想是：每一趟在 $n-i+1(i=1,2,3,\cdots,n-1)$ 个记录中选取关键字最小的记录作为有序序列中的第 $i$ 个记录，如图 9-17 所示。

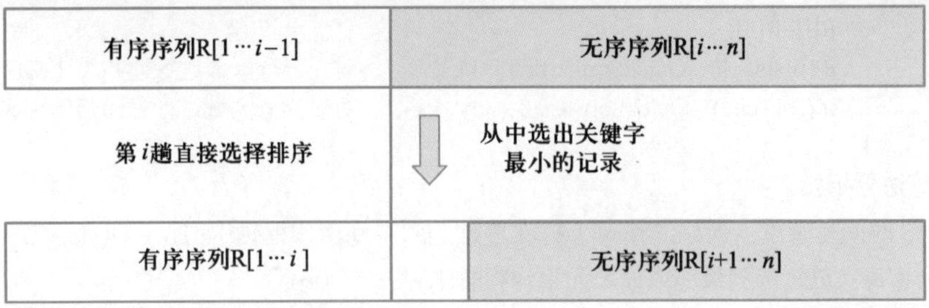

| 有序序列R[1…i-1] | 无序序列R[i…n] |
|---|---|
| 第 i 趟直接选择排序 | 从中选出关键字最小的记录 |
| 有序序列R[1…i] | 无序序列R[i+1…n] |

图 9-17
直接选择排序示意图

直接选择排序的具体过程如下：

① 设置一个整型变量 index，用于记录在一趟的比较过程中，当前关键字值最小的记录位置。首先设定将 index 为当前无序区域的第一个位置，即 index=$i$，即假设这个位置的关键字最小，然后用它与无序区域中其他记录进行比较，若发现有比它的关键字还小的记录 $j$，就将 index 改为这个新的最小记录位置，即 index=$j$，随后再用 R[index].key 与后面的记录进行比较，并根据比较结果，随时修改 index 的值，一趟结束后 index 中保留的就是本趟选择的关键字最小的记录位置。

② 将 index 位置的记录交换到有序区域的第 $i$ 个位置，使得有序区域扩展了一个记录，而无序区域减少了一个记录。

③ 重复①、②，直到无序区域剩下一个记录为止。此时所有的记录已经按关键字从小到大的顺序排列。

**【例 9.5】** 已知一个无序序列，其关键字值为{42，7，48，15，[48]，25，18}的记录序列，给出进行直接选择排序的过程（其中有两个相同的关键字 48，后一个用方框括起来）。

动画 9-9
直接选择排序法

直接选择排序过程如图 9-18。

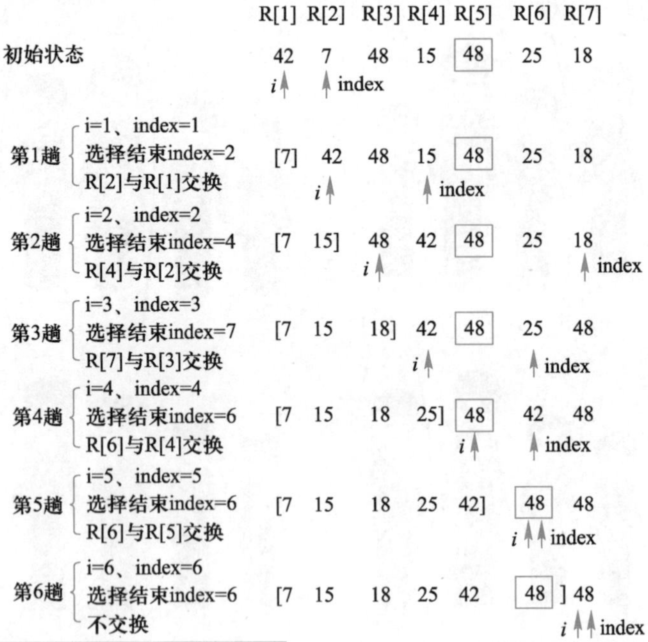

| | | R[1] | R[2] | R[3] | R[4] | R[5] | R[6] | R[7] |
|---|---|---|---|---|---|---|---|---|
| 初始状态 | | 42 (i) | 7 (index) | 48 | 15 | [48] | 25 | 18 |
| 第1趟 | i=1、index=1；选择结束index=2；R[2]与R[1]交换 | [7] | 42 (i) | 48 | 15 (index) | [48] | 25 | 18 |
| 第2趟 | i=2、index=2；选择结束index=4；R[4]与R[2]交换 | [7 | 15] | 48 (i) | 42 | [48] | 25 | 18 (index) |
| 第3趟 | i=3、index=3；选择结束index=7；R[7]与R[3]交换 | [7 | 15 | 18] | 42 (i) | [48] | 25 (index) | 48 |
| 第4趟 | i=4、index=4；选择结束index=6；R[6]与R[4]交换 | [7 | 15 | 18 | 25] | [48] (i) | 42 (index) | 48 |
| 第5趟 | i=5、index=5；选择结束index=6；R[6]与R[5]交换 | [7 | 15 | 18 | 25 | 42] | [48] (i, index) | 48 |
| 第6趟 | i=6、index=6；选择结束index=6；不交换 | [7 | 15 | 18 | 25 | 42 | [48] ] | 48 (i, index) |

图 9-18
直接选择排序过程图

直接选择排序法（该算法中 R[0]不存放记录，作为记录交换的中间变量使用）的算法设计如下：

源程序 9-5
直接选择排序算法

```
void  selectSort(LineList R[], int n)
{  int i,j,index;
```

```
        for(i=1;i<n;i++)
        {  index=i;
           for(j=i+1;j<=n;j++)
              if(R[j].key<R[index].key)   index=j;
           if(index!=i)
           { R[0]=R[i];R[i]=R[index];R[index]=R[0]; }
        }
    }
```

算法分析如下：

① 时间复杂度：记录移动次数最好的情况：0，最坏的情况：$3(n-1)$。

比较次数为：

$$\sum_{i=1}^{n-1}(n-i)=\frac{n(n-1)}{2}$$

所以 $T(n)=O(n^2)$。

② 空间复杂度：$S(n)=O(1)$。

微课 9-7
堆排序法

## 9.4.2 堆排序

堆排序是另一种基于选择的排序方法。这里先介绍一下什么是堆，然后再介绍如何利用堆进行排序。

堆定义：由 $n$ 个元素组成的序列$\{k_1, k_2, \cdots, k_{n-1}, k_n\}$，当且仅当满足如下关系时，称之为堆：

$$\begin{cases}k_i \leqslant k_{2i} \\ k_i \leqslant k_{2i+1}\end{cases} \text{或} \begin{cases}k_i \geqslant k_{2i} \\ k_i \geqslant k_{2i+1}\end{cases} \quad \text{其中 } i=1, 2, 3, \cdots, \lfloor n/2 \rfloor$$

若将堆看成是一棵以 $k_1$ 为根的完全二叉树，则这棵完全二叉树中的每个非终端结点的值 $k_i$ 均不大于（或不小于）其左、右孩子结点的值。由此可以看出，若一棵完全二叉树是堆，则根结点一定是这 $n$ 个结点中的最小者或最大者。一般的，堆顶元素为最小值，该堆称为小根堆；堆顶元素为最大值，该堆称为大根堆。

例如，下列 A、B 两个序列为堆，对应的完全二叉树如图 9-19 所示。序列 A={76，32，24，22，16，7，15，18，21}构成的是大根堆；序列 B={6，11，19，23，38，27}构成的是小根堆。

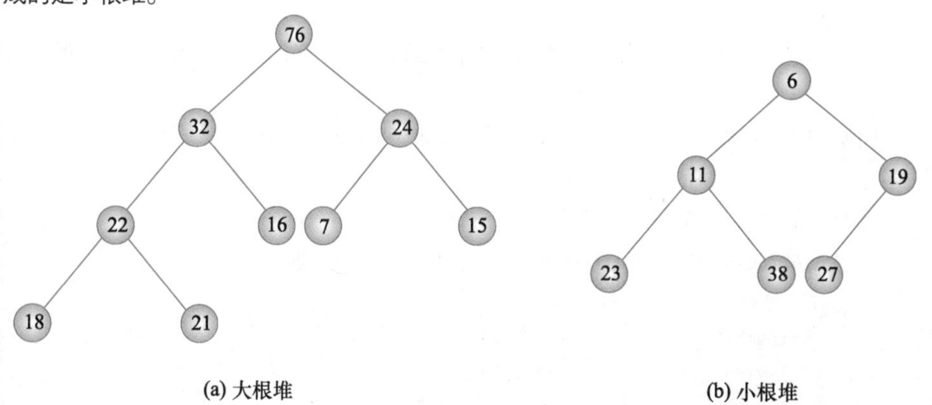


图 9-19
堆的示例图

堆排序的基本思想：将 $n$ 个无序序列建成一个堆，从堆顶得到关键字最小（或最大）的记录；然后将它从堆中移走，并将剩余的 $n$-1 记录再调整成堆，这样又找出了 $n$ 个记录的次小（或次大）的记录，以此类推，直到堆中只有一个记录为止，每个记录出堆的顺序就是一个有序序列，这个过程就叫堆排序。

首先介绍一下筛选的概念，将根结点值与左、右子树的根结点值进行比较，并与其中的小者进行交换；重复上述操作，直至叶子结点，将得到新的堆，称这个从堆顶至叶子的调整过程为“筛选”。

动画 9-10
构造小根堆

堆排序的关键步骤为以下两步：

① 构造堆，即如何将一个无序序列建成初始堆；从无序序列的第 $\lfloor n/2 \rfloor$ 个元素（此无序序列对应的完全二叉树的最后一个非终端结点）起，至第一个元素止，进行反复筛选。

② 调整堆，即如何在输出堆的根结点之后，以堆中最后一个元素替代之，调整剩余元素成为一个新的堆。

筛选算法如下：

```
int sift(LineList r[],int k,int m)
{  //要筛选结点的编号为 k，堆中最后一个结点的编号为 m
   int i,j; LineList x;
   i=k;x=r[i];j=2*i;          //将筛选记录暂存 x 中
   while(j<=m)
   {  if((j<m)&&(r[j].key>r[j+1].key))
   j++;                       //左右孩子中小的为 r[j]
      if(x.key>r[j].key)
      {  r[i].key=r[j].key;
         i=j;
         j*=2;
      }
      else    j=m+1;
    }
    r[i]=x; //将筛选记录移到正确位置
}
```

笔 记

算法描述如下：

```
for(i=n/2;i>=1;i--)
  sift(r,i,n);//筛选算法
```

堆排序过程：利用上述算法，建立好大根堆以后，进行 $n$-1 次筛选即可完成整个排序过程。

**【例 9.6】** 已知一组无序关键字序列为{76,50,65,49,97,15,38,27}，写出该序列进行堆排序过程（如图 9-20 所示）。

堆排序算法描述如下：

源程序 9-6
堆排序算法

```
void heapsort(LineList r[],int n)      //对 r[1]到 r[n]进行堆排序
{  int i;
   LineList x;
   for(i=n/2;i>=1;i--)          //初建堆
      sift(r,i,n);
   for(i=n;i>=2;i--)                  //进行 n-1 趟堆排序
```

```
    {   x=r[1] ;
        r[1]=r[i];
        r[i]=x;
        sift(r,1,i-1);
    }
}
```

算法分析如下：

① 时间复杂度：最坏的情况下：$T(n)=O(n\log_2 n)$。

② 空间复杂度：$S(n)=O(1)$。

堆排序是一种不稳定的排序，适合待排序记录较多的情况。

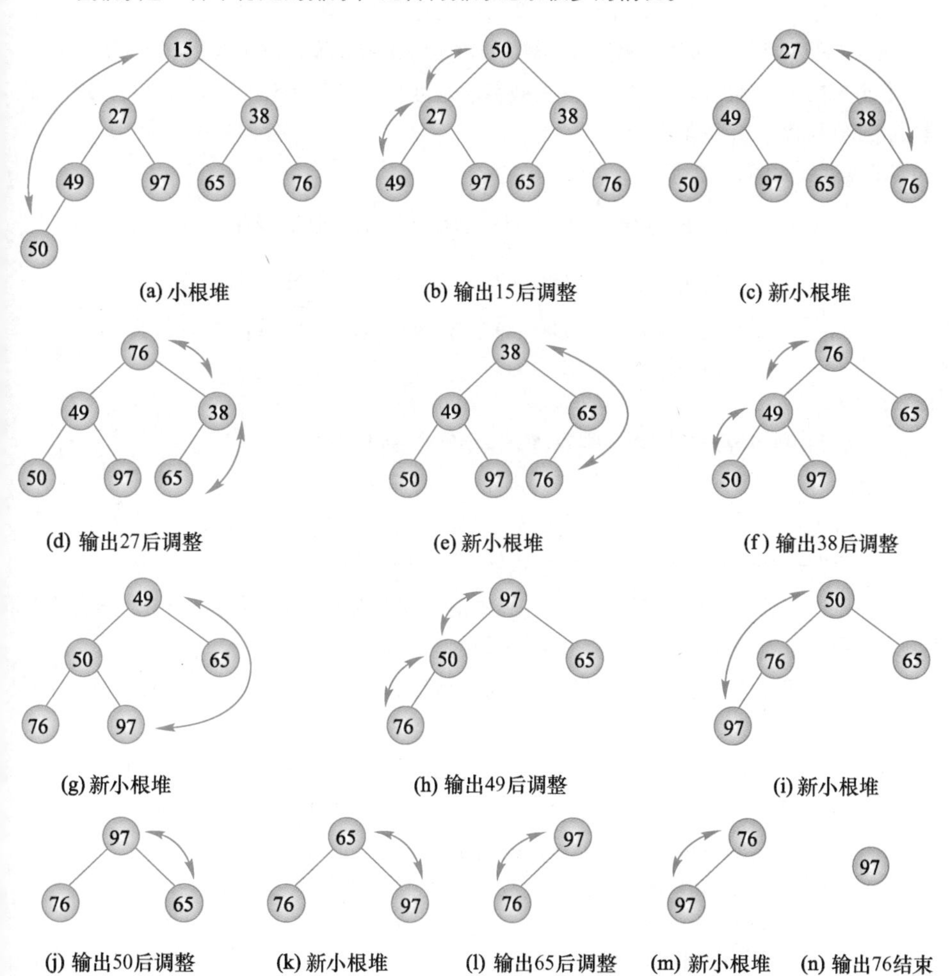


图 9-20 堆排序的过程图

## 9.5 归并排序

微课 9-8 归并排序法

归并排序的过程基于下列基本思想进行：将两个或两个以上的有序子序列“归并”为一个有序序列，如图 9-21 所示。

在内部排序中，通常采用的是 2-路归并排序。即：将两个位置相邻的有序子序列归并为一个有序的序列。这个操作对顺序表而言，会简单很多。

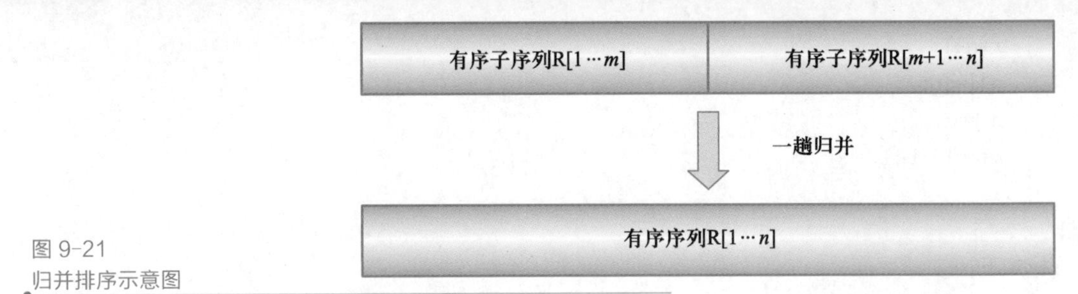


图 9-21
归并排序示意图

二路归并排序的排序过程：

① 设初始序列含有 $n$ 个记录，则可看成 $n$ 个有序的子序列，每个子序列长度为 1。

② 两两合并，得到$\lfloor n/2 \rfloor$个长度为 2 或 1 的有序子序列。

③ 再两两合并，如此重复，直至得到一个长度为 $n$ 的有序序列为止。

**【例 9.7】** 一组待排序记录，其关键字序列为 {49，38，65，97，76，13， 27}，按照二路归并排序的思想给出排序过程。

动画 9-11
归并排序法

排序过程如图 9-22 所示。

| | | | | | | | |
|---|---|---|---|---|---|---|---|
| 初始关键字： | [49] | [38] | [65] | [97] | [76] | [13] | [27] |
| 1趟归并后： | [38 | 49] | [65 | 97] | [13 | 76] | [27] |
| 2趟归并后： | [38 | 49 | 65 | 97] | [13 | 27 | 76] |
| 3趟归并后： | [13 | 27 | 38 | 49 | 65 | 76 | 97] |

图 9-22
二路归并排序过程图

二路归并排序算法的实现，需要解决以下几个关键问题：

关键问题一：如何将两个有序序列合成一个有序序列?

① 设置 $i$ 和 $j$ 两个整型指针，初始分别指向两个子序列的起始位置。

② 设置一个辅助数组 R1，用整型指针 $k$ 指向数组的起始位置。

③ 依次比较 R[$i$]和 R[$j$]的关键字，将关键字较小的记录存入到 R1[$k$]中，然后将 R1 的下标 $k$ 加 1，同时将指向关键字较小的记录的标志加 1。

④ 重复步骤③，直到 R 中的所有记录全部复制到 R1 中为止，最后将 R1 中的记录都复制到 R 中去。

设相邻的有序序列为 R[$s$]–R[$m$]和 R[$m$+1]–R[$t$]，归并成一个有序序列 R1[$s$]–R1[$t$]，两个有序序列合成一个有序序列算法如下：

源程序 9-7
归并排序算法

```
void Merge(int R[],int R1[],int s,int m,int t)
{   int i=s;j=m+1;k=s;
    while(i<=m && j<=t)
    { if(R[i]<=R[j])   R1[k++]=R[i++];
      else R1[k++]=R[j++];
    }
    if(i<=m)
        while(i<=m)    R1[k++]=R[i++]; //收尾处理,前一个子序列
    if(j<=t)
        while(j<=t)    R1[k++]=R[j++];  //后一个子序列
}
```

关键问题二：如何控制二路归并的结束?

算法描述如下：

```
void MergeSort(int R[],int R1[],int R2[],int s,int t)
{
    if(s==t)
        R1[s]=R[s];
    else
    {
        int m;
        m=(s+t)/2;
        MergeSort(R,R2,R1,s,m);          //归并排序前半个子序列
        MergeSort(R,R2,R1,m+1,t);        //归并排序后半个子序列
        Merge(R2,R1,s,m,t);              //将两个已排序的子序列归并
    }
}
```

时间性能：一趟归并操作是将 R[1] ~ R[$n$]中相邻的长度为 $n$ 的有序序列进行两两归并，并把结果存放到 R1[1] ~ R1[$n$]中，这需要 O($n$)时间。整个归并排序需要进行 $\log_2 n$ 趟，因此，总的时间代价是 O($n\log_2 n$)。归并排序是稳定的排序方法。

空间性能：在执行算法时，需要占用与原始记录序列同样数量的存储空间，因此空间复杂度为 O($n$)。

## 9.6 各种内部排序算法的比较

本节之前介绍了各种排序方法，为了使读者更进一步熟悉和应用这些方法，下面对介绍过的排序方法从几个方面进行分析和比较。

（1）时间复杂度比较（如表 9-2 所示）

表 9-2 时间复杂度比较

| 排序方法 | 平均情况 | 最好情况 | 最坏情况 |
|---|---|---|---|
| 直接插入排序 | O($n^2$) | O($n$) | O($n^2$) |
| 希尔排序 | O($n\log_2 n$) | O($n^{1.3}$) | O($n^2$) |
| 冒泡排序 | O($n^2$) | O($n$) | O($n^2$) |
| 快速排序 | O($n\log_2 n$) | O($n\log_2 n$) | O($n^2$) |
| 直接选择排序 | O($n^2$) | O($n^2$) | O($n^2$) |
| 堆排序 | O($n\log_2 n$) | O($n\log_2 n$) | O($n\log_2 n$) |
| 归并排序 | O($n\log_2 n$) | O($n\log_2 n$) | O($n\log_2 n$) |

（2）空间复杂度比较（如表 9-3 所示）

表 9-3 空间复杂度比较

| 排序方法 | 辅助空间 |
|---|---|
| 直接插入排序 | O(1) |
| 希尔排序 | O(1) |
| 冒泡排序 | O(1) |
| 快速排序 | O($\log_2 n$) |
| 直接选择排序 | O(1) |
| 堆排序 | O(1) |
| 归并排序 | O($n$) |

（3）稳定性比较（如表 9-4 所示）

表 9-4　稳定性比较

| 排序方法 | 稳定性 |
| --- | --- |
| 直接插入排序 | 稳定 |
| 希尔排序 | 不稳定 |
| 冒泡排序 | 稳定 |
| 快速排序 | 不稳定 |
| 直接选择排序 | 不稳定 |
| 堆排序 | 不稳定 |
| 归并排序 | 稳定 |

（4）排序方法的选取

① 若待排序的一组记录数目 $n$ 较小（如 $n \leq 50$）时，可采用插入类排序或者选择类排序。

② 若 $n$ 较大，则采用快速排序、堆排序或者归并排序。

③ 若待排序记录按关键字基本有序，则采用直接插入排序或者冒泡排序。

实例文档 9-1
学生奖学金评定系统设计

## 实例分析与实现

### 1. 实例分析

首先，按照学生成绩信息的组成定义结构体，输入各门课程成绩和德育积分，根据已知文化积分的计算公式，求出文化积分，再根据文化积分和德育积分的比例，求出综合积分；然后，使用冒泡排序法按照学生综合积分进行从高到低的排名，并输出排名结果；最后，输出排名前 2%的学生获得一等奖学金，排名在 2%～10%的学生获得二等奖学金，排名在 10%～25%的学生获得三等奖学金。

### 2. 代码清单 9.1

源程序 9-8
学生奖学金评定系统设计

```
#include "stdio.h"
typedef struct student
{
    int number;         //学号
    char name[8];       //姓名
    float English;          //英语成绩
    float net;              //网络成绩
    float c;                //C 语言成绩
    float database;         //数据库成绩
    float d_score;          //德育积分
    float w_score;      //文化积分
    float t_score;          //综合积分
}STU;
main( )
{
    STU stu[50],temp;       //定义 50 名学生的数组
    int i=0,j,num;
```

```
int b1,b2,b3;
printf("请输入学号、姓名、英语、网络、C 语言、数据库、德育积分):\n");
printf("----------------------------------------------------\n");
while(1)
{
    //输入学生信息
    scanf("%d%s%f%f%f%f%f",&stu[i].number,stu[i].name,&stu[i].english,
    &stu[i].net,&stu[i].c,&stu[i].database,&stu[i].d_score);
    if(stu[i].number==0)   break;
    //计算文化积分=所有课程成绩总和/门数
    stu[i].w_score=(stu[i].english+stu[i].net+stu[i].c+
    stu[i].database)/4;
    //计算综合积分=文化积分*70%+德育积分*30%
    stu[i].t_score=stu[i].w_score*0.7+stu[i].d_score*0.3;
    i++;
}
num=i;                                          //学生总人数
printf("----------------------------------------------------\n\n");
for(i=0;i<=num-2;i++)                           //冒泡排序法
  for(j=0;j<=num-2;j++)
   if(stu[j].t_score<stu[j+1].t_score)  //按照总积分由高到低排序
   {
      temp=stu[j];stu[j]=stu[j+1];stu[j+1]=temp;
   }
//打印总积分从高到低排序后的结果
printf("成绩排名(学号、姓名、文化积分、德育积分、综合积分):\n");
printf("--------------------------------------------------\n");
for(i=0;i<=num-1;i++)
    printf("%d %s %.2f %.2f %.2f\n",stu[i].number,stu[i].name,
    stu[i].w_score,stu[i].d_score,stu[i].t_score);
printf("--------------------------------------------------\n\n");
printf("奖学金名单如下:\n");
printf("--------------------------------------------------\n");
b1=(int)(num*0.02+0.5);                  //b1 为获得一等奖学金人数
printf("    一等奖学金获得者:");
for(i=0;i<b1;i++)
   printf("%s   ",stu[i].name);
printf("\n");
b2=(int)(num*0.08+0.5);                  //b2 为获得二等奖学金人数
printf("    二等奖学金获得者:");
for(i=b1;i<b1+b2;i++)
   printf("%s   ",stu[i].name);
printf("\n");
b3=(int)(num*0.15+0.5);                  //b3 为获得三等奖学金人数
printf("    三等奖学金获得者:");
for(i=b1+b2;i<b1+b2+b3;i++)
```

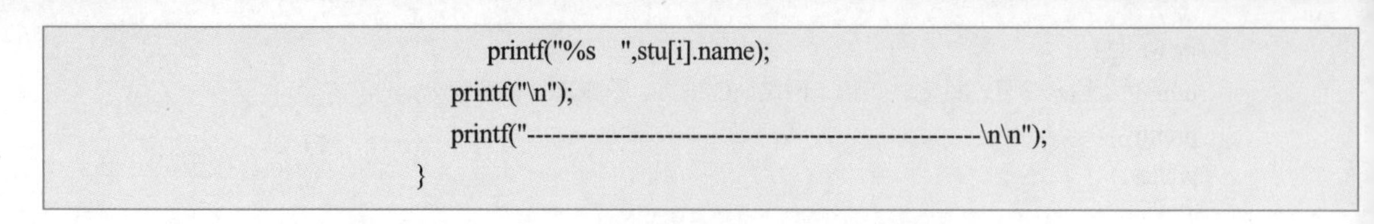

```
        printf("%s   ",stu[i].name);
    printf("\n");
    printf("--------------------------------------------------\n\n");
}
```

实例文档 9-2
扑克牌箱排序

## 知识拓展——扑克牌箱排序问题设计

### 1. 内容介绍

一副扑克牌共计有 52 张，如果将 52 张牌洗牌打乱顺序后，如何将其按照点数从小到大排好序呢？要将一副混洗的 52 张扑克牌按点数 A<2<…<J<Q<K 排序，需设置 13 个“箱子”，排序时依次将每张牌按点数放入相应的箱子里，然后依次将这些箱子首尾相接，就得到了按点数递增序排列的一副牌。具体运行结果如图 9-23 所示。

### 2. 算法设计

首先定义 13 个箱子为指针型数组，然后每输入一张扑克牌点数，就开辟一个空间存储点数和链接指针，如果不存在相同点数的扑克牌，就链接在第一个相应位置，已经存在相同点数的扑克牌就链接在相同点数的结点后面，最后按照数组下标顺序依次输出链表上的结点信息，这样，扑克牌按照点数从小到大排序后输出成功。

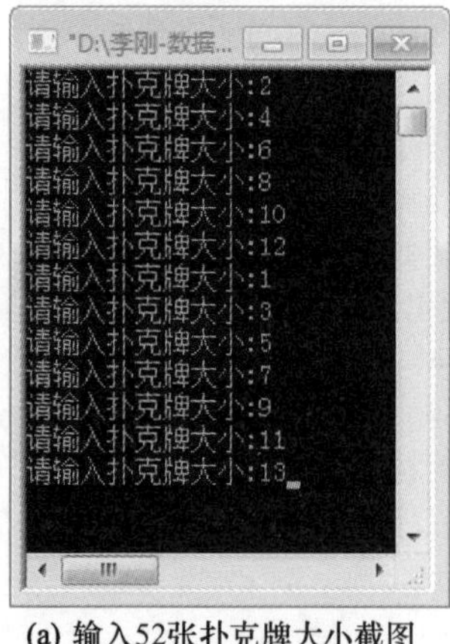


(a) 输入52张扑克牌大小截图

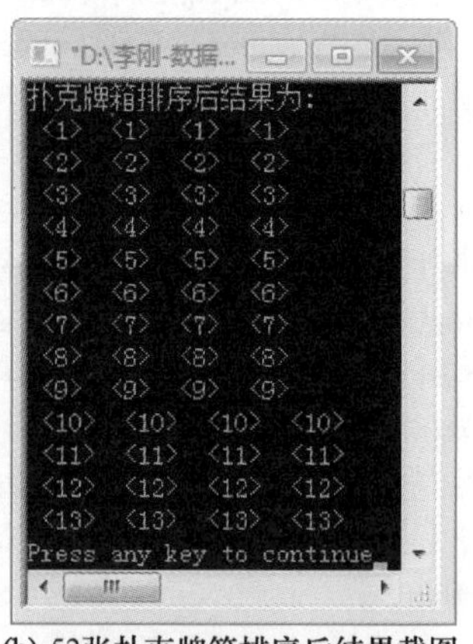


(b) 52张扑克牌箱排序后结果截图

图 9-23
扑克牌箱排序运行截图

### 3. 代码清单 9.2

源程序 9-9
扑克牌箱排序

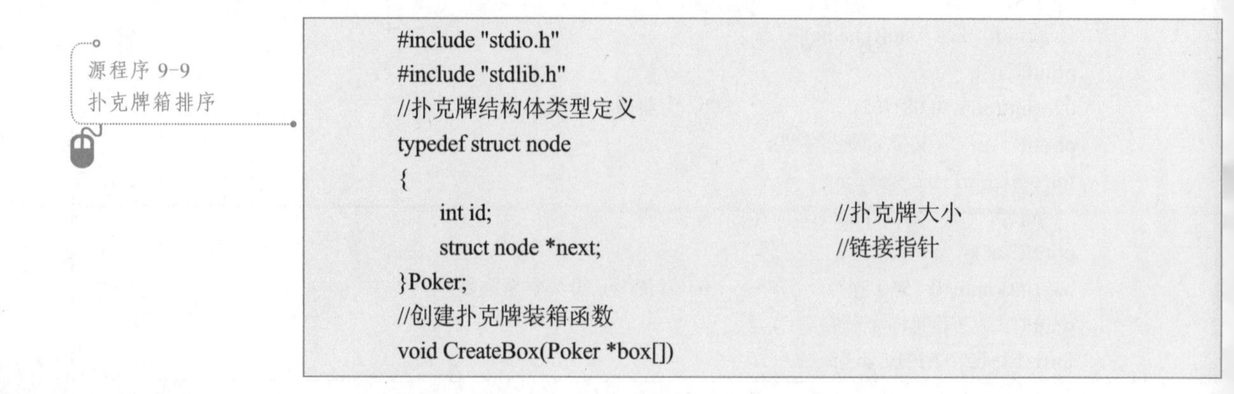

```
#include "stdio.h"
#include "stdlib.h"
//扑克牌结构体类型定义
typedef struct node
{
    int id;                          //扑克牌大小
    struct node *next;               //链接指针
}Poker;
//创建扑克牌装箱函数
void CreateBox(Poker *box[])
```

```
{
    int i,id;
    Poker *p,*r,*pre;
    for(i=1;i<=52;i++)                          //52 张扑克牌
    {
        printf("请输入扑克牌大小:");
        scanf("%d",&id);
        p=(Poker *)malloc(sizeof(Poker));       //开辟新结点
        p->id=id;p->next=NULL;
        r=box[id];
        if(r==NULL)                             //当前箱为空
            box[id]=p;
        else
        {
            while(r!=NULL)                  //寻找插入的位置
            {
                pre=r;
                r=r->next;
            }
            pre->next=p;                    //链接到末尾
        }
    }
}
//输出扑克牌箱排序函数
void Output(Poker *box[],int n)
{
    int i;
    Poker *p;
    printf("扑克牌箱排序后结果为:\n");
    for(i=1;i<=n;i++)
    {
        p=box[i];           //指向第一个结点
        while(p!=NULL)
        {
            printf(" <%d> ",p->id);
            p=p->next;      //下移
        }
        printf("\n");
    }
}
main()
{
    Poker *box[14]={NULL};      //box[0]不用,共 13 个箱子
    CreateBox(box);             //调用扑克牌装箱函数
    Output(box,13);             //输出扑克牌箱排序函数
}
```

第 9 章　同步训练答案

## 同 步 训 练

### 一、填空题

1. 在选择排序、堆排序、快速排序、直接插入排序中，稳定的排序方法是__________。

2. 快速排序在最坏情况下的时间复杂度是___________。

3. 若用冒泡排序对关键字序列 {18，16，14，12，10，8} 进行从小到大的排序，所需进行的关键字比较总次数是__________。

### 二、选择题

1. 从未排序序列中挑选元素，将其放在已排序序列的一端，这种排序方法称为（　　）。

A. 选择排序　　B. 插入排序
C. 快速排序　　D. 冒泡排序

2. 堆排序是一种（　　）排序。

A. 插入　　B. 选择　　C. 交换　　D. 归并

3. 堆的形状是一棵（　　）。

A. 二叉排序树　　B. 满二叉树
C. 完全二叉树　　D. 平衡二叉树

4. 在下列排序方法中，不稳定的排序方法是（　　）。

A. 直接插入排序　　B. 直接选择排序
C. 冒泡排序　　D. 归并排序

5. 快速排序在（　　）情况下最易发挥其长处。

A. 被排序的数据中含有多个相同排序码
B. 被排序的数据已基本有序
C. 被排序的数据完全无序
D. 被排序的数据中的最大值和最小值相差悬殊

6. 对以下几个关键字进行快速排序，以第一个元素为轴，一次划分效果不好的是（　　）。

A. 4，1，2，3，6，5，7　　B. 4，3，1，7，6，5，2
C. 4，2，1，3，6，7，5　　D. 1，2，3，4，5，6，7

### 三、应用题

1. 写出对关键字序列{40，24，80，39，43，18，20}进行冒泡排序的每一趟结果。

2. 有一组关键码序列{12，5，9，20，6，31，24}，采用直接插入排序方法由小到大进行排序，请写出每一趟排序的结果。

3. 已知用某种排序方法对关键字序列{51，35，93，24，13，68，56，42，77}进行排序时，前两趟排序的结果为：

{35，51，24，13，68，56，42，77，93}

{35，24，13，51，56，42，68，77，93}

那么所采用的排序方法是什么？

四、算法设计题

1. 重新设计一个新的直接插入排序的算法，实现将哨兵放在 R[$n$]中，被排序的记录放在 R[0…$n$−1]中。

2. 设计一个算法，实现双向冒泡排序（即在排序过程中交替改变扫描方向）。

## 在线测试

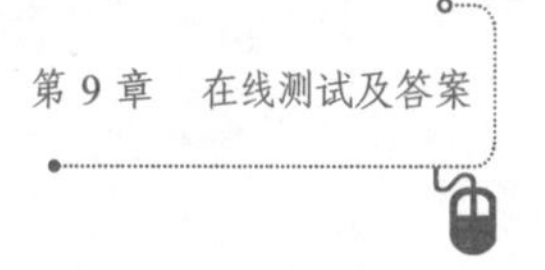

# 第 10 章　文件

- 熟悉各类文件的特点和构造方法。
- 了解在各类文件上的检索、插入和删除等操作。
- 掌握文本文件的格式化读写操作函数。

第 10 章 学习目标

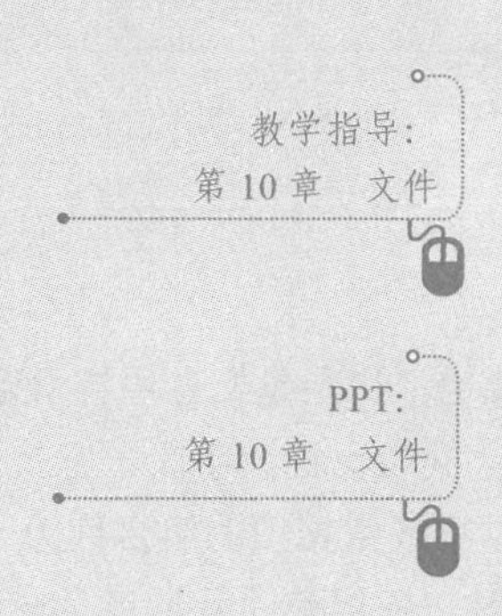

# 实例描述——学生成绩管理系统设计

高校的学生成绩管理系统功能基本包括录入学生成绩记录、保存所有学生记录、读取所有学生记录、按总成绩递减输出、按学号查询成绩、修改学生成绩记录、删除学生成绩记录和退出操作，主界面如图 10-1 所示。在实例实现过程中，最重要的就是文件的读取和保存操作，如何利用文件知识实现学生成绩管理系统设计呢?

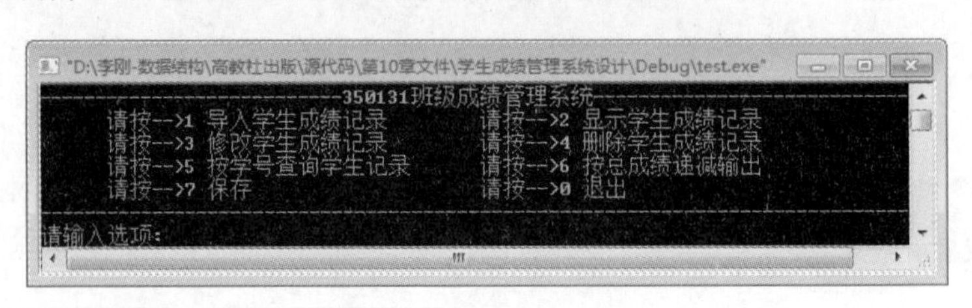


图 10-1
学生成绩管理系统主界面

**知识储备**

文件是存储在外部存储器上的记录的集合。本章主要介绍各类文件的构造，以及文件的几种结构方式，包括顺序文件、索引文件、ISAM 文件、VSAM 文件、散列文件及多关键字文件等，并简单介绍文本文件的格式化读写操作函数。

## 10.1　文件的概念

微课 10-1
文件的概念及分类

### 10.1.1　文件的基本概念

**1. 文件**

文件（File）是性质相同的记录的集合。记录是文件中存取数据的基本标识单位，每个记录由一个或多个数据项组成，数据项也称为字段，它是文件可使用的最小单位。记录中能唯一标识一个记录的数据项或数据项的组合称为“关键码”。当一个文件的各条记录按照某种次序排列起来时，各记录间就形成了一种线性关系。在这种排列次序下，文件中的每个记录仅有一个前趋记录和一个后继记录，第一个记录没有前趋记录仅有后继记录，最后一个记录仅有后继记录，无前趋记录。因此可以将文件看成是一种线性结构。

**2. 文件相关术语**

- 关键字：能够区别文件中各记录的域。通常，把能唯一标识一个记录的关键字称为主关键字；而那些不能唯一标识一个记录的关键字称为次关键字；由两个以上关键字组成的关键字称为复合关键字。
- 定长记录文件：例如，在一个个人书库文件中，各个记录的结构相同，信息长度相同，因而将这样的记录称为定长记录。由定长记录组成的文件称为定长记录文件。

● 不定长记录文件：例如，在学生学籍管理文件中，不同的年级，或者不同专业的学生，所修的课程数和课程名称都不一样。这样，反映各个学生的学科成绩的记录长度和结构就不相同，所以称为不定长记录。由不定长记录组成的文件叫作不定长记录文件。

笔 记

**3. 文件分类**

按记录类型分类：文件可分为操作系统文件和数据库文件。操作系统文件是一维、无结构、无解释、连续的字符序列，它的记录为字符组；数据库文件是带有结构的记录的集合，其记录由一个或多个数据项组成。数据结构中的文件主要是针对数据库意义上的文件进行讨论的。

按记录关键字分类：文件可分为单关键字文件和多关键字文件。单关键字文件指文件中的记录只含有一个主关键字；多关键字文件指文件中的记录除含有一个主关键字外，还含有若干个次关键字。

### 10.1.2 文件的逻辑结构和物理结构

**1. 逻辑结构**

文件可看成是以记录为数据元素的一种线性结构。文件的逻辑结构指的就是文件中的记录展现在用户或程序员面前的逻辑关系。文件中的记录称为“逻辑记录”，是用户表示和存取信息的单位，例如，在学籍管理软件中，存放学生信息的文件就是一类定长记录文件，它由若干学生记录信息构成，每个学生记录（逻辑记录）又由很多数据项构成，如：学号、姓名、性别、年龄等。

**2. 物理结构**

物理结构即文件的存储结构，指文件在外存上的组织方式。文件在外存上的基本组织方式有 4 种，即顺序组织、索引组织、散列组织和链组织；对应的文件分别为顺序文件、索引文件、散列文件和多关键字文件。

### 10.1.3 文件的操作

文件的操作有两类：检索和修改。文件操作的方式有联机（实时）处理和批处理两种。

**1. 检索操作**

检索操作是在文件中查找相关的记录，常用的有 4 种查询方式。

● 简单查询：查询关键字值等于给定值的记录。

● 区域查询：查询关键字值属于某个区域内的记录。

● 函数查询：查询关键字值满足某个函数的记录。

● 布尔查询（组合条件检索）：由检索式的布尔运算构成组合条件，如检索某班（数学成绩>90 分且性别=“女”）的学生记录。

**2. 文件的修改和维护**

文件的修改和维护操作主要是指以下操作：

① 对文件进行记录的插入、删除及修改等更新操作。

② 为提高文件的效率，进行再组织操作。

③ 文件被破坏后的恢复操作，以及文件中数据的安全保护等。

## 10.2　顺序文件

微课 10-2
顺序文件

顺序文件是物理结构最简单的文件，也是数据处理历史上最早使用的文件结构。顺序文件的各个记录按输入的先后次序存放在外存中的连续存储区。为了便于检索和修改文件，文件中的记录通常按关键字的大小次序排列，成为按关键字排序的顺序文件，即逻辑记录顺序和物理记录顺序相一致的文件。顺序文件的优点：在连续存取时速度较快。例如，如果文件中的第 $i$ 个记录刚被存取过，而下一个要存取的记录就是第 $i$+1 个记录，则此次存取将会很快完成。顺序文件主要用于顺序存取、批量修改的情况。

### 10.2.1　存储在顺序存储器上的顺序文件

存储在顺序存储器（如磁带）上的文件，只能是顺序文件，这种文件只能进行“顺序存取”和“成批处理”。磁带是一种典型的顺序存储设备，这是由磁带的物理特性决定的。它适合存放文件数据量大、文件中的记录平时变化少、只做批量修改的情况。磁带顺序文件的优点是连续存取时速度快，批处理效率高，节省存储空间；缺点是实时性差，特别是更新操作要复制整个文件，所以一般不做随机处理。

### 10.2.2　存储在直接存储器上的顺序文件

顺序文件也可以存放在直接存取设备上，磁盘就是一个直接存取的存储设备。存放于磁盘上的文件既可以是顺序文件，也可以是索引结构或其他结构类型的文件。对存储在这类设备上的顺序文件不仅可以进行顺序存取，还可以“按记录号”进行直接存取或“按关键字”进行随机存取。若是顺序有序的定长文件，还可以应用折半查找等方法进行快速存取。修改可进行批处理，也可随机处理。

## 10.3　索引文件

微课 10-3
索引文件

顺序文件的查询速度很慢，采用索引文件可以提高检索效率。索引用来表示关键字与相应记录的存储地址之间的对应关系，即指出记录在存储器中的存储地址。索引文件由“索引”和“主文件”两部分构成，其中索引为指示逻辑记录和物理记录之间对应关系的表，表中每一个记录称为索引项，包含（逻辑记录的）关键码和物理记录位置两个数据项，索引按关键字有序。对索引文件可以进行直接存取或按关键码存取。按关键码存取时，首先在索引中进行查找，然后按索引项中指示的记录在主文件中的物理位置进行存取。插入记录时，记录本身可插在主文件末尾，同时修改相应的索引项。更新记录的同时一般需要同时更新索引。索引本身可以是顺序结构，也可以是树形结构。由于大型文件的索引都相当大，因此常对顺序结构的索引建立多级索引，而树形结构本身就是一种层次结构，所以常用来作为索引文件的索引。

如图 10-2 所示的个人书库（价格）索引文件，是一个索引非顺序文件。

| 关键字 | 指针 |
|---|---|
| 16.00 | 3 |
| 18.80 | 10 |
| 22.00 | 4 |
| 26.00 | 9 |
| 28.00 | 1 |
| 29.00 | 5 |
| 30.00 | 8 |
| 35.00 | 7 |
| 40.00 | 2 |
| 43.00 | 6 |

索引区

| 地址 | 登录号 | 书 号 | 书 名 | 作 者 | 出版社 | 价格 |
|---|---|---|---|---|---|---|
| 1 | 000001 | TP2233 | …… | 赵健雅 | 电子工业 | 28.00 |
| 2 | 000002 | TP1844 | …… | 孙 强 | 人民邮电 | 40.00 |
| 3 | 000003 | TP1684 | …… | 赵丽萍 | 清华大学 | 16.00 |
| 4 | 000004 | TP2143 | …… | 张 堪 | 清华大学 | 22.00 |
| 5 | 000005 | TP1110 | …… | 樊金生 | 科学 | 29.00 |
| 6 | 000006 | TP1397 | …… | 刘前进 | 人民邮电 | 43.00 |
| 7 | 000007 | TP2711 | …… | 罗会涛 | 电子工业 | 35.00 |
| 8 | 000008 | TP3239 | …… | 郑阿奇 | 电子工业 | 30.00 |
| 9 | 000009 | TP1787 | …… | 赵乃真 | 人民邮电 | 26.00 |
| 10 | 000010 | TP42 | …… | 江 涛 | 中央电大 | 18.80 |

记录区

图 10-2
个人书库索引文件示例

## 10.4 索引顺序文件

微课 10-4
索引顺序文件

### 10.4.1 ISAM 文件的组织方法

若索引文件中的主文件按关键码有序，则称为索引顺序文件。它是目前大型文件和数据库广泛采用的数据组织形式。它是在顺序文件的基础上，用增加索引的办法而形成的。文件中的记录按关键字大小顺序存放在磁盘的连续或相邻的存储区中。由于记录按关键字排序，因此不必为每一个记录设立一个索引项，而是把文件划分为若干个记录块，只为每块中关键字最大（或最小）的记录设置一个索引项。这种组织文件的方法称为索引顺序存取法（Indexed Sequential Access Method，ISAM），用这种方法建立起来的索引文件称为 ISAM 文件，它是一种专为磁盘存取设计的文件组织方式。

笔 记

索引顺序文件中的索引是“非稠密索引”，即对主文件中连续的一组记录建立一个索引项，索引文件由这组记录中的最大关键码和这组记录的物理地址组成。索引的组织形式可分为静态索引和动态索引两类。前者以 ISAM 文件为代表，它是一种专为磁盘存取设计的文件组织方式，由索引区、数据区和溢出区 3 部分组成。索引区通常是与硬件层次（磁盘的物理地址）一致的三级索引：总索引、柱面索引和磁道索引。溢出区用来存放后插入的记录。当文件主要用于检索时，ISAM 文件效率高，既能随机查找，又能顺序查找，但若增删频繁，则存取效率退化。为了提高检索效率，需定期重组 ISAM 文件，否则索引不能有效地用于检索新增加的记录。动态索引以前面介绍的 B+树为代表，其典型的文件组织为 VSAM 文件，它既便于检索，又便于更新。

### 10.4.2 VSAM 文件的组织方法

虚拟存储存取方法（Virtual Storage Access Method，VSAM）是一种索引顺序文件的组织方式，采用 B+树作为动态索引结构。文件的结构示意图如图 10-3 所示，它由索引集、顺序集和数据集 3 部分组成。其中，数据集即主文件，由顺序集和索引集构成主文件的 B+树索引。其中顺序集中的每个结点即 B+树的叶子结点，包含主文件的全部索引项，索引集中的结点（B+树的非叶结点）可看成是文件索引的高层索引。

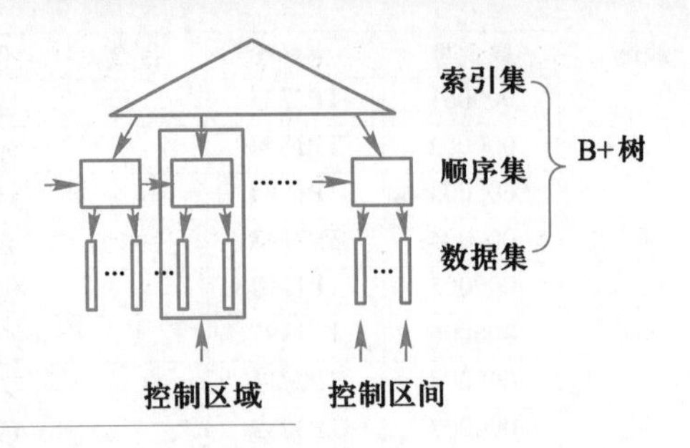


图 10-3
VSAM 文件的结构示意图

VSAM 文件通常被作为大型索引顺序文件的标准组织方式。其优点是能动态地分配和释放空间，不需要重组文件，并能较快地实现对“后插入”记录的检索；其缺点是占有较多的存储空间，一般只能保持约 75%的存储空间利用率。

## 10.5　散列文件

### 10.5.1　散列文件的组织方式

微课 10-5
散列文件

动画 10-1
散列文件

散列文件是利用散列存储方式组织的文件，又称直接存取文件。即根据文件中关键字的特点，设计一个散列函数和处理冲突的方法，将记录散列到存储设备上。其特点是，由记录的关键码“直接”得到记录在外存（磁盘）上的映象地址。类似于构造一个哈希表，根据文件中关键码的特点设计一种哈希函数和处理冲突的方法，然后将记录散列到外存储设备上，所以称为散列文件。

散列文件由若干个“桶”组成，根据设定的哈希函数将记录“映象”到某个桶号。处理冲突通常采用拉链法，即每个桶可以包括一个或几个页块，页块之间以指针相连。每个页块中的记录个数则由逻辑记录和物理记录的大小决定。散列文件示意图如图 10-4 所示。

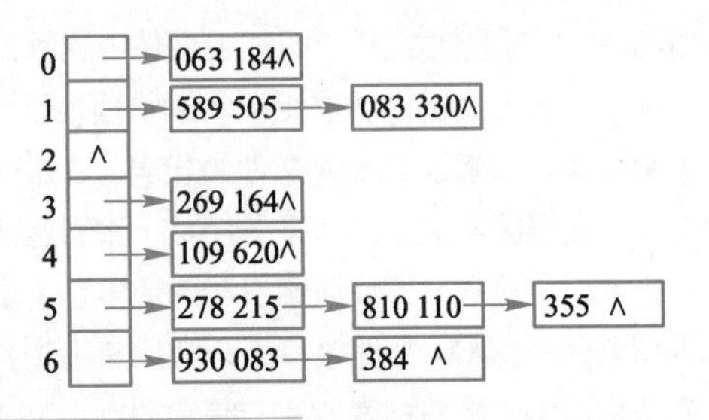


图 10-4
散列文件的结构示意图

### 10.5.2　散列文件的操作

在散列文件中进行查找时，首先根据给定值 kval 求得桶号（哈希函数值）$i$，先查桶目录文件（桶目录表较大时自成文件），把包含第 $i$ 个桶目录的目录页块调入内存，从而得到指向第 $i$ 个桶的第一个页块的指针，再调入该页块进行顺序查找，检查页块中是否有关键码等于给定值 kval 的记录，如果找不到，再按此页块尾部的指针，找到下一个页块，继续查找，直至找到该记录。插入时，首先查找该记录是否存在，若存在则出错，否则插在最后一个尚未填满的页块中。若桶中所有页块都已被填满，则向系统申请一个新的页块，链入桶链表之链尾，然后将新记录存入其中。删除记录时，首先查找待删记录是否存在，若不存在则出错，否则就删除，腾出空位给之后插入的记录用。

散列文件的优点是：插入、删除方便，记录随机存放，存取速度比索引文件要快；不需要索引区，节省存储空间，容易实现文件的扩充。缺点是：不能进行顺序存取和批处理，只能按关键字随机存取，且询问方式只是简单地询问；并且在经过多次的插入、删除之后，也可能造成文件结构不合理，即溢出桶满而桶内多数为被删除的记录，此时需要重组文件。

## 10.6　多关键字文件

### 10.6.1　多关键字文件概念

微课 10-6
多关键字文件

包含多个次关键字索引的文件称为多关键字文件。次关键字索引本身可以是顺序表或树表。当文件的一个记录中含多个关键字时，经常需要对记录的次关键字（指记录的某些重要属性）或多关键字的组合进行检索时，文件的组织方式应该同时考虑如何便于进行次关键字或多关键字的组合查询，称这类文件为多关键字文件。表 10-1 和表 10-2 所示为多关键字文件，其中“考号”为主关键字，“总分”为次关键字。假设该文件为索引顺序文件，则当需按“总分”进行检索时，只能依次存取各个记录，比较它们的总分是否满足条件，直至找到相应记录。为此应该为这类文件在主文件之外另外建立次关键字索引，例如表 10-2 是为“总分”建立的次关键字索引表。可见次关键字索引的特点是：对应每个次关键字值的记录可能有多个，因此每个次索引项应该包含一个次关键字值和一个线性表，线性表中的记录含有相同的次关键字值。对线性表的不同组织方法得到两种不同的多关键字文件：倒排文件和多重表文件。

表 10-1
多关键字文件示例 1

| 姓名 | 考号 | 总分 | 政治 | 数学 | 英语 |
|---|---|---|---|---|---|
| 王铭 | 1801 | 259 | 98 | 66 | 95 |
| 刘青 | 1802 | 188 | 68 | 73 | 47 |
| 张铭 | 1803 | 254 | 90 | 78 | 86 |
| 蔡勇 | 1804 | 240 | 75 | 85 | 80 |
| 章林 | 1805 | 240 | 54 | 96 | 90 |
| …… | … | … | … | … | … |

表 10-2
多关键字文件示例 2

| 次码值 | 相应记录的主码 |
|---|---|
| ≥270 | 1866，… |
| ≥260 | 1845，… |
| ≥250 | 1801，1803，… |
| ≥240 | 1804，1805，… |
| … | … |

### 10.6.2　倒排文件

在倒排文件中，为每个需要进行检索的次关键字建立一个倒排表，倒排表中具有相同次关键字的记录构成一个顺序表。当按次关键字进行检索时，首先从相应的次关键字倒排表中得到记录的主关键字信息，然后从主索引中存取相应的记录。这种倒排表的优点是对于主文件的存储具有相对的独立性，无论主文件中记录的存储位置如何变化，都不需要修改次关键字索引，对于多关键字组合查询，也可以先对由每个次关键字得到的多个主关键字集合进行集合运算，最后只要对得到的满足多关键字检索要求的主关键字进行存取。

但如果主文件为散列文件，对文件进行的操作不改变记录的存储位置，则在次关键字倒排表中，也可以不记录主关键字，而是记录所在的“页块地址”，其优点是可以根据倒排表直接存取记录，而不需要再按主关键字进行检索。

举例：北京大学某次活动的学生报名登记表文件部分信息如下：

001 xxx142 张三 男 18 网络
002 xxx205 李四 女 17 移动
003 xxx187 王五 男 19 软件
004 xxx325 赵六 女 18 网络

而利用倒排文件来实现上述非关键码的查询，就能大大提高速度。对于前面的情况设计倒排表如下：

男 001，003
女 002，004
16
17 002
18 001，004
19 003
20
网络 001，004
软件 003
移动 002

### 10.6.3　多重表文件

多重表文件的特点是，主文件为串联文件（按主关键字顺序利用指针链接为表结构），并建立主关键字的非稠密索引——主索引，对每一个次关键字建立次索引，所有具有同一次关键字值的记录链接为一个链表，链表的头指针和链表的长度及次关键字值构成一个索引项。多重表易于构造和插入记录，但删除记录时要修改所有次索引链表。在进行多关键字组合查询时，应选择长度最短的次索引，依次存取记录，直至找到满足所有条件的记录为止。

如表 10-3 所示是一个多重表文件的示例。主关键字是职工号，次关键字是职务和工资级别。它设有两个链接字段，分别将具有相同职务和相同工资级别的记录链在一起，由此形成的职务索引和工资级别索引见职务索引表（如表 10-4 所示）和工资级别索引表（如表 10-5 所示）。有了这些索引，便容易处理各种有关次关键字的查询。

表 10-3
多重表文件示例

| 物理地址 | 职工号 | 姓名 | 职务 | 工资级别 | 职务链 | 工资链 |
|---|---|---|---|---|---|---|
| 101 | 03 | 逢博 | 硬件人员 | 12 | 110 | ∧ |
| 102 | 10 | 赵黎 | 硬件人员 | 11 | 107 | 106 |
| 103 | 07 | 孙加林 | 软件人员 | 13 | 108 | 107 |
| 104 | 05 | 刘永宝 | 穿孔 | 14 | 105 | 110 |
| 105 | 06 | 丁媛媛 | 穿孔 | 13 | ∧ | 103 |
| 106 | 12 | 景坤 | 软件人员 | 11 | ∧ | ∧ |
| 107 | 14 | 刘芳冰 | 硬件人员 | 13 | ∧ | ∧ |
| 108 | 09 | 耿直 | 软件人员 | 10 | 106 | ∧ |
| 109 | 01 | 卢嘉锡 | 穿孔 | 14 | 104 | 104 |
| 110 | 08 | 林青霞 | 硬件人员 | 14 | 102 | ∧ |

表 10-4 职务索引表

| 次关键字 | 头指针 | 链长 |
| --- | --- | --- |
| 硬件人员 | 101 | 4 |
| 软件人员 | 103 | 3 |
| 穿孔员 | 109 | 3 |

表 10-5 工资级别索引表

| 次关键字 | 头指针 | 链长 |
| --- | --- | --- |
| 10 | 108 | 1 |
| 11 | 102 | 2 |
| 12 | 101 | 1 |
| 13 | 105 | 3 |
| 14 | 109 | 3 |

总之，文件是存放于外存储器中的数据结构。本章主要讨论顺序文件、索引文件、索引顺序文件、散列文件和多关键码文件等各种文件的结构特点及其操作。顺序文件具有文件中记录的物理顺序和逻辑顺序一致的特点，对顺序存储器上的顺序文件只能进行顺序存取，对直接存储器上的顺序文件还可按记录号或关键码进行随机存取，对顺序文件的操作主要是按批处理方式进行的。索引文件是对文件中的每个记录都建立一个由记录的关键码和存储地址构成的索引项。所有记录的索引项构成一个按关键码有序的索引表。索引表可以是顺序结构，也可以是查找树结构，对索引文件可以进行直接存取或按关键码存取。在做插入、删除和更新记录时，同时修改相应的索引项，索引顺序文件中记录按关键码有序。索引顺序文件检索速度快，但记录的删除和插入较困难。散列文件是按照设计的哈希函数和用拉链法处理冲突构建的文件。散列文件不需要建立索引，记录可以随机存放，插入、删除方便，但在存放时会出现地址冲突；多关键码文件按次索引的组织方法不同，有倒排文件和多重表文件，适用于多关键字的检索。

微课 10-7 格式化读写操作函数

## 10.7 格式化读写操作函数

C 语言中文本文件的格式化读写函数是 fscanf 和 fprintf 函数。fscanf 与 fprintf 函数与 scanf 和 printf 函数的功能相似，都是格式化读写函数。两者的区别在于 fscanf()函数和 fprintf()函数的读写对象不是键盘和显示器，而是磁盘文件。

动画 10-2 文件读取操作

这两个函数的调用格式为：

```
fscanf(文件指针,格式字符串,输入表列);
fprintf(文件指针,格式字符串,输出表列);
```

动画 10-3 文件写入操作

例如：

```
fscanf(fp,"%d%s",&i,s);
fprintf(fp,"%d%c",j,ch);
```

**【例 10.1】** 从键盘输入两个学生数据，写入一个文件中，再读出这两个学生的数据显示在屏幕上。用 fscanf()和 fprintf()函数完成例 10.1 的程序如下：

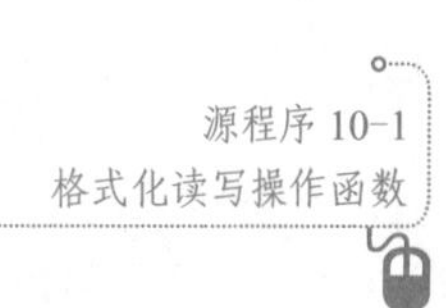


```
#include "stdio.h"
#include "stdlib.h"
struct student
```

```
{
    char name[10];
    int num;
    int age;
    float score;
}stu[2];
main()
{
   FILE *fp;
   int i;
   if((fp=fopen("d:\\stu_list.txt","wt+"))==NULL)      //以读写方式打开文件
   {
       printf("Cannot open file press any key exit!");
       getchar();
       exit(1);
   }
 printf("\ninput data:\n");
 for(i=0;i<2;i++)                                    //循环输入两组结构体数据
     scanf("%s%d%d%f",stu[i].name,&stu[i].num,&stu[i].age,&stu[i].score);
   for(i=0;i<2;i++)                                  //循环将结构体数组内容写入文件 fp
     fprintf(fp,"%s %d %d %f\n",stu[i].name,stu[i].num,stu[i].age,
     stu[i].score);
   rewind(fp);                                       //将文件内部指针移至文件首
   for(i=0;i<2;i++)                                  //循环读取文件内容放入结构体数组
     fscanf(fp,"%s %d %d %f\n",stu[i].name,&stu[i].num,&stu[i].age,
     &stu[i].score);
 printf("\n\nname\tnumber       age       score\n");
 for(i=0;i<2;i++)                                    //循环输出数组内容
     printf("%s\t%5d   %7d       %f\n",stu[i].name,stu[i].num,stu[i].age,
     stu[i].score);
  fclose(fp);
}
```

实例文档 10-1
学生成绩管理系统设计

## 实例分析与实现

### 1. 实例分析

首先，定义学生成绩结构体类型，其中成员包括学号、姓名、性别、数学成绩、英语成绩、C 语言成绩和总成绩，并且定义结构体数组；然后，利用文件的读写操作知识编写函数，实现从文件中逐条读取学生成绩信息的功能和保存所有学生成绩信息到文件的功能；最后，编写函数实现显示学生全部信息功能、修改某位同学成绩信息功能、删除某位同学成绩信息功能、查询某位同学成绩信息功能和按照总成绩排序的功能。

源程序 10-2
学生成绩管理系统设计

### 2. 代码清单 10.1

```
#include "stdio.h"
#include "stdlib.h"
```

```
int num;                //数据定义和全局变量
struct STUDENT
{
    long id;            //学号
    char name[20];      //姓名
    char sex[10];       //性别
    int math;           //数学成绩
    int english;        //英语成绩
    int c_program;      //C 语言成绩
    int total;          //总分
}stu[41];
//主菜单函数
void page_title()
{
    printf("-------------350131 班级成绩管理系统----------------\n");
    printf(" 请按--->1 导入学生成绩记录 "); printf("请按--->2 显示学生成绩记录\n");
    printf("请按--->3 修改学生成绩记录 "); printf("请按--->4 删除学生成绩记录\n");
    printf("请按--->5 按学号查询学生记录");
    printf("请按--->6 按总成绩递减输出\n");
    printf("请按--->7 保存                    "); printf("   请按--->0 退出\n");
    printf("---------------------------------------------------\n");
}
//加载文件函数
void load()
{
     int i;
     int n;          //读的记录数
     FILE *fp=fopen("score.txt","r");
if(fp==NULL)
{
     printf("文件打开失败");
     exit(1);
}
printf("请输入记录数:");
scanf("%d",&n);
num=n;
for(i=0;i<n;i++)
{
     fscanf(fp,"%10ld%11s%9s%8d%8d%9d",&stu[i].id,&stu[i].name,&stu[i].sex,
     &stu[i].math,&stu[i].english,&stu[i].c_program);
     stu[i].total=stu[i].math+stu[i].english+stu[i].c_program;
}
     fclose(fp);
     printf("\n");
}
//显示学生成绩记录函数
void show()
{
```

```
        int i;
        printf("************************************************************\n");
        printf("学号        姓名        性别        数学      英语      C语言      总成绩\n");
        printf("************************************************************\n");
        for(i=0;i<num;i++)
        {
          printf("%-10ld%-11s%-9s%-8d%-8d%-9d%-8d\n",stu[i].id,stu[i].name,
          stu[i].sex,stu[i].math,stu[i].english,stu[i].c_program,stu[i].total);
          printf("-----------------------------------------------------------\n");
        }
    }
    //修改学生信息函数
    void student_edit()
    {
        int i;
        long stunum;
        printf("请输入要修改学生的学号:");
        scanf("%d",&stunum);
        for(i=0;i<num;i++)
         {
            if(stu[i].id==stunum)//查找
             {
                printf("请输入修改的新信息:\n");
                scanf("%ld%s%s%d%d%d",&stu[i].id,&stu[i].name,&stu[i].sex,
                &stu[i].math,&stu[i].english,&stu[i].c_program);
                stu[i].total=stu[i].math+stu[i].english+stu[i].c_program;
                break;
            }
        }
        if(i==num)
          printf("该生信息不存在!\n");
    }
    //删除学生信息函数
    void student_del()
    {
        int i,j;
        long stunum;
        printf("请输入要删除学生的学号:");
        scanf("%d",&stunum);
        for(i=0;i<num;i++)
         {
            if(stu[i].id==stunum)              //查找
            {
                for(j=i+1;j<num;j++) //删除
                {
                    stu[j-1]=stu[j];
                }
                num--;
```

```
                break;
            }
        }
        if(i==num)
          printf("该生信息不存在!");
    }
    //根据学号查询学生信息函数
    void score_search()
    {
        int i=0;
        long stunum;
        printf("请输入您的学号:");
        scanf("%d",&stunum);
        for(i=0;i<num;i++)
        {
          if(stu[i].id==stunum)
          {
            printf("*****************************************************\n");
            printf("学号      姓名     性别      数学     英语    C语言     总成绩\n");
            printf("*****************************************************\n");
            printf("%-10ld%-11s%-9s%-8d%-8d%-9d%-8d\n",stu[i].id,stu[i].name,
            stu[i].sex,stu[i].math,stu[i].english,stu[i].c_program,stu[i].total);
            break;
          }
        }
        if(i==num)
          printf("该生信息不存在!");
    }
    //成绩递减输出函数
    void score_sort()
    {
          int i,j;
          struct STUDENT t;
          for(i=0;i<num-1;i++)
          {
                for(j=0;j<num-1;j++)
                {
                      if(stu[j].total<stu[j+1].total)
                      {
                        t=stu[j];stu[j]=stu[j+1];stu[j+1]=t;
                      }
                }
          }
    }
    //保存文件函数
    void save()
    {   int i;
        FILE *fp=fopen("score.txt","w+");
```

```
            if(fp==NULL)
            {
                printf("文件打开失败");
                exit(1);
            }
            for(i=0;i<num;i++)
                fprintf(fp,"%-10ld%-11s%-9s%-8d%-8d%-9d%-8d\n",stu[i].id,stu[i].name,
                stu[i].sex,stu[i].math,stu[i].english,stu[i].c_program,stu[i].total);
                printf("保存成功!\n");
                fclose(fp);
        }
        //主函数
        main()
        {
            int select;
            int flag=1;         //退出标志
            page_title();       //主菜单
            while(flag)
            {
                printf("请输入选项:");
                scanf("%d",&select);
                switch(select)
                {
                    case 1:load();break;
                    case 2:show();break;
                    case 3:student_edit();break;
                    case 4:student_del();break;
                    case 5:score_search();break;
                    case 6:score_sort();show();break;
                    case 7:save();break;
                    case 0:flag=0;break;
                    default:break;
                }
            }
        }
```

**3. 结果验证**

原文件中学生成绩信息结构如图 10-5 所示。

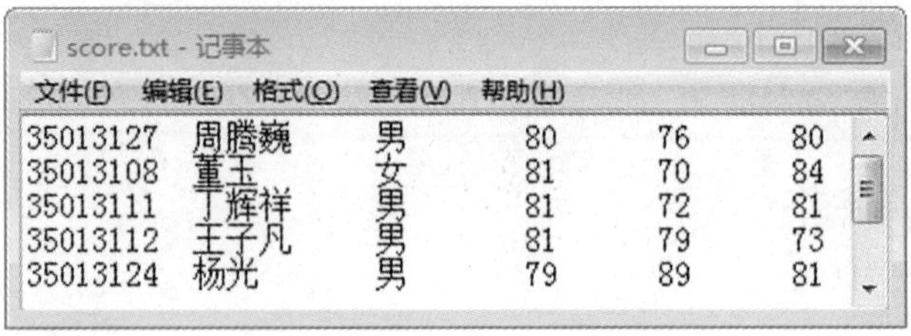

score.txt - 记事本

文件(F)　编辑(E)　格式(O)　查看(V)　帮助(H)

| | | | | | |
|---|---|---|---|---|---|
| 35013127 | 周腾巍 | 男 | 80 | 76 | 80 |
| 35013108 | 董玉 | 女 | 81 | 70 | 84 |
| 35013111 | 丁辉祥 | 男 | 81 | 72 | 81 |
| 35013112 | 王子凡 | 男 | 81 | 79 | 73 |
| 35013124 | 杨光 | 男 | 79 | 89 | 81 |

图 10-5
原文件中学生成绩信息结构图

学生成绩信息读取和显示运行过程如图 10-6 所示。

```
"D:\李刚-数据结构\高教社出版\源代码\第10章文件\学生成绩管理系统...
请输入选项:1
请输入记录数:5

请输入选项:2
************************************************************
学号      姓名      性别    数学    英语    c语言    总成绩
************************************************************
35013127  周腾巍    男      80      76      80       236
------------------------------------------------------------
35013108  董玉      女      81      70      84       235
------------------------------------------------------------
35013111  丁辉祥    男      81      72      81       234
------------------------------------------------------------
35013112  王子凡    男      81      79      73       233
------------------------------------------------------------
35013124  杨光      男      79      89      81       249
------------------------------------------------------------
```

图 10-6
学生成绩信息读取和显示过程图

学生成绩信息修改运行过程如图 10-7 所示。

```
"D:\李刚-数据结构\高教社出版\源代码\第10章文件\学生成绩管理系统...
请输入选项:3
请输入要修改学生的学号:35013111
请输入修改的新信息:
35013111  丁辉祥 男 91 72 81
请输入选项:2
************************************************************
学号      姓名      性别    数学    英语    c语言    总成绩
************************************************************
35013127  周腾巍    男      80      76      80       236
------------------------------------------------------------
35013108  董玉      女      81      70      84       235
------------------------------------------------------------
35013111  丁辉祥    男      91      72      81       244
------------------------------------------------------------
35013112  王子凡    男      81      79      73       233
------------------------------------------------------------
35013124  杨光      男      79      89      81       249
------------------------------------------------------------
```

图 10-7
学生成绩信息修改过程图

学生成绩信息删除运行过程如图 10-8 所示。

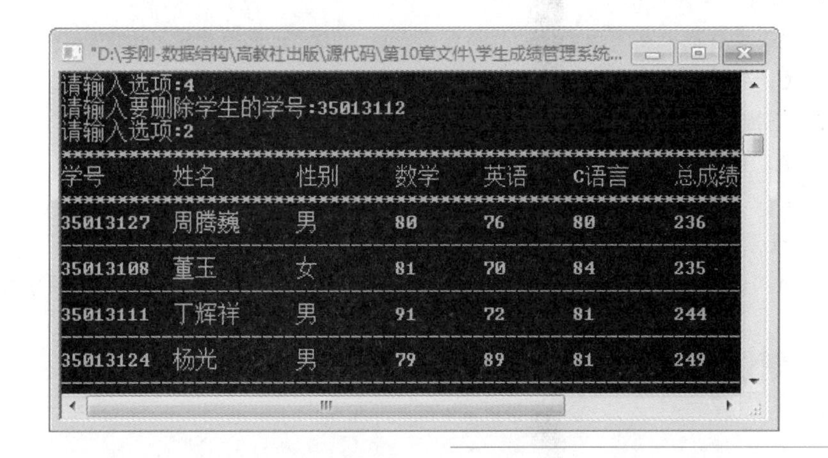


图 10-8
学生成绩信息删除过程图

学生成绩信息查找运行过程如图 10-9 所示。

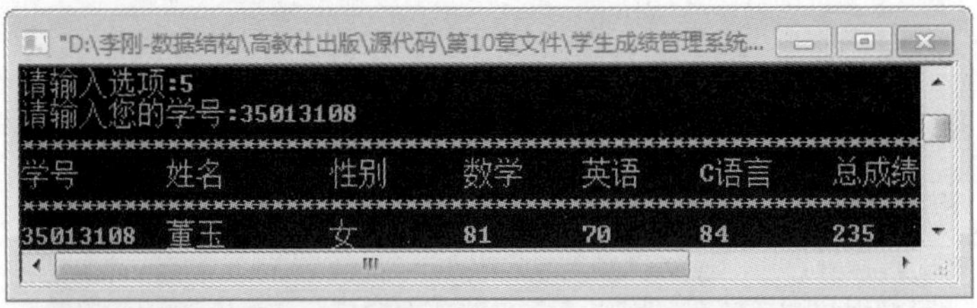

```
"D:\李刚-数据结构\高教社出版\源代码\第10章文件\学生成绩管理系统...
请输入选项:5
请输入您的学号:35013108
**********************************************************************
学号        姓名        性别      数学      英语      c语言      总成绩
**********************************************************************
35013108    董玉        女        81        70        84         235
```

图 10-9
学生成绩信息查找过程图

学生成绩信息排序和文件保存运行过程如图 10-10 所示。

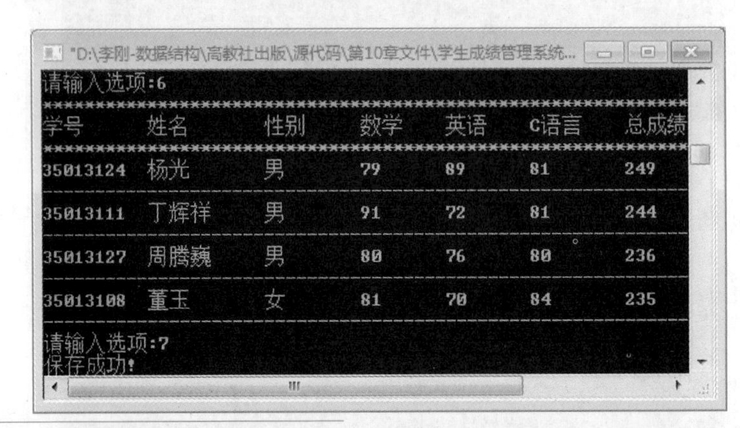


图 10-10
学生成绩信息排序和文件保存过程图

第 10 章　同步训练答案

## 同步训练

### 一、填空题

1. 多重表文件和倒排文件都属于________文件。
2. 文件上的两类主要操作为________和________。
3. 索引文件中的索引表指示记录的关键字与________之间一一对应的关系。

### 二、选择题

1. 不定长文件是指（　　）。

   A. 文件的长度不固定　　B. 记录的长度不固定
   
   C. 字段的长度不固定　　D. 关键字项的长度不固定

2. 倒排文件的主要优点是（　　）。

   A. 便于进行插入和删除运算　　B. 便于进行文件的恢复
   
   C. 便于进行多关键字查询　　D. 节省存储空间

3. 设置溢出区的文件是（　　）。

   A. 索引非顺序文件　　B. ISAM 文件　　C. VSAM 文件　　D. 顺序文件

第 10 章　在线测试及答案

## 在线测试

# 第 11 章　数据结构综合应用

# 11.1　综合应用一：新生报到信息注册系统设计

实例文档 11-1
新生报到信息注册系统设计

随着信息技术的快速发展，大中专院校在新生入学报到时，基本采用新生报到信息注册系统，方便信息的查询、分类和汇总，提高了学校招生工作的管理水平和工作效率。此案例利用数据结构的相关知识，采用 C 语言实现新生报到注册系统设计。为了达到较好的教学效果，部分功能简化，知识易理解，算法易实现。源程序见数字化资源。

## 11.1.1　案例需求分析

微课 11-1
新生报到信息注册系统介绍及需求分析

本系统实现的功能及其具体描述如下：

① 新生信息录入，其中信息字段包括姓名、性别、专业、班级、电话号码和宿舍号。

② 新生信息打印功能，利用表格的形式显示信息，以达到清晰可辨的效果。

③ 信息查询功能，通过输入姓名可以查询，如果存在，则显示该学生所有信息；否则，显示无此学生报到。

④ 信息汇总功能，通过输入专业名称可以进行汇总，如果存在，则显示该专业学生所有信息，包括已报到人数统计；否则，显示该专业暂时没有招生或者暂无学生报到。

系统具体功能模块图如图 11-1 所示，流程图如图 11-2 所示。

新生报到信息注册系统
新生信息录入
新生信息打印
信息查询功能
信息汇总功能

图 11-1
系统功能模块图

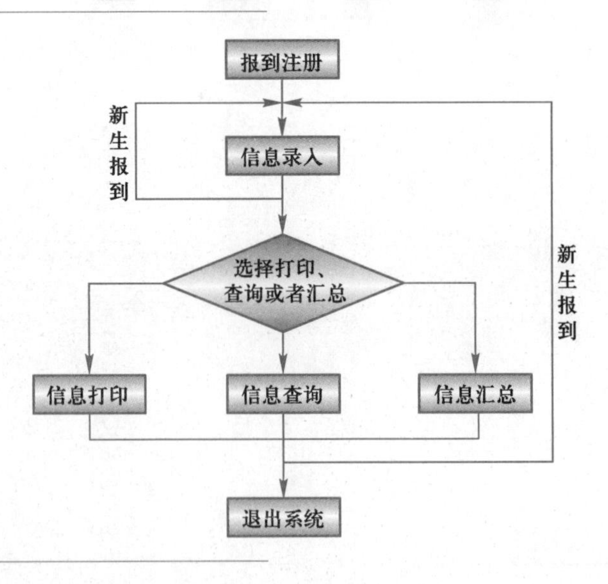


图 11-2
系统流程图

## 11.1.2　案例知识目标

该案例设计过程中涉及 C 语言程序设计课程的相关知识点，以及数据结构课程的相关知识点，各个知识点的具体应用如下：

① 掌握线性表的存储结构。线性表的存储结构包括顺序结构和链式结构，考虑到功能易于实现，该案例利用线性表顺序结构存储新生信息结构体变量。

② 掌握查找方法。查找方法包括顺序查找、二分法查找和分块查找，由于顺序存储结构中学生信息没有特殊的规律，该案例利用顺序查找法查找符合姓名要求的新生所有信息，以及汇总符合专业要求的所有新生信息，并能够统计该专业已报到学生人数。

③ 通过该案例可以巩固C语言程序设计三大结构的使用，包括顺序结构、选择结构和循环结构，同时涉及字符串的相关操作知识，例如：字符串比较函数strcmp。

④ 掌握结构体定义方法。该案例应用到了结构体的知识，学生信息结构体成员包括姓名、性别、专业、班级、电话号码和宿舍号。

### 11.1.3　案例核心算法及实现

① 信息注册功能的实现。首先定义新生结构体类型，结构体成员包括姓名、性别、专业、班级、电话号码和宿舍号，然后定义结构体数组，数组大小满足招生总人数，最后依次输入新生相应的信息，信息之间用空格隔开。案例演示如图11-3所示。

源程序11-1
新生报到信息注册系统设计

```
student stu[4000];
int i=0;//存储注册新生信息相应顺序表的下标
//注册信息函数
void regis()
{
    printf("请输入学生信息:\n");
    printf("姓名    性别    专业        班级    电话号码    宿舍号\n");
    scanf("%s%s%s%s%s%s",stu[i].nam,stu[i].sex,stu[i].spec,stu[i].classid,stu[i].phone,
    stu[i].bedroom);
    i++;
}
```

微课11-2
新生报到信息注册系统程序设计

```
              大中专院校新生报到信息注册系统
*****************************************************************
 1.注册学生信息 2.打印学生信息 3.按姓名查询 4.按专业查询 5.退出系统
*****************************************************************
请输入选项:1
请输入学生信息:
姓名    性别    专业        班级    电话号码    宿舍号
张亮亮  男      应用技术    350112  13861591155 x3-506
请输入选项:1
请输入学生信息:
姓名    性别    专业        班级    电话号码    宿舍号
黄苏云  女      网络技术    330111  18657588769 x8-202
请输入选项:1
请输入学生信息:
姓名    性别    专业        班级    电话号码    宿舍号
辛成功  男      信息安全    360111  13677994576 x3-501
请输入选项:1
请输入学生信息:
姓名    性别    专业        班级    电话号码    宿舍号
倪婷薏  女      应用技术    350111  13998985687 x8-209
请输入选项:
```

图11-3
信息注册案例演示图

② 按姓名查询功能的实现。首先输入要查询学生的姓名，然后依次将姓名与新生信息数组中的姓名比较，如果有相等的信息存在，则查找成功，打印该生信息（可能存在同名学生）；如果没有相等的信息存在，则查找失败。案例演示如图 11-4 所示。

```
//按姓名查询函数
void search_name()
{
   int flag=0,j;
   char nam[10];
   printf("请输入要查询学生姓名:");
   gets(nam);
   printf("姓名     性别     专业          班级     电话号码     宿舍号\n");
   for(j=0;j<=i-1;j++)
   {
      if(strcmp(stu[j].nam,nam)==0)
      {
        printf("-----------------------------------------------------\n");
        printf("%-8s%-8s%-12s%-8s%-12s%-8s\n",stu[j].nam,stu[j].sex,stu[j].spec,
        stu[j].classid,stu[j].phone,stu[j].bedroom);
        flag=1;
      }
   }
   printf("---------------------------------------------------------\n");
   if(flag==0)
   {
      printf("该校无此学生!\n");
      printf("-----------------------------------------------------\n");
   }
}
```

```
请输入要查询学生姓名:辛成功
姓名    性别    专业        班级      电话号码      宿舍号
------------------------------------------------------------------
辛成功  男      信息安全    360111    13677994576   x3-501
------------------------------------------------------------------
请输入选项:
```

图 11-4
信息查询案例演示图

③ 按专业汇总功能的实现。首先输入要汇总的专业名称，然后依次将专业名称与新生信息数组中的专业名称比较，如果有相等的信息存在，则打印该生信息，同时显示专业已报到学生总数；如果没有相等的信息存在，则该专业暂时没有招生或者没有报到新生。案例演示如图 11-5 所示。

```
//按专业汇总函数
void search_spec()
{
   int flag=0,j,num=0;
   char spec[10];
   printf("请输入要查询专业:");
```

```
        gets(spec);
        printf("姓名    性别    专业        班级    电话号码    宿舍号\n");
        for(j=0;j<=i-1;j++)
        {
            if(strcmp(stu[j].spec,spec) ==0)
            {
                printf("-----------------------------------------------\n");
                printf("%-8s%-8s%-12s%-8s%-12s%-8s\n",stu[j].nam,stu[j].sex,stu[j].spec,
stu[j].classid,stu[j].phone,stu[j].bedroom);
                flag=1;
                num++;
            }
        }
        printf("-----------------------------------------------------\n");
        if(flag==0)
        {
            printf("该专业无学生!\n");
            printf("--------------------------------------------------\n");
        }
        else
            printf("该专业共有%d 名学生已报到!\n",num);
    }
```

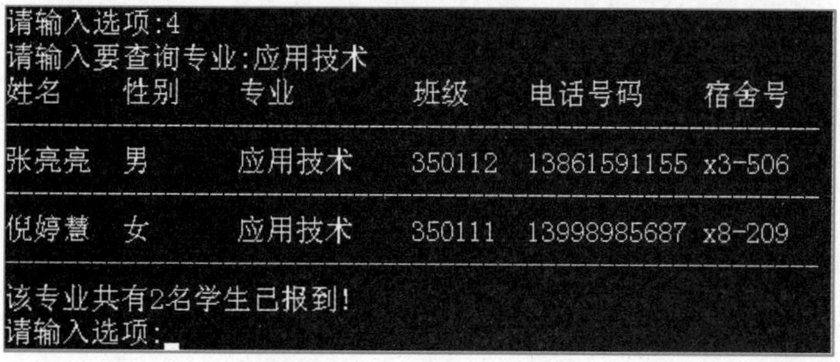

```
请输入选项:4
请输入要查询专业:应用技术
姓名    性别    专业      班级    电话号码      宿舍号
---------------------------------------------------------
张亮亮  男      应用技术  350112  13861591155  x3-506
---------------------------------------------------------
倪婷慧  女      应用技术  350111  13998985687  x8-209
---------------------------------------------------------
该专业共有2名学生已报到!
请输入选项:
```

图 11-5
信息汇总案例演示图

### 11.1.4　其他参考代码

下面列出一些其他的参考代码，在操作过程中可参考使用。

```
//新生注册信息的结构体定义
typedef struct
{
    char nam[10];       //姓名
    char sex[4];        //性别
    char spec[20];      //专业
    char classid[10];   //班级
    char phone[15];     //电话号码
    char bedroom[8];    //宿舍号
}student;
//打印学生信息函数
```

```
void pri()
{ int j;
  printf("姓名      性别      专业          班级      电话号码      宿舍号\n");
  for(j=0;j<=i-1;j++)
  {
    printf("--------------------------------------------------------\n");
    printf("%-8s%-8s%-12s%-8s%-12s%-8s\n",stu[j].nam,stu[j].sex,stu[j].spec,
stu[j].classid,stu[j].phone,stu[j].bedroom);
  }
  printf("--------------------------------------------------------\n");
}
//系统主函数
main()
{
  int choice;
  printf("                    大中专院校新生报到信息注册系统\n\n");
  printf("****************************************************************\n");
  printf(" 1.注册学生信息 2.打印学生信息 3.按姓名查询 4.按专业汇总 5.退出系统\n");
  printf("****************************************************************\n");
  while(1)
  {
    printf("请输入选项:");
    scanf("%d",&choice);
    getchar();
    switch(choice)
    {
      case 1:regis();break;
      case 2:pri();break;
      case 3:search_name();break;
      case 4:search_spec();break;
    }
    if(choice==5)
      break;
  }
}
```

实例文档 11-2
万达停车场管理系统设计

## 11.2　综合应用二：万达停车场管理系统设计

某公司有一个地下停车场，此停车场是一条可以停放 $n$ 辆汽车的狭长通道，且只有一个大门可以供车辆进出，如图 11-6 所示。车辆按到达停车场时间的早晚，依次从停车场最里面向大门口处停放（最先到达的第一辆车放在停车场的最里面）。停车场内如果有某辆车要开走，在它之后进入停车场的车都必须先退出停车场为它让路，待其开出停车场后，这些车辆再依原来的次序进场。如果停车场满，则后来的车只能在停车场大门外的便道上等待。每辆车在离开停车场时，都应根据它在停车场内停留的时间长短收费。如果停留在便道上的车未进停车场就要离去，允许其离去，不收停车费，并且仍然保持在便道上等待的车辆次序。此案例利用数据结构的相关知识，采用 C 语言实现停车场管理系统设计。为了达到较好的教学效果，部分功能简化，知识易理解，算法易实现。源程序见数字化资源。

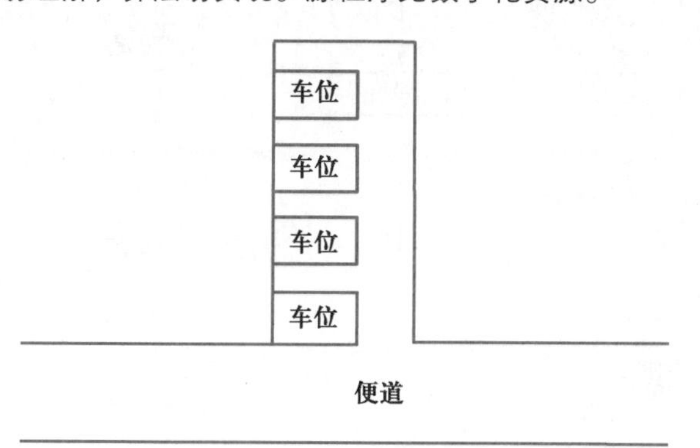


图 11-6
停车场示意图

### 11.2.1 案例需求分析

本系统实现的功能及其具体描述如下：

① 以栈 S 作为停车场，栈 S1 作为让路的临时停车点，队列 Q 作为车等待时用的便道。stack[Max+1]作为停车场能够容纳的车辆数，num[10]作为车辆所在位置的编号，并且限定停车场最多能够容纳 10 辆车。

微课 11-3
万达停车场管理系统介绍及需求分析

② 用户根据系统规定及提示的要求输入有关内容，停车场所能容纳的车辆数由收费人员来确定，车辆离开时，车主还可以得到收据，便于收费的管理使用；并且系统程序所提供的一些信息可通过特殊硬件显示出来，供车主了解信息，以准确有效地停车。

③ 程序应该能够显示当前存车信息及等待车的信息，便于管理人员对车辆进行管理，并且能够给等待的车辆提供一些信息，便于他们能够及时地停车。

④ 程序执行的命令为：输入进站信息→输入出站信息→打印收据。

系统具体功能模块图如图 11-7 所示，流程图分为车辆到达流程图（如图 11-8 所示）、车辆离开流程图（如图 11-9 所示）和存车信息流程图（如图 11-10 所示）。

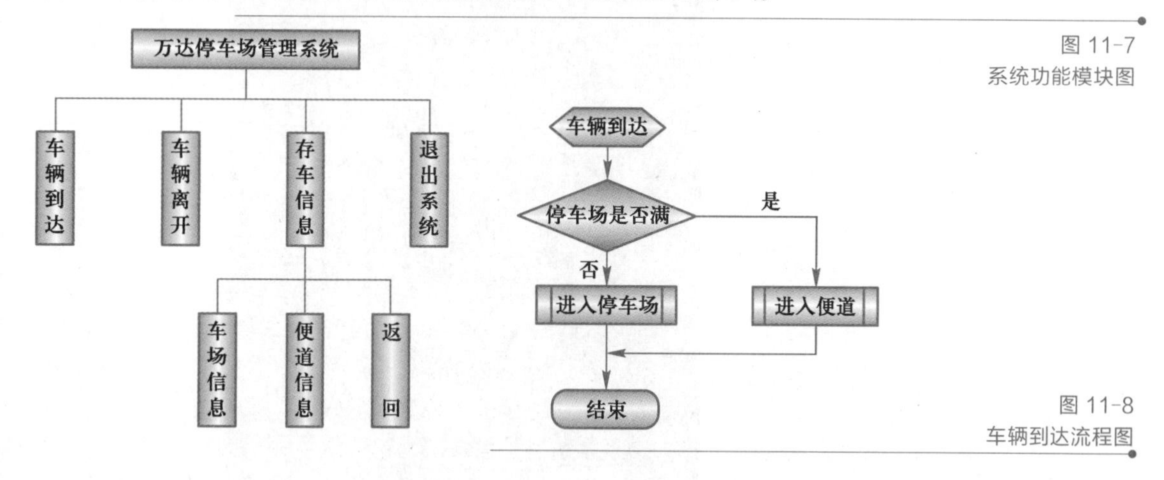


图 11-7
系统功能模块图

图 11-8
车辆到达流程图

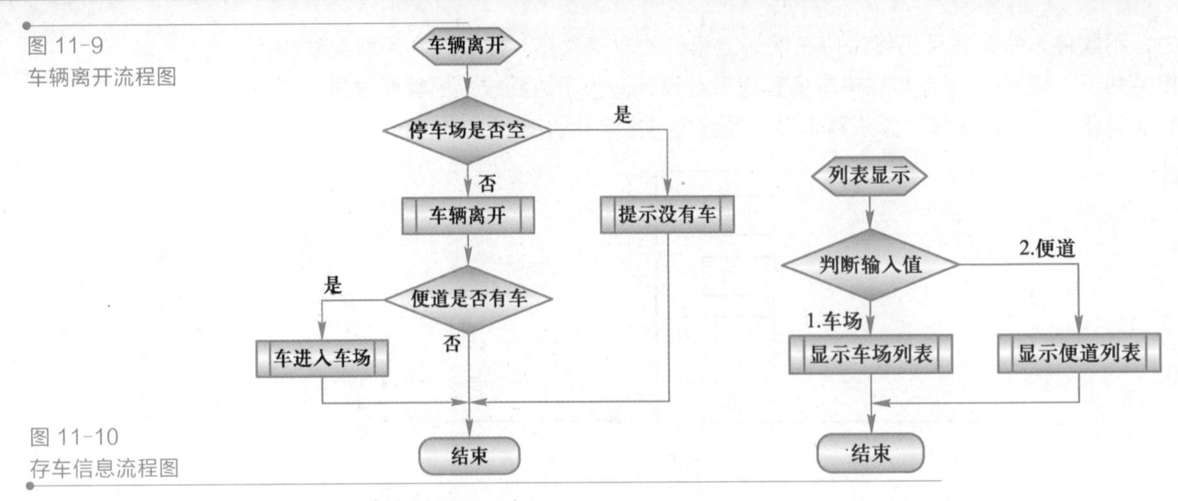


图 11-9
车辆离开流程图

图 11-10
存车信息流程图

## 11.2.2　案例知识目标

微课 11-4
万达停车场管理系统程序设计

该案例设计过程中涉及 C 语言程序设计课程的相关知识点，以及数据结构课程的相关知识点，各个知识点的具体应用如下：

① 掌握栈和队列的存储结构。栈和队列的存储结构包括顺序结构和链式结构，考虑到功能易于实现，该案例中栈以顺序结构实现，队列以链表结构实现。

② 掌握结构体定义方法。该案例应用到了结构体的知识，时间信息结构体成员包括时、分，车辆信息结构体成员包括车牌号、到达时间、离开时间。

## 11.2.3　案例核心算法及实现

（1）车辆进站功能的实现

停车场可以设置车位个数，不能超过 10 个。车辆进站时输入车牌号，如果车位未满，进入停车位，开始计时，如果车位已满，进入等待区。案例演示如图 11-11 和图 11-12 所示。

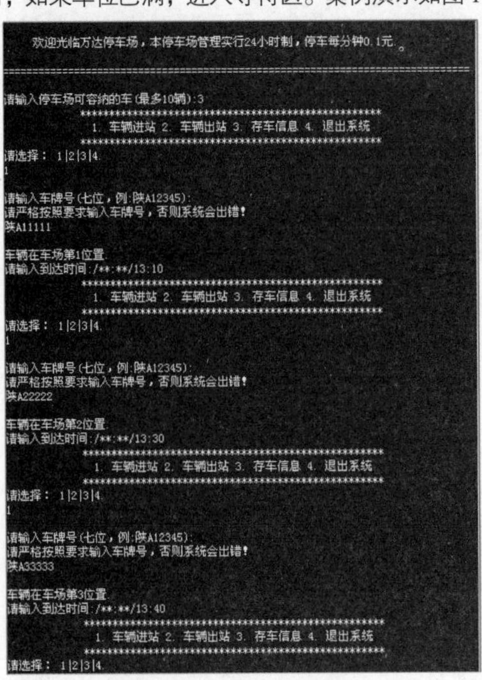


图 11-11
车位未满时车辆进站案例演示图

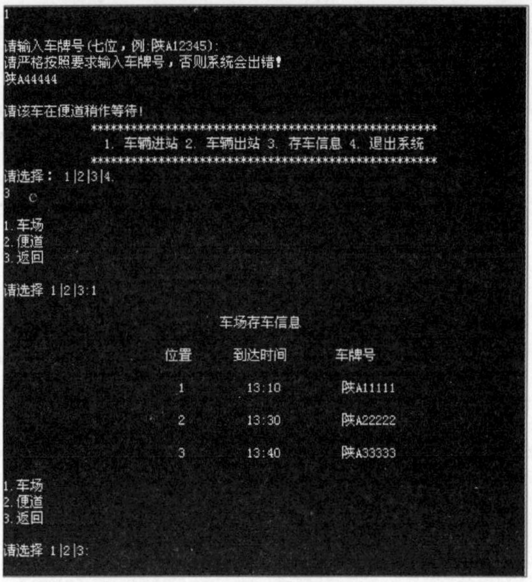

```
1
请输入车牌号(七位，例:陕A12345):
请严格按照要求输入车牌号，否则系统会出错!
陕A44444

请该车在便道稍作等待!
              **************************************************
                1. 车辆进站 2. 车辆出站 3. 存车信息 4. 退出系统
              **************************************************
请选择： 1|2|3|4.
3

1.车场
2.便道
3.返回

请选择 1|2|3:1

                          车场存车信息

                  位置      到达时间      车牌号

                   1        13:10       陕A11111

                   2        13:30       陕A22222

                   3        13:40       陕A33333

1.车场
2.便道
3.返回

请选择 1|2|3:
```

图 11-12
车位已满时车辆进站
案例演示图

源程序 11-2
万达停车场管理系统设计

```
int Arrival(SeqStackCar *Enter,LinkQueueCar *W,int n) //车辆到达
{
    CarNode *p;
    QueueNode *t;
    int a,b;
    p=(CarNode *)malloc(sizeof(CarNode));
    flushall();
    printf("\n 请输入车牌号(七位，例:陕 A12345):\n");
    printf("请严格按照要求输入车牌号，否则系统会出错！ \n");
    do{
        a=strlen("陕 A12345");
        b=strlen(gets(p->num));
        fflush(stdin);
        if(a!=b)
        {
            printf("输入车牌号格式错误，请重新输入（七位）!\n");
            gets(p->num);
            fflush(stdin);
        }
        else break;
        if(a!=b)    printf("输入车牌号格式错误，请重新输入（七位）!\n");
    }while(a!=b);
    if(Enter->top<n) //车场未满，车进车场
    {
        Enter->top++;
        printf("\n 车辆在车场第%d 位置.",Enter->top);
        fflush(stdin);
        printf("\n 请输入到达时间:/**:**/");
        scanf("%d:%d",&(p->reach.hour),&(p->reach.min));
```

笔 记

```
        fflush(stdin);
        do{
            if(p->reach.hour<0||p->reach.hour>=24||p->reach.min<0|| p->reach.min>=60)
            {
                printf("输入的时间格式有错，请重新输入!");
                scanf("%d:%d",&(p->reach.hour),&(p->reach.min));
                fflush(stdin);
            }
            else   break;
        }while(p->reach.hour<0||p->reach.hour>=24||p->reach.min<0|| p->reach.min>=60);
        Enter->stack[Enter->top]=p;
        return(1);
    }
    else //车场已满，车进便道
    {
        printf("\n 请该车在便道稍作等待!\n");
        t=(QueueNode *)malloc(sizeof(QueueNode));
        t->data=p;
        t->next=NULL;
        W->rear->next=t;
        W->rear=t;
        return(1);
    }
}
```

（2）车辆出站功能的实现

首先输入出站车辆在停车场的位置，车辆缴纳停车费用后离开，停车场有空位，等待的车辆可以进入车位。案例演示如图 11-13 所示。

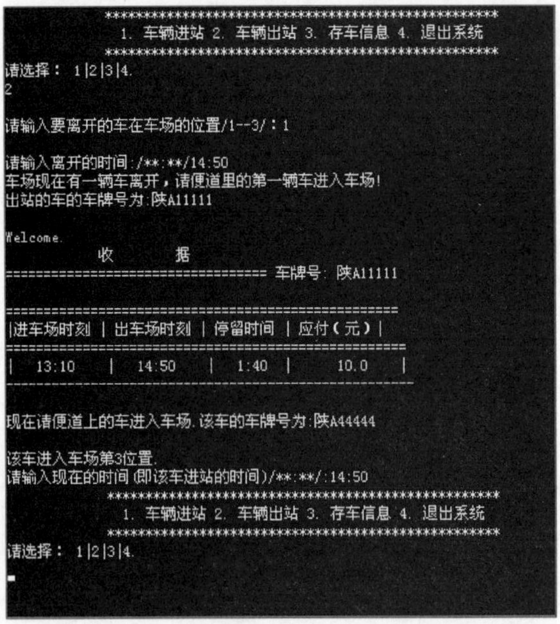

```
             *****************************************************
               1. 车辆进站 2. 车辆出站 3. 存车信息 4. 退出系统
             *****************************************************
请选择： 1|2|3|4.
2

请输入要离开的车在车场的位置/1--3/：1

请输入离开的时间:/**:**/14:50
车场现在有一辆车离开，请便道里的第一辆车进入车场!
出站的车的车牌号为:陕A11111

Welcome.
            收         据
================================ 车牌号: 陕A11111

==================================================
|进车场时刻 | 出车场时刻 | 停留时间 | 应付(元)|
==================================================
|  13:10    |  14:50     |  1:40    |   10.0   |
--------------------------------------------------

现在请便道上的车进入车场.该车的车牌号为:陕A44444

该车进入车场第3位置.
请输入现在的时间(即该车进站的时间)/**:**/:14:50
             *****************************************************
               1. 车辆进站 2. 车辆出站 3. 存车信息 4. 退出系统
             *****************************************************
请选择： 1|2|3|4.
```

图 11-13
车辆出站案例演示图

笔 记

```
void Leave(SeqStackCar *Enter,SeqStackCar *Temp,LinkQueueCar *W,int n)
{ //车辆离开
    int room;
    CarNode *p,*t;
    QueueNode *q;
    //判断车场内是否有车
    if(Enter->top>0) //有车
    {
        while(1) //输入离开车辆的信息
        {
            printf("\n 请输入要离开的车在车场的位置/1--%d/：",Enter->top);
            scanf("%d",&room);
            fflush(stdin);
            if(room>=1&&room<=Enter->top) break;
        }
        while(Enter->top>room) //车辆离开
        {
            Temp->top++;
            Temp->stack[Temp->top]=Enter->stack[Enter->top];
            Enter->stack[Enter->top]=NULL;
            Enter->top--;
        }
        p=Enter->stack[Enter->top];
        Enter->stack[Enter->top]=NULL;
        Enter->top--;
        while(Temp->top>=1)
        {
            Enter->top++;
            Enter->stack[Enter->top]=Temp->stack[Temp->top];
            Temp->stack[Temp->top]=NULL;
            Temp->top--;
        }
        PRINT(p);
        //判断通道上是否有车及停车场是否已满
        if((W->head!=W->rear)&&Enter->top<n) //便道的车辆进入车场
        {
            q=W->head->next;
            t=q->data;
            Enter->top++;
            printf("\n 现在请便道上的车进入车场.该车的车牌号为:");
            puts(t->num);
            printf("\n 该车进入车场第%d 位置.",Enter->top);
            printf("\n 请输入现在的时间(即该车进站的时间)/**:**/:");
            scanf("%d:%d",&(t->reach.hour),&(t->reach.min));
            fflush(stdin);
            do{
                if(t->reach.hour<0||t->reach.hour>=24||t->reach.min<0||
t->reach.min>=60)
```

```
                        {
                            printf("输入的时间格式有错，请重新输入!");
                            scanf("%d:%d",&(t->reach.hour),&(t->reach.min));
                            fflush(stdin);
                        }
                        else
                            break;
                    }while(t->reach.hour<0||t->reach.hour>=24||t->reach.min<0||
t->reach.min>=60);
                    W->head->next=q->next;
                    if(q= =W->rear) W->rear=W->head;
                    Enter->stack[Enter->top]=t;
                    free(q);
                }
                else printf("\n 目前便道里没有车.\n");
            }
            else printf("\n 目前车场里没有车，来车请直接进入车场!"); //没车
        }
```

### 11.2.4　其他参考代码

具体参考代码见数字资源。

# 参考文献

[1] 严蔚敏，李冬梅，吴伟民. 数据结构. C语言版. 北京：人民邮电出版社，2015.

[2] 王晓东. 算法设计与分析. 3版. 北京：清华大学出版社，2014.

[3] 李学刚，刘斌，杨丹等. 数据结构. C语言描述. 北京：高等教育出版社，2013.

[4] 邓文华. 数据结构实验与实训. 3版. 北京：清华大学出版社，2013.

[5] 苏士华. 数据结构. 北京：外语教学与研究出版社，2012.

[6] 郝春梅，齐景嘉. 数据结构. C语言版. 北京：清华大学出版社，2011.